水环境综合治理
方法、技术与实践
——以川南地区为例

蔡 然 主 编

中国建筑工业出版社

图书在版编目（CIP）数据

水环境综合治理方法、技术与实践：以川南地区为
例 / 蔡然主编.— 北京：中国建筑工业出版社，
2023.9

ISBN 978-7-112-28877-9

Ⅰ. ①水… Ⅱ. ①蔡… Ⅲ. ①水环境—环境综合整治
—研究—四川 Ⅳ. ①X143

中国国家版本馆 CIP 数据核字（2023）第 118153 号

本书旨在介绍水环境综合治理的方法、技术与实践，为我国类似川南地区的水环境治理提供案例借鉴，为政府和城市
管理者提供决策参考。本书共包括 8 章。从城市级流域综合治理的特点和难点切入，着重分析了川南地区流域综合治理的
特征、水环境污染源识别与成因等多方面。结合编者们近年来项目积累的经验总结，详细介绍了内江沱江流域水环境综合
治理项目的系统规划理念、技术路线以及水环境模型的解析与应用。最后，本书总结了实践水环境综合治理污染源控制与
治理技术、水动力改善、生态修复技术以及构建维护管理体系与管控机制的方法。

责任编辑：吴宇江　刘颖超
责任校对：张　颖
校对整理：赵　菲

水环境综合治理方法、技术与实践——以川南地区为例

蔡　然　主　编

*

中国建筑工业出版社出版、发行（北京海淀三里河路 9 号）

各地新华书店、建筑书店经销

国排高科（北京）信息技术有限公司制版

建工社（河北）印刷有限公司印刷

*

开本：880 毫米×1230 毫米　1/16　印张：18 ³/₄　字数：590 千字

2023 年 8 月第一版　2023 年 8 月第一次印刷

定价：**78.00** 元

ISBN 978-7-112-28877-9

（41221）

编委会 ⟫

主　　　编：蔡　然

副　主　编：张功良　胡建美　孟凡能　罗　南　王征戍　瞿文风

编写组成员：王贵强　李德祥　宋忱馨　吴伟龙　朱　宇　高　敏
　　　　　　马洪涛　许　可　杨　航　刘　琰　刘龙志　游　宇
　　　　　　刘　帅　鲍全慧　刘苗苗　杨丽琴　桑非凡　刘慧波
　　　　　　王光春

前言 »»»

　　水环境综合治理是一项系统工程，在国内外开展了广泛的研究和实践，很多发达国家已经经过了传统污染治理迈向政策体系完善、科技技术成熟、生态循环优先的阶段。国内的大型流域水环境综合治理项目则在近些年开始逐步市场化整体推出，特别是在党的十八大以来，生态文明建设成为"五位一体"的战略需求，党的二十大报告再次指明了生态文明建设的重要意义。"大自然是人类赖以生存发展的基本条件。尊重自然、顺应自然、保护自然，是全面建设社会主义现代化国家的内在要求。必须牢固树立和践行绿水青山就是金山银山的理念，站在人与自然和谐共生的高度谋划发展"。在此背景下，北京首创生态环保集团股份有限公司也在陆续积累经验并不断开展系统理论探索。国内外水资源管理的成功经验表明，以流域为单元进行水资源综合管理是实现资源、环境与经济社会协调发展的重要途径。因此，流域水环境综合治理的系统规划在指导实际治理时具有很强的支持作用。

　　从我国治理污染的实践来看，以流域为单元的水环境规划和管理刚刚起步，现有水环境综合整治规划大部分停留在以市、县为治理单元的层面，导致现有流域治理规划在工程措施的设置上难以做到精准，造成人力、财力等在空间配置上的不合理，最终不能有效实现流域水环境改善的目标。因此，有必要在充分研究流域入湖河流与湖体之间水系关系的基础上，以流域环境容量和环境污染现状为分析依据，因地制宜地针对子流域提出差异化治理思路，在治理思路上实现"排放总量控制向容量控制转变、以行政单元为治理模式向流域分区治理转变、以工程治理为主向流域综合治理转变"。流域综合整治工程非单一水利工程，也非传统的环境工程或市政工程，其系统性强，复合性高，涵盖水环境、水安全、水生态、水资源、水管理等多个专业和领域，各专业之间需要进行有机的衔接和关联。为了解决流域治理中凸显的缺乏统筹、碎片化建设、项目混乱等问题，提高城市涉水基础设施建设的科学性和系统性，需要对现有的常规规划设计方法和模式进行创新，为流域综合整治规划、设计工作提供科学的技术支撑。针对流域综合整治的系统性建设，对现有规划、设计进行协调衔接，使流域综合整治的各项目得以统筹协同，达到最佳建设效果。

　　流域综合治理系统研究基础在于现状调研与项目特点识别，满足水体水质达标的顶层设计方案的研究与制定，系统工程思维下提出专业优化融合的工程方案，以流域为单元精细化分质截污，提高水体生态净化能力确保"长治久清"，制定全生命周期最优方案。解决系统治理的重点和难点，可以站在流域视角下制定区域水环境综合方案，从水资源、水环境、水安全、水生态、水景观等专业方向，结合 GIS 技术手段，综合考虑黑臭水体治理、区域污染物总量分配、生态用水资源配置、智慧水务管理等模块，通过多专业协同和优化整合，实现项目绩效最大化。

　　本书撰写前后历时 2 年多时间，总共包括 8 个章节，以长江上游重要城市内江为典型示范城市，结合编者们近年来项目积累的经验总结，为读者们快速了解流域水环境综合治理系统方案编制提供技术参考，为我国类似地区的水环境治理提供案例借鉴，为政府和城市管理者了解水环境治理痛点和难点提供决策参考。本书第 1 章主要阐述了川南地区流域水环境综合治理的特征，以此为切入口分析了流域综合治理的特点和难点；第 2 章分析了内江沱江流域综合治理的特点和难点；第 3 章以流域问题为导向，介绍了内江流域水环境综合治理的系统规划理念与技术路线；第 4 章分析了内江沱江流域水环境污染源识别与成因；第 5 章主要内容为流域水环境模型解析与应用；第 6 章以川南地区为例，介绍了污染源控制与治理技术；第 7 章以川南地区为例，介绍了水动力改善与生态修复技术；第 8 章主要在流域水环境治理技术的基础上，介绍了后续的维护管理体系与管控机制的构建。

本书编写过程中，得到了多方的大力支持和帮助，在此谨向住房和城乡建设部、四川省住房和城乡建设厅表示感谢，向内江市住房和城乡建设局、内江市东兴区住房和城乡建设局、内江市市中区住房和城乡建设局、内江经济技术开发区建设局、威远县住房和城乡规划建设局、资中县住房和城乡规划建设局、隆昌市住房和城乡规划建设局、内江高新区建设局等当地相关部门表示感谢！向中国市政工程华北设计研究总院、中铁二局工程有限公司、四川青石建设有限公司、清华大学苏州创新研究院、重庆大学表示感谢！最后，特别感谢北京首创生态环保集团股份有限公司及兄弟单位的大力支持！书中难免存在疏漏和不足，敬请读者提出宝贵意见。

愿本书能够为广大水环境综合治理的城市建设管理人员、研究人员、规划设计人员、建设施工人员、运营人员及全国大中专院校相关学科师生提供参考，让我们为天蓝、地绿、水碧、城美的生态宜居家园共同努力！

目录 »»»

第5章 ▶ 流域水环境定量模拟技术

第6章▶　污染源控制与治理技术

第7章▶　水动力改善与生态修复技术

第8章 ▶ 维护管理体系与管控机制构建

第 1 章

川南地区流域水环境
综合治理的特征

1.1 基本特征

川南地区位于四川省南部，北接成渝，南邻云贵北部，处于川、渝、滇、黔三省一市的交界处，是四川省域内人口稠密的地区之一。川南地区生产总值（GDP）总量占四川省 GDP 总量的五分之一，是四川省内仅次于成都平原经济区的第二大区域，经济发展基础好、潜力大。

2011 年 12 月 31 日，四川省人民政府办公厅印发《四川省"十二五"城镇化发展规划》（川办发〔2011〕94 号），对川南地区的范围及城市等级作了明确划分，包括自贡市、泸州市、内江市、宜宾市，以及乐山市除主城区、夹江县、峨眉山市外的其余城镇，幅员面积约 4.42 万 km^2。2019 年 1 月 25 日，四川省人民政府对川南城市群的范围作出修订，包含自贡、泸州、内江和宜宾 4 个市、28 个县（市、区），辖区面积 3.5 万 km^2，占全省的 7.2%。

1.1.1 自然条件概况

川南地区系指四川省南部经济联系密切，相对自成一体的经济区。区内以四个中等城市为核心。中等城市分布集中（内—泸—宜—自），四城市联系基本成方形，彼此间距不超过 90km。四个中等城市，发展各有特色，并在漫长的历史发展进程中形成了具有相当区域影响力的特色支柱产业，这些产业的发展、壮大在特定时期内繁荣着川南地区的经济。如内江的制糖业、宜宾的酿酒工业、自贡的盐业等。区内自然资源丰富，有利于区域综合开发。川南经济区虽然是四川第二大经济区，但其经济发展水平不高，区内产业的基本构成是工业产值稍大于农业产值。

川南地区幅员面积约 3.5 万 km^2，占四川省土地面积的 7.2%，新中国成立几十年来已发展成为以化工、机械、食品三大工业为主导，具有一定经济实力与物质基础的经济区。川南地区亦是全国闻名的井盐、盐化工、天然气化工、名酒的重要产地。此外，煤炭、机械、造纸、制糖等工业在省内外也有相当的地位，农业较发达，是四川省粮食、茶叶、烤烟、亚热带水果的重要产地。

区内探明表内储量的矿产共计 27 种，矿产地 85 处，矿区 173 处，硫磷矿产资源丰富，又相互配套，在国内少见，为综合开发利用、发展硫磷化工和煤化工提供了有利条件。此外，威西盐矿绵延几百平方公里，如按年产两百万吨计算，可供开采一千多年。同时，川南又是四川能够输出多余能源的重要地区，潜在的和后备的能源资源充足，其能源的充分开发利用，将对四川经济发展起重要作用。但从目前资源有效开发利用的情况来看，资源开发水平较低，资源加工能力明显不足。目前，煤炭资源开发硫铁矿仅占 0.1%，磷矿基本尚未开发，其他自然资源同矿产资源一样，也未得到开发利用。川南地区还是四川省水能源较为集中的地区。仅金沙江的向家坝和溪落渡两个大型的水电站，装机容量就可达 1400 多万 kW。同时，盐化工和天然气化工已具备一定的规模和基础。但是，煤、硫铁矿和磷矿加工能力还相当低，将对发展相关产业产生制约作用。

1. 内江

内江位于四川盆地中南部，城区地跨沱江两岸，东南紧连重庆，西北紧靠成都，南同自贡、泸州两市接壤，西界乐山市，北界德阳市，东北与遂宁毗邻。内江历史悠久，东汉建县，名"汉安"，北周称"中江"，隋代改"内江"。1951—1984 年期间，为内江地区专员行署所在地。1985 年，经国务院批准，撤地建市。1998 年调整行政区划后，辖市中区、东兴区、威远县、资中县、隆昌县。城市建成区面积为 23km²。

内江地形以丘陵为主，丘陵约占总面积的 93%，低山仅占 6% 左右。海拔 350～450m，气候温和湿润，热量丰富，年平均气温为 16～18℃，无霜期长。内江自古以来即是川中南地区重要的物资集散地，拥有着便利的交通运输通道。古以黄金水道——沱江和陆路古道——"东大路"沟通川东、川西。近代以来，成渝、内宜、资威等铁路及众多公路线相继开通，内江成为通衢八方的川南交通枢纽和横贯四川东南的经济走廊。新中国成立后，随着铁路、公路、高速公路的修建，内江逐渐成为连接成渝两大中心城市的交通要道和川中南地区的交通枢纽。

内江的自然条件优越，经济基础好，因盛产蔗糖、蜜饯，素有"甜城"之称。境内资源丰富，矿藏以煤为主，已探明的煤储量约 5000 万 t，磷矿储量在 700 万 t 左右。全市终年常绿，主产甘蔗、棉花、油菜、花生、水果、茶叶等多种经济作物，是四川著名的粮经作物产区和畜牧基地。

2. 自贡

自贡位于四川盆地南部，东邻隆昌、泸县，南界江安、南溪、宜宾，西与犍为、井研毗邻，北靠威远、内江。境内群山竞秀，河川纵横，属低山丘陵河谷地貌。地势西北高东南低。自然条件优越，属亚热带湿润季风气候。年平均气温 17.5～18.0℃，冬暖、夏热、春早、秋短，雨量充沛。

自贡素以井盐闻名于世，被称为中国的"盐都"，堪称天府之国的一块宝地。建市前，其市境分属富顺县、荣县二地，两县盐场中心相距仅 5km，但行政隶属关系上则长期以来实行两县分治。随着盐业经济的发展，盐区人口开始增加，分治的弊端开始日渐凸显。1939 年经四川省人民政府批准，划出富顺县第五区和荣县第二区的主要产盐区，面积共 160.9km²，新成立市，市名取自流井、贡井之合称。新中国成立后，自贡隶属川南行政公署，1952 年川南行政公署撤销至今，行政区划不断变更，1978、1983 年荣县、富顺县先后划归自贡市。至 1998 年，建成区面积达到 48km²，现辖自流井区、贡井区、大安区、沿滩区、荣县、富顺县。境内资源丰富，现查明植物近 800 个系种，矿产资源主要有煤、天然气、卤水、盐岩及石灰石。农业较为发达，主产粮、油、猪、鱼、果、禽、蛋、茶等。

自贡历史悠久，城市有山，风景秀丽，有丰富的人文景观和旅游资源，是国家批准的对外开放城市和历史文化名城。在长达两千年的盐业生产进程中，自贡在全省乃至全国经济中有举足轻重的影响，被誉为"川省精华"之地。自贡具有 2000 余年的盐业历史和 60 年的建市史，素以"千年盐都""恐龙之乡""南国灯城"而闻名中外。经过几十年的发展，已成为有较好农业基础，相当工业规模，以制盐、化工、机械为主，兼有冶金、电子、食品、建材和其他工业门类的中等工业城市。

3. 宜宾

宜宾位于四川省南部，是一个建制于汉代，距今已有两千多年历史的古城。金沙江、岷江、长江在此汇流，故又有"万里长江第一城"之称。处于川、滇、黔三省交汇地，历来是川南、黔北和滇东北物资集散地。宜宾是国家历史文化名城和对外开放城市。新中国成立后，先为宜宾专员公署、宜宾地区行政公署驻地，1997 年经国务院批准，设立省辖地级市，至 1998 年，建成区面积为 17km²，全市辖 3 个市辖区和 7 个县。地貌多样，以丘陵为主，约占幅员面积的 70%。土地资源可概括为"七山一水二分田"。宜宾气候温和，土地肥沃，雨量充沛、四季常青，年平均气温达 18℃，全市有农作物 800 余种，中药材 1000 余种，禽畜水产 200 余种，盛产水稻、小麦、花生、菜籽、甘蔗、茶叶、药材等多种粮食作物及经济作物。宜宾酿酒历史悠久，工艺精湛，有全国"名酒之乡"之美称，特别是曲酒闻名中外，"五粮液"三次获国家金质奖。境内矿产资源丰富，全市探明的矿种达 44 种，其中煤炭总储量达 48 亿 t，硫铁矿 14.76 亿 t，岩盐矿 100 亿 t 以上，天然气 252 亿 m³。全市流域面积大于 100km² 的河流 35 条，水能开发量 716 亿 kW。独特的区位优势和富集的资源优势，使宜宾成为国家、省及区域开发的重要地段。

宜宾市不仅自然资源丰富，而且区位优势突出，对外交通联系较为方便。陆路古道加上金沙江、岷江、长江及横江、越溪河等主要水道，织成了南通滇黔、西上成都、东下重庆的交通网络。宜宾与成都、重庆、贵阳、昆明、攀枝花等的直线距离在 300～450km，处在西南主要工业城市所形成的几何中心位置。它纵向与成都、昆明形成三点一线，横向与攀枝花、重庆形成三点一线，凭借长江黄金水道可直达上海等沿海城市港口，在全国划分的七大经济区中，宜宾处在以浦东为龙头的长江沿岸地区龙尾部位，同时又处在西南、华南部分省区经济区中，是两大经济区的交叉点，也是经济发展的热点。市境及其邻近地区富集而配套资源的开发利用，可与长江产业带上、中、下游的发展形成优势互补，成为"经济统一体"。

在国家确定实施的加快中西部经济发展战略中，宜宾市以其丰富的自然资源和独特的区位优势，具有建设西部经济发展区域性中心城市的优势地位。随着改革开放和经济建设的推进，宜宾市很有可能逐步形成长江经济带继上海、南京、武汉、重庆之后的又一个重要支撑点。

便利的交通条件使得宜宾的经济具有一种既接受发达地区辐射，为自身的发展服务，同时又向落后地区辐射的综合功能。自古就形成以水稻为主的农业经济和依靠城市"水陆交会、贸易四达"的商业经济。

4. 泸州

泸州位于四川盆地南缘，东临合江，直通沿海，南临古叙，兼通云贵，扼四川省川南交通之咽喉，堪称省境的川南重镇。泸州有着悠久的历史。夏、商时属梁州域。周武王封巴国，泸州为巴国的辖地。秦始皇分天下为36郡，泸州属巴郡。1949年泸县解放后，置泸州市（行署辖），为川南行署和泸州专区治所。1960年划归宜宾专区，1983年建省辖地级市。经过几次区划调整后，截止2022年，全市辖3个市辖区、4个县。现下辖泸县、合江、叙永、古蔺四县和江阳、龙马潭、纳溪三区。

泸州市区南北稍高，向中部长江河谷地带倾斜，海拔223～508m，地形以浅丘为主，区内属亚热带季风湿润气候。气候温和，四季分明，雨量充沛，年平均气温18℃，农业盛产水稻、小麦、高粱、红薯等，经济作物以蔬菜、水果为主，盛产名优水果桂圆、荔枝、柑橘等，生猪、禽、蛋、水产资源十分丰富，工业主要有酿酒、化学、天然气、机械、塑料、食品、建材等。

1.1.2 经济社会状况

从2010—2020年川南地区经济指标可以看出（表1.1-1、表1.1-2），川南城市群经济增长呈良好态势，GDP总量在10年间几乎增长了一倍，GDP增速保持在7.7%～9.4%之间。城市GDP总量差距不大，2010年各市GDP差异仅在100亿～200亿元之间，2020年GDP总量存在明显差异。例如，此期间泸州GDP平均增长速度最高，达到9.36%；宜宾GDP总量最高，2017年为1847.23亿元，平均增长速度也较高，为8.80%。

2020年川南地区主要经济指标   表1.1-1

具体指标	内江	自贡	宜宾	泸州
每个城市GDP（亿元）	1465.88	1458.44	2802.12	2157.2
人均GDP（元）	46200	58600	61182	50758
工业企业个数（个）	369	606	868	784
第一产业占GDP比重（%）	18.36	15.9	12.30	11.9
第二产业占GDP比重（%）	32.68	38.9	48.15	48.1
第三产业占GDP比重（%）	48.96	45.2	39.55	40
公路网密度（km/100km²）	241	215	188.9	161.1
公路里程（km）	12970	9448	25091	19708.11
人口密度（人/km²）	584	568	346	347.78
常住人口总数（万人）	314.2	249	459.1	425.6
第二、三产业从业人员所占比重（%）	70.00	65.20	58.26	64.18
各城市城镇化率（%）	50.58	55.4	51.39	50.24

资料来源：四川省统计局、内江市统计局、自贡市统计局、宜宾市统计局和泸州市统计局。

2010—2020 年川南地区城市 GDP 总量（亿元）　　　　表 1.1-2

年份	内江	自贡	宜宾	泸州
2010 年	690.28	647.73	870.85	714.79
2011 年	854.68	780.36	1091.18	917.96
2012 年	978.18	884.80	1242.76	1030.45
2013 年	1069.34	1001.60	1342.89	1160.95
2014 年	1156.77	1073.40	1443.81	1259.73
2015 年	1198.58	1143.11	1525.90	1353.41
2016 年	1297.67	1234.56	1653.05	1481.91
2017 年	1332.09	1312.07	1847.23	1596.21
2018 年	1318.83	1406.71	2349.31	1695.0
2019 年	1412.4	1428.49	2601.89	2081.3
2020 年	1465.88	1458.44	2802.12	2157.2

资料来源：四川省统计局、内江市统计局、自贡市统计局、宜宾市统计局和泸州市统计局。

　　川南城市群的人口总数大，人力资源丰富，2016 年四市常住人口 1534.28 万，占全省常住人口的 19%，各市人口数量差异不大。从常住人口增长速度来看，人口整体数量变化小，增长缓慢，四市人口增长率每年不足 1%。人口密度差异较大，内江、自贡人口密度较大，达 600 多人/平方公里，是宜宾和泸州的两倍。川南城市群城镇化水平不高，各市城镇化率均不足 50%，维持在 46%~49% 之间。从产业就业人口比重来看，内江第二、三产业的就业人口占比最高，约 70%；宜宾最低，约 54%。从人口教育状况来看，四市差异明显，普通高校在校人数占比（城市群内部占比）在 18%~34% 之间，其中泸州和自贡合计占比接近 60%，宜宾占比最低。普通高等学校在校学生数城市群内占比为 15%~31% 之间，其中泸州和宜宾合计占 60% 以上，自贡占比最低（表 1.1-3）。

2013—2020 年川南地区人口自然增长率（%）　　　　表 1.1-3

年份	内江	自贡	宜宾	泸州
2013 年	3.2	2.5	4.05	4.03
2014 年	3.4	2.7	3.69	0.10%
2015 年	2.6	2.7	4.07	1.97
2016 年	1.1	3.1	4.12	4.2
2017 年	2.7	3.6	4.16	4.26
2018 年	0.7	2.6	5.02	3.36
2019 年	-3.7	0.8	3.64	2.83
2020 年	-1.6	-1.5	3.32	2.32

资料来源：四川省统计局、内江市统计局、自贡市统计局、宜宾市统计局和泸州市统计局。

1.1.3 水质状况特征

根据《全国重要江河湖泊水功能区划（2011—2030年）》（国函〔2011〕167号）等相关文件要求，沱江干流内江段执行《地表水环境质量标准》GB 3838—2002中Ⅲ类水质标准；另外，根据《内江市沱江干流水体达标方案（2016年）》，沱江干流内江段水质总体目标（至2020年）：沱江干流水环境质量稳定达标并持续提升，总磷基本得到控制，国家考核断面老母滩水质稳定达到Ⅳ类（12个月全部达到Ⅳ类），除总磷外其他水质指标稳定达到Ⅲ类，城市建成区消除黑臭水体。

1.1.4 污染物排放分析（点源、面源污染）

根据胡芸芸对沱江流域农业面源污染排放特征的解析可知，沱江流域污染物排放总量中COD排放最多，各污染源污染物的排放也以COD为主，TN和TP排放相对较少。对COD排放贡献率最高的污染源为畜禽养殖业源，其次为种植业源、农村生活源；TN排放最多的也为畜禽养殖业源，其次为农村生活源，且畜禽养殖业源与农村生活源TN排放量相差较小，排污贡献率仅相差1.46%；各污染源TP排放特征与TN一致。水产养殖业源COD、TN和TP排放量均为各污染源中最少的，对COD排放贡献率不足1%。可见沱江流域COD绝对排放量主要来源于畜禽养殖业源和种植业源，TN、TP的绝对排放量主要来源于畜禽养殖业源和农村生活源（表1.1-4）。

沱江流域不同污染源COD、TN、TP排放量及排污贡献率 表1.1-4

污染源	污染物绝对排放量（×10⁴t）			排污贡献率（%）		
	COD	TN	TP	COD	TN	TP
种植业源	11.22	0.17	0.02	21.35	4.15	3.64
畜禽养殖业源	31.11	1.96	0.36	59.19	47.80	65.45
水产养殖业源	0.52	0.07	0.01	0.99	1.71	1.82
农村生活源	9.71	1.90	0.16	18.47	46.34	29.09
合计	52.56	4.10	0.55	100	100	100

各污染源中，种植业源等标排放总量为6911.05$m^3 \cdot a^{-1}$，畜禽养殖业源等标排放总量为44898.96$m^3 \cdot a^{-1}$，水产养殖业源为1311.91$m^3 \cdot a^{-1}$，农村生活源为26346.31$m^3 \cdot a^{-1}$。畜禽养殖业源等标排放量最多，占流域污染物等标排放总量的56.50%。同时，畜禽养殖业源COD等标排放量最多，等标排污贡献率高（59.05%），种植业源和农村生活源次之，等标排污贡献率均在20%左右，水产养殖业源最少，对COD排污贡献率仅为1.03%；TN的排放主要来源于畜禽养殖业源和农村生活源，两者排污贡献率相差较小，种植业源相对较少，水产养殖业源最少；TP的排放仍以畜禽养殖业源为主，其TP排污贡献率在66%左右，农村生活源相对较少，种植业源与水产养殖业源最少，且两者仅相差0.46%。说明畜禽养殖业源是沱江流域首要污染源。

沱江流域污染物主要来源于种植业源、畜禽养殖业源和农村生活源，其中畜禽养殖业源为首要污染源。污染物主要来源于农业人口污染、畜禽养殖污染和农田土地径流污染。这主要是由于受地理位置等环境因素限制，川南地区境内水产养殖业并不发达，污染贡献率较低。沱江流域污染物主要为TN和TP，其中TN为流域首要污染物（表1.1-5）。

沱江流域不同污染源污染物等标排放量及等标排放比 表1.1-5

污染源	等标排放量（$m^3 \cdot a^{-1}$）			等标排污贡献率（%）		
	COD	TN	TP	COD	TN	TP
种植业源	4906.60	1424.88	579.57	22.02	4.17	2.52
畜禽养殖业源	13161.75	16485.71	15251.50	59.05	48.28	66.22
水产养殖业源	229.2	608.76	473.95	1.03	1.78	2.06
农村生活源	3989.16	15632.30	6724.85	17.90	45.77	29.20
合计	22286.71	34151.65	23029.87	100.00	100.00	100.00

1.2 川南地区流域治理对长江生态大保护的重要性

1.2.1 我国流域水环境治理的历程、现状及趋势

通过对我国流域水环境的历程、现状和趋势进行分析、阐述，充分论证在全面加强生态环境保护背景下，从水污染防治的现实需要出发，结合当地实际情况，开展水环境治理实践，是生态文明建设的客观要求，也是提升社会综合治理能力的重要体现，更是实现高质量发展的迫切需要。下面的章节将基于以上背景，深入研究如何规划、实施、保障流域水环境治理取得实效。

1. 流域水环境治理历程

我国流域水环境治理工作始于 20 世纪 90 年代。国家在"十一五"时期，设立了相关科技重大专项。为切实提高我国流域水污染治理水平，选择"三河三湖"（淮河、辽河、海河、太湖、巢湖、滇池）、三峡库区、南水北调沿线等典型流域，以"控源减排"—"减负修复"—"综合调控"为技术路线，陆续投入 300 多亿元，实施水污染控制与水环境保护的综合示范工程。2015 年松花江发生重大水污染事件，2017 年太湖、巢湖、滇池等蓝藻相继暴发，各种严重流域水污染事件让人们认识到，我国水环境治理到了刻不容缓的地步。"十二五"以来，党中央、国务院把环境保护摆在更加重要的战略位置，作出一系列重大决策部署，以大气、水、土壤污染治理为重点，坚决向污染宣战。在水环境治理方面，随着《水污染防治行动计划》的发布与实施，以及"绿水青山就是金山银山"等生态文明理念的提出，水环境治理上升到前所未有的高度。党的十九大提出的"绿水青山就是金山银山"的理念，成为了指导新时代我国治水治污的重大战略思想。

2. 流域水环境治理现状

2016 年 8 月，习近平总书记在全国卫生与健康大会上强调，"良好的生态环境是人类生存与健康的基础，要按照绿色发展理念，实行最严格的生态环境保护制度，建立健全环境与健康监测、调查、风险评估制度，重点抓好空气、土壤、水污染的防治，加快推进国土绿化，切实解决影响人民群众健康的突出环境问题"。

中国环保产业从污染减排、环境修复迈入了环境大建设的阶段，而以效果为导向的流域水环境治理得到了全国自上而下的重视。国家发改委印发《"十三五"重点流域水环境综合治理建设规划》，明确了重点河流、重点河岸等五大重点治理方向，将水环境综合治理纳入项目储备库。经相关部门前期测算，整个治理规划项目投资将超过万亿元。同年 12 月，中共中央办公厅、国务院办公厅印发《关于全面推行河长制的意见》，将治理河流的任务及职责明确到地方政府，同时在顶层设计层面，一定程度打破了原有行政区域、行政职能造成的条块分割，多措并举推动水环境治理。但是，由于历史欠账多、受经济社会发展水平制约等原因，从全国来看流域水环境破坏仍然没有得到有效遏制，治理形势比较严峻。一是传统的污染物没有得到有效控制，超过 40% 的各类污水没有经过处理就排入河流水系，造成我国河流污染超过三成。二是城市水域 90% 以上严重污染，将近一半的重点城镇其饮用水源不符合安全标准。水资源无节制的开发，特别是流域水环境污染的加重，引发了一系列生态恶果。

3. 流域水环境治理趋势

深入贯彻落实党的二十大精神，牢固树立新发展理念，结合乡村振兴战略、新型城镇化规划，充分利用先进处理技术，广泛发动社会大众参与治理，处理好经济发展和生态环境保护之间的关系，真正实现可持续发展。随着流域水环境治理的不断深入，要根据自然资源的稀缺属性，从涵养保护、开发利用，供求两端综合施策，以适应经济社会发展和生态环境保护的客观需要，处理好二者之间的

关系。

（1）根据江河水功能区划，充分考虑流域水环境、水资源承载力，严格控制用水总量、排污总量，制定用水定额和排污定额标准，真正实现达标排放。

（2）建设节水农业，提高水的利用效率，通过产业结构的转型升级和优化调整，向沿海、沿江转移耗水大、污染重的企业。

（3）加强水供需管理。城市和产业的规模要根据水资源的承载力确定。

（4）要加强湿地、湖泊及河流的保护。给大自然自我修复留足空间，保证江河自洁的必要条件和环境，实现节约用水、生态用水。

1.2.2　川南地区流域治理的典型性

1. 全国首批水环境综合治理与可持续发展试点

内江市是沱江流域的重要城市之一，其大部分生活工业均沿江分布，城市生产生活对流域依存度高，流域污染较严重。近年来，内江市委高度重视沱江治污问题，2016年市委七届二次全会围绕沱江流域治理和绿色生态系统建设与保护等重大问题作出决定和部署，以"战略工程、民生工程、世代工程"的高度，高规格成立工作推进领导小组，全面启动沱江流域（内江段）综合治理工作，修复和建设绿色生态系统，动员全市力量开展沱江流域（内江段）治理攻坚战。

可持续发展不协调、发展不可持续等问题一直是摆在流域综合治理工作面前的最大问题。为了破解这一难题，更好地实现流域经济社会可持续发展，推动流域生态文明建设，2017年6月，国家发改委在全国范围内，拟确定一批典型流域单元进行水环境综合治理与可持续发展试点。内江市积极申报、向上争取，沱江（内江段）被国家发改委确定为首批试点，并成为四川唯一一个试点城市。对接全省治理实施方案，根据试点重点任务，内江市提出了沱江流域综合治理的指导思想、基本原则、目标任务等，并提出了水污染防治、水资源利用和绿色生态修复三方面的重点工程。

2. 典型综合治理案例

沱江流域在四川流经面积广、城市多。同时，沱江流域也是我省水污染最突出的区域，流域水资源占全省的3.5%，却承载了全省30.8%的经济总量和全省26.2%的人口。沱江流域人口密度大、城市化水平高、经济基础好，在四川国民经济中的地位十分重要。沱江（内江段）开展综合治理具有典型性，要为长江大保护从水环境方面作出贡献。

2017年，沱江流域总体为中度污染，36个国（省）控监测断面中Ⅰ～Ⅲ类水质仅占11.1%，Ⅳ类水质占55.6%，Ⅴ～劣Ⅴ类水质占33.3%，总磷污染突出。其中，沱江干流水质以Ⅳ～Ⅴ类为主，支流石亭江、鸭子河、九曲河、球溪河、威远河、釜溪河水质为劣Ⅴ类，青白江、阳化河为Ⅳ～Ⅴ类。近年来，沱江流域Ⅰ～Ⅲ类水质断面比例呈降低趋势，Ⅳ～劣Ⅴ类水质断面比例逐年增高，环境容量与经济发展矛盾很大。因为生产生活造成的污染，流域内目前生态环境脆弱，污染事件频发，给当地老百姓生产生活和地方经济社会发展造成了严重的影响。特别是随着工业化、城镇化的快速发展，水环境质量总体有下降趋势，水环境形势严峻。

3. 人民群众获得感

水资源的安全事关千家万户。沱江特别是中下游地区人口稠密，城镇人口将近2000万人，是四川经济发达地区。沱江干支流水质好坏、流域生态环境好坏直接和群众的生活息息相关。党的二十大报告将生态文明建设摆在了十分重要的位置，沱江流域环境改革亦是为了解决人民群众的需要、期待和盼望。山青水绿、优美宜人的生态环境是提升人民群众获得感、幸福感、满足感的最直接的事，也是重要的民生实事，需要全面贯彻新发展理念，以环境的持续提升回应人民群众的关切，让老百姓实实在在地感受到经济的发展、社会的进步。

因此，抓好沱江流域水环境治理，是筑牢长江上游生态屏障的重要任务，是污染防治攻坚战的重要战役。

1.3 流域综合治理的特点

1.3.1 我国流域水环境治理面临的主要困境

流域水环境治理从 20 世纪 90 年代开始，到现在已经有 30 多年的发展历程，我国流域水环境治理状况也有较大程度变化，取得了显著成效。但从目前我国水环境现状、水资源保护利用的角度看，持续深入做好流域水环境治理依然是一个社会关注度很高的现实课题，存在着以下三大主要困惑，需要通过改革的方式去破题。本书将以川南地区流域水环境综合治理为样本，运用公共管理的相关理论，针对流域水环境治理的共性问题，通过分析具有代表性的新的治理经验，为其他地区解决类似情况的水环境治理问题提供参考。

1. 组织体系不成熟

工农业生产、城乡居民生活污水排放是导致水环境破坏的主要原因。特别是近来年，随着经济社会发展步伐加快、城乡居民生活水平提高，生产生活废水排放量大幅增加，2017 年，全国废水排放量 777.4 亿 t，且成逐年增长态势。目前，我国流域水环境治理之所以陷入"反复治理、反复污染"的局面，主要是由于其治理过程具有复杂性、系统性、高投入性和持续性等特征。一是对系统性的梳理和分析存在短板，环境治理项目主要是以点为单位，很难在整个流域形成面上的长期稳定的治理效果。二是过去传统的水污染治理技术和模式，比如通过建设污水处理厂、铺设截污管网来解决点源污染的问题，在流域水环境治理中无法系统和持续地解决边治理边污染的问题。三是流域治理涉及面宽，需要多措并举。除了涵盖环境保护、水利水务、景观工程等相关专业外，还需要实施截污治污、防洪排涝、生态修复等工程措施。虽然单一专业和工程都有比较成熟的技术保障，但相关技术的综合运用能力还不强，综合治理技术体系还需要完善、健全。如果缺乏整体性的专业配合，单项治理工程就只能发挥局部的短期性作用，长期来看并不能从根本上修复环境损害。所以，为保障治理流程的优化、治理方式的科学和治理效果的长效，重视专业技术整合、加强专业力量协作、完善治理技术体系是流域环境治理的客观要求。

2. 地方主体权责不明

传统流域水环境综合治理因涉及不同地方政府、不同职能部门，各自为政、令出多门、多头治理现象突出，"九龙治水"局面比较普遍。水利部门负责管"水"、环保部门负责治理、农业部门负责面源污染控制、林业部门负责水源涵养、交通部门负责船舶排污、建设部门负责环保工程，目前的格局产生了三个主要问题：一是政出多门。看似都在办事，但是却不能集中力量办事，导致治污效率不高。比如说在水污染管控上，水量管理、水质管理分别由水利和环保部门负责，在企业污水排放的管理上，水利部门根据指标先提出排污意见，环保部门对工厂排污进行控制。但实际操作上，环保部门往往忽视指标、不管总量，只监督企业的达标排放。二是权责不清。如航港部门和环保部门的治污职责并没有完全区分，一般情况交通事故造成的污染属于航港部门职责，但目前技术手段很难确定水面污染物来源，且航港部门处置污染的专业程度不及环保部门。三是各行其是。部分地方政府科学发展意识不强，过分注重 GDP 指标，为追求经济增速，引进污染项目，降低环保要求，只管当地发展，不顾下游污染。

3. 投融资管理模式单一

20 世纪 90 年代，我国治水的资金来源渠道主要是政府财政收入、债券募集以及相关非税收入。伴随着经济社会发展和可持续发展的客观需要，近年来水污染治理的投融资缺口越来越大，投入不足与治理需要的矛盾比较突出。同时，相关部门对地方政府平台公司的监管普遍缺位，平台公司内部管理和经营模式落后，缺少专业人才，投融资效率低下，成为了政府主导投资模式的主要问题。

1.3.2 跨界的特点和难度，干支流的问题

近年来，成都、德阳、内江等地都启动了沱江水污染综合整治，沱江水质逐步好转，但沱江流域生活污染、工业污染、农村面源污染以及水资源总量不足等问题还未得到根本性解决。"企业污染、群众受害、政府买单"现象仍然突出。一是沱江污染波及范围广、距离长，综合治理需要多地区、多部门的协调和配合，各自治理缺乏全流域的统筹，单打独斗、各自为政的现象比较突出，一旦一个环节出现脱节和真空，污染问题就无法得到有效根治。二是沱江水体污染、水域恶化的主要历史原因是重利用轻保护、只开发不治理。但如果按照传统的治理模式，离开开发谈利用，就环保谈环保，就不能求得生态效益、社会效益和经济效益的统一，将会使沱江治理失去发展后劲。三是沱江流域污染范围广，全面治理需要投入大量的人力、物力、财力，而资金瓶颈一直是沱江治理的突出问题之一。需要多措并举，发挥财政资金撬动作用，引导社会资本进入沱江流域水环境治理，加大对沱江水资源工程建设的资金支持，突破资金缺口难题。四是环境治理涉及政府、社会、公众，政府能够集中力量办大事是制度的优越性所在，但在过去的治理过程中缺往往忽视了社会和公众主体的参与，"一个人发力、大家看戏"的治理局面比较普遍，导致了治理效果不佳，收效不明显。

环境污染防治投入机制乏力，公众参与意识不够强，城镇化持续发展给水环境带来的巨大压力仍将继续，沱江水环境综合治理就是要扭转流域水污染现状，实现水资源的合理开发和保护，为流域发展夯实生态本底，也为经济社会的可持续发展奠定坚实的基础，留给后人绿水青山。

1.4 流域综合治理的难点

1.4.1 污染溯源的难点

水环境的问题，不只是水本身的问题，城市的截污控源情况、污水处理情况、城市的人工生态系统等都是影响因素，流域水环境的污染需要去追溯哪里出现了问题，找到这些根源，才能把水环境治理好，而这些追根溯源是目前流域水环境治理中的难点和重点，也往往是最容易被忽略的。要想控源，先要溯源，污染源溯源是核算污染负荷，制定流域治理方案的根本前提和基础。

川南地区地处四川东南部，长江中上游，河网水系密布，人口密集，沿河污染源涉及点源、面源和内源多种类型，使得流域内的溯源工作相比于其他地区更为困难及复杂，其具体表现在以下几个方面。

1. 点源排放的不确定和随机性

企业为了逃避污染治理，采用偷排、暗排的方式将污水进行排放，由于这种排放的时间和水量突发性及随机性非常大，常常难以找到源头，给溯源带来了不确定性。一些企业和村镇小作坊，白天不排污、夜间排污，检查时不排污、不检查时排污，经常性地偷排漏排。有的采用打深井、挖大坑、埋长管等方式偷排暗排；有的采用高科技手段偷排等，给溯源带来了极大的困难。川南地区经济较发达，沿途工业企业分布密集，偷排、暗排现象时有发生，由于排放的隐秘性，难以精准地找到源头。

2. 合流制管网问题复杂，增加溯源的复杂性

由于早期的城市建设中，管网建设以合流制为主，目前川南大部分地区保留了合流制管网，且合流制管网占比超过50%。合流制溢流问题成为了水体污染的重要来源之一。合流制溢流污染主要分为三部分：旱季污水、管道沉积物、初期径流雨水中携带的污染物。它们溢流入水体对城市水环境造成严重危害，由于管网的错综复杂等原因无法开展溯源工作。合流制暗渠占比较高，暗渠比露天排水沟更难以治

理，污水截流困难重重，雨天极易雨污合流，对暗渠排泄口以下的水域形成更严重的污染。加之暗渠治理条件有限，受污染后治理难度大，管理困难，随着周边地块的发展极易使污水口暗接入箱涵内，进一步造成暗渠污染。

在城市管网建设中遗留下来的雨污错接、混接，以及一些小区、商户、企业等的私接、偷接、错接，形成了污水直排的污染源。污水管错接入雨水管时，雨水排放口类似直排式合流制排放口，大量污水直接排放造成严重污染，而由于管网数据缺失、底数不清等，导致溯源工作难上加难。

以川南地区内江市为例，其错接、混接比例超过了 30%，混接、错接率高。内江中心城区现状市政道路污水管线长度 125km，雨水管线长度 150km，雨污合流管线 168km，沿河截污干管 50km，合流制箱涵 19km，各类管线长度合计 512km，合流制管网占比达到 36%，管网错综复杂。

3. 农村污水无组织排放，导致溯源的分散性

川南地区村镇污水由于地形复杂，缺乏科学规划，排水系统不完善，雨水、污水无组织排放，导致农村污染源隐蔽分散，难以排查。以内江为例，其现状有行政村 1609 个，现状村户污水部分采用雨污合流，污水直排路边河塘、水沟等，但由于量小、分散，导致溯源工作耗时、耗力。

4. 农业面源定量溯源难度大

由于农业非点源污染的产生和排放主要取决于化肥施用强度、生活污水处理程度、畜禽养殖管理、降雨径流、土地利用结构等因素的综合影响，具有迁移过程的复杂随机性、不确定性、滞后性、时空异质性等特点，使得非点源污染的定量溯源工作难度非常大。

1.4.2 行政跨界河流治理的难点

河流的跨界污染一般指在同一流域内，由某地区造成的水污染依靠水具有的流动性特征，影响到其他地方甚至全流域，并造成了损害的结果。这里所说的"界"指的是行政区域的域限。通常来说，水跨界可以分为跨国界、省界以及市界等。跨界河流水环境保护问题是流域管理的难点，也是制约流域社会经济与环境协调发展的重要影响因素。然而，流域内的各生态要素密切关联，上下游地区间密不可分又相互影响。尤其是跨界河流上下游对水资源配置及水环境保护相关利益问题，由于地方政府追求本地利益最大化，使得流域不同行政区之间、上下游之间出现利益矛盾，是流域水环境管理与保护的症结与难点所在。

川南地区自贡、泸州、内江、宜宾、乐山等城市，位于长江中上游，区域内汇集了金沙江、岷江、沱江等长江重要干支流，是成渝经济圈的中心区域，也是四川省经济发展新的增长极。以沱江流域为例，沱江是地处长江上游的重要河流，其全流域涉及四川省的成都市、自贡市、泸州市、德阳市、绵阳市、内江市、乐山市、眉山市、宜宾市、资阳市 10 个地市，是典型的跨界河流。跨界河流水污染治理涉及流域内的经济、社会、政治等诸多因素，其治理存在以下几个方面的问题。

1. 污染的跨界性

因水的流动性这一特征导致某一行政区域的水受到污染后，污水会随着流动使得整个流域都受到污染。污染的转移性容易造成地区间的纠纷，产生"公地悲剧"（1968 年哈丁《公地的悲剧》）。此外，流域中各地区共享水资源，但是水功能诉求不完全相同，导致流域在水资源开发利用与保护上会出现矛盾。在区域利益不对称和缺乏激励机制的情况下，流域上下游地方政府很难达成互利共赢的状态。

2. 协调的高难度性

跨界水污染治理需要对多个行政区的水体进行跨界治理，我国的污水治理又是实行综合管理和区域管理相结合的管理体制，但实际上流域管理缺乏相应的机构设置和充足的资金支持，实际上还是以区域管理为主，区域内部分别设置各自的治污机构，各机构之间相对独立，跨界水污染治理需要对地区污染进行整体性、系统性治理，需要整合各地之间的组织机构，具有高难度的特点。

3. 监管碎片化

我国各地区之间还没有建立统一的监测、监督标准，不同行政区域间、流域上下游的执法标准不统

一，环境信息不共享，难以形成监管合力，使得对地区间跨界水污染的治理难上加难。这种监管标准不一致将区域内完整的河流治理分割，在河流污染事件发生时，由于各地区法律、规范存在差异，给各地区之间进行有效、顺畅的协作治理造成困难。

4.治理的长期性和反复性

跨界水污染治理需要多地协调进行，各行政区之间不存在隶属关系且流域内上下游产业结构、经济水平不尽相同，对水资源的利用和保护目标不一致，存在利益纠纷。因此，跨界水污染治理不但周期长，而且存在需要反复沟通协调的问题。

1.4.3 污染源治理难度大

流域水环境污染成因复杂，按照污染源类型划分，可将流域水环境污染问题分为点源污染和非点源污染（面源污染和内源污染）。点源污染是指污染物质从集中的地点排入水体，主要包括生活污染和工业污染，根据污染总产生量和污水处理设施处理量得到流域污染物直排入河量。面源污染则是指污染物质来源于集水面积的地面上（或地下），如农田施用化肥和农药，灌排后常含有农药和化肥的成分，畜禽养殖和水产养殖产生的污染，城市、山体在雨季经雨水冲刷地面污物形成的地面径流等。内源污染主要指进入河道、湖泊中的营养物质通过各种物理、化学和生物作用，逐渐沉降至河道底质表层，当累积到一定量后再向水体释放的现象。川南地区位于长江中上游，沿江两岸分布众多能源、化学、钢铁等工业集群，人类活动强度较大，生活污染及农业面源污染的叠加进一步增加了流域治理的难度。以内江市沱江流域为例，对各类污染源的治理难度主要体现在以下几个方面。

1.点源治理难点

1）管网建设相对滞后，历史遗留问题短期难以解决

对于点源的治理其最根本的措施就是截污纳管，然而由于我国城市管网建设相对滞后，严重影响了这一措施的推行。我国城市排水管网架构基本形成，总管和干管比较完整，支管和收集管网残缺不齐，雨污错接、混接严重，导致污水直排。由于管网建设工程周期长、投资大、拆迁征地难等问题，使得截污问题长期得不到解决。此外，由于该地区排水管网以合流制为主，合流制暗渠成为藏污纳垢的黑箱，难以精准溯源和截污。

2）村镇污水处理设施运行维护难

川南地区地处丘陵地带，高低落差较大，农村地区人群居住分散，场镇污水收集管网排布复杂，提升泵井众多，村镇管网运营管护难。村镇与村镇之间距离较远，运维人员的监测、巡检效率低，成本高，使得村镇场站管理难。由于村民环保意识薄弱，经济相对欠发达，污水处理费用收取难，基本以政府补贴为主，村镇场站的持续运行经费难以保证。

2.非点源治理难点

传统意义上的污染源治理通常更注重点源，很大程度上忽视面源及湖泊内源污染治理。随着点源污染逐步得到治理，非点源污染，尤其是农业非点源污染已经成为导致水体污染的主要原因。川南地区水网密布，河流沿岸农田众多，在农事活动中化肥与农药的过量使用汇入收纳水体，引起水体氮磷超标严重，由于非点源排放的季节性、不确定性，导致传统点源的末端控制措施无法有效地控制非点源污染，非点源污染的防控难度很大。

1.4.4 城市和农村的治理难点

城镇水体排污量大，污染相对集中，而且污染来源复杂，涉及生活污水、城市径流、工业废水等多方面，成因复杂，治理措施涉及管网改造、污水厂新建、点源控制等，城市水体的治理是一个很复杂的系统性的工作，需要多部门统筹协调和规划，在治理过程中面临数据缺失、及时治理措施不科学、设计环节治理措施落地施工困难、部门协调机制体制不顺畅等诸多问题。

农村水体治理相对城市简单，但在治理过程中也面临很多困难。比如，农村家禽散养普遍，家禽粪

便排泄形成面源污染最终流入坑塘，污染难以有效管控；农村生活污水截污纳管工程量大，纠纷多，且人口季节流动导致水量变化大，水处理设备难以稳定运行；农村人口分散，环保意识淡薄，设备运行维护困难；农业面源污染治理难度大。

1.4.5 水环境综合治理多目标统筹的难点

水环境综合治理是一项从建设到管理的全方位、全过程的治理工程，涉及水规划建设、水生态建设、水资源建设、水景观建设、水安全建设、水文化建设六方面内容，需要满足水环境质量提升、防洪排涝、生态安全、市民娱乐休闲与城市景观、文化融合等多方面的需求和目标。在规划、实施及运营管理的各个过程涉及多部门、多专业的协调和配合，容易存在"九龙治水"的困境，难以系统性、整体性、多目标统筹地开展流域治理和保护工作。

1.5 小结

川南经济区位于长江上游四川盆地东南部，包括内江、自贡、宜宾、泸州和乐山五个城市（图1.5-1）。川南城市群区位优势非常明显，东部和重庆市接壤，南部和云南省、贵州省接壤，处在川、渝、滇、黔四省市接合部地区，向北承接了成渝，向南连接了滇黔两省的北部地区，在四川省来说，是仅次于成都都市圈的全省第二大城市群，这五大城市的 GDP 占全省的五分之一左右，是四川省重要的经济区。川南地区位于长江中上游，区域内汇集了金沙江、岷江、沱江等长江重要干支流，河网水系密布，人口密集，沿河污染源涉及点源、面源和内源多种类型。沱江是地处长江上游的重要河流，发源于川西北九顶山南麓，绵竹市断岩头大黑湾，是川南地区的重要河流。

图 1.5-1 川南经济区位置和范围

内江位于沱江下游中段，县城及部分地域均在沱江环抱之内，遂得名"内江"，它是川南经济区的主要城市之一，是成渝经济区的中心城市，自古以来就是"川南咽喉""巴蜀要塞"。沱江是内江市内的主要河流，沱江穿城而过，滋养了一代又一代内江人，留下了九曲十一弯的甜城湖。然而，与川南地区其他沱江沿岸的城市不同，内江是沱江流域范围内唯一严重依赖沱江作为饮用水水源的城市，近年来随着城市发展、人口增加、工矿企业增多，沱江流域内江段的生态问题日益突出，水资源短缺、污水处理能力不足，环境承载能力正逼近红线。沱江已进入全域污染状态，修复治理迫在眉睫。

为全面贯彻党的十八大以来中央关于绿色发展的新理念、新战略、新部署，落实《水污染防治行动计划》《〈水污染防治行动计划〉四川省工作方案》《中共四川省委关于推进绿色发展建设美丽四川的决定》《关于内江沱江流域综合治理和绿色生态系统建设与保护若干重大问题的决定》《内江市城镇污水处理提质增效三年行动实施计划（2019—2021 年）》《内江市城镇生活污水处理设施建设三年推进工作方案（2021—2023 年）》等一系列国家、省、市文件要求，同时加强与"一带一路"、成渝城市群、川南城市群等大区域发展战略对接，进一步加快内江经济社会发展和新型城镇化进程。近年来，内江市大力推进内江沱江流域综合治理和绿色生态系统建设与保护"世代工程"，推动生态优先、绿色发展，着力构筑长江上游生态屏障。2017 年，沱江流域（内江段）顺利获批全国首批、四川唯一流域水环境综合治理与可持续发展试点，内江市编制了《内江市沱江流域综合治理和绿色生态系统建设与保护项目规划（2017—2020年）》，涉及总投资 1449.16 亿元、重大项目 441 个，涵盖黑臭水体治理、河道岸线整治、城镇污水处理厂、再生水厂、乡镇污水处理厂、截污管网、湿地公园等多种项目类别，对沱江流域生态环境的改善具有十分重要的意义。内江沱江流域水环境综合治理对川南地区的流域水环境综合治理具有十分重要的作用。

第 2 章

内江沱江流域
综合治理的特点

2.1 内江沱江流域综合治理的基本情况

  沱江是长江的一级支流，发源于川西北九顶山南麓，全长712km，流域面积3.29万km²，流域人口逾3700万。沱江流域内有成都、重庆、德阳、内江、自贡、资阳、绵阳、遂宁、泸州等大中城市，大、中型工厂多达千余座，是四川省工业集中地，也是四川省最大的棉花、甘蔗产地（图2.1-1、图2.1-2）。20世纪70年代以前，沱江流域自然生态优越，为人民群众的生产生活提供了丰富的水资源。但随着经济和人口的急剧增长，20世纪70年代末，沱江已出现了明显的水质污染征兆，20世纪80年代中后期水质污染已较为严重，枯水期污染事故频发。近年来，沱江流域水污染治理工作从未停止过，随着工业化、城镇化快速发展，水环境质量总体有下降趋势，水环境形势仍然严峻，环境污染防治投入机制乏力，公众参与意识不够强，与人民群众对美好生活的期待存在较大差距。

  近年来，经过各级各部门共同努力，沱江流域水环境综合治理取得了阶段性成效，齐抓共管的强力工作态势基本形成，各地积极探索治理良方，沱江水质达到近年来最好水平。《沱江流域水污染防治规划（2017—2020年）》提出的"到2020年，纳入国家和省考核的监测断面水质优良率达到65%以上、劣Ⅴ类水体基本消除、地级以上城市建成区黑臭水体基本消除"的水质目标有望基本实现。

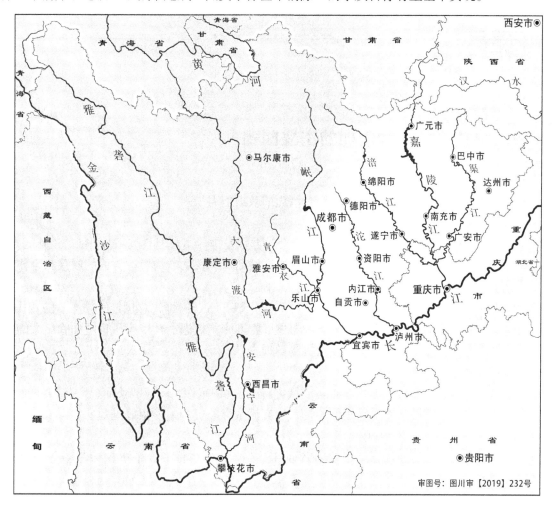

图 2.1-1 沱江流域位置和范围

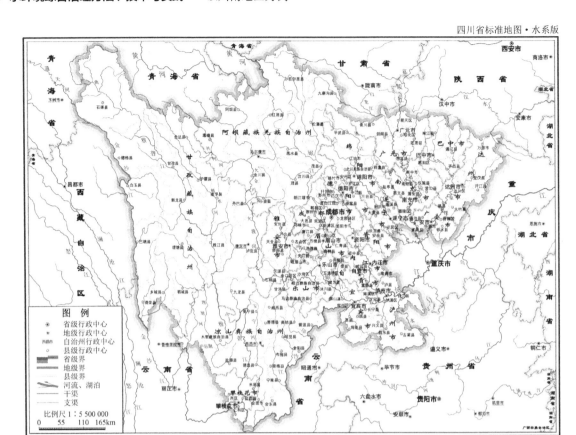

四川省标准地图·水系版

审图号：川S【2021】00068号　　　　　　　　　2021年7月　四川省测绘地理信息局制

图 2.1-2　沱江流域行政区划及水系图

2.2　内江沱江流域综合治理的主要问题

1.以系统思维推进"山水林田湖草沙"综合治理的政策仍需加强

1）区域之间、部门之间统筹机制有待完善

流域间统筹协调机制以召开党委会、市长办公会等方式安排传达重要会议精神、部署工作安排为主，常态化、长效化的问题反馈及协调机制仍需完善，跨区域监督、执法、应急等方面的联系与合作不足。

2）以系统性思维谋划全流域绿色发展格局还需加强

沿线各城市间产业结构性、布局性等内生矛盾尚未化解，污染物排放总量依然较大。随着成渝地区双城经济圈建设等战略的落实，沱江流域经济社会发展将迎来新机遇，环境容量也将面临更大的压力。

2.以"三水统筹"为抓手的精准治理政策机制亟须提升

1）水资源承载力压力巨大

沱江流域水资源开发强度位居四川全省各流域之首，虽然"引大济岷""长征渠""沱九连通"等工程正加快实施，但流域内河湖水系贯通仍然不畅，生态流量保障机制未能很好见效。

2）水环境质量持续稳定达标压力大

截至 2021 年 3 月，沱江流域仍有 5 个省控断面未达到优良水体标准，部分小流域达标不稳定，体现精准治理的规划方案需进一步优化。

3）水生态保护工作处于探索起步阶段

岸线侵占现象突出，湖库出现不同程度富营养化，水生生物生境受到干扰，水生态健康状况差，缺乏适宜沱江流域的相关技术规范。

3. 以创新为驱动力的科技支撑还需强化

1）水污染防治技术体系有待完善

污染治理技术创新不足，智慧化、高效化、本地化支撑不够，未能及时开展重点工业行业废水深度治理与回用、重点风险源风险管控等领域的技术探索和应用。

2）流域上下游科技创新能力不平衡

流域上下游创新能力、创新环境、创新绩效、创新投入等方面还存在较为明显的地域性差距，如2019年成都市研发经费投入占GDP的比例达2.56%，自贡市占比为0.78%，而资阳市仅有0.18%。

3）环境监管科技支撑机制有待完善

环境监测的领域和范围还需拓宽，数字化程度还需提高。不同部门的环境监管合作机制不完善，存在监测点位重复建设的现象。

4. 以补齐基础设施短板为重点的资金保障机制有待优化

1）资金缺口大且来源单一

基础设施前期建设、后期运维都需要大量资金保障，财政配套资金用途单一，多用于前期建设投入，后期运维费用缺乏保障，以环境质量改善为目标的导向体现不足，无法有力支撑和激励污染防治工作。

2）社会资本参与积极性不高

流域治理投资回报周期长、回报率较低，加之环境经济激励政策成果运用不充分，绿色债券、绿色信贷、绿色基金等绿色金融政策保障供给不足，导致市场经济在其中发挥的作用有限，较难有效撬动社会资本。

3）EOD（生态环境导向的开发模式）未充分运用

目前，仅有成都开展了以EOD为导向的沱江发展轴片区综合开发项目——杨溪湖湿地公园项目。2021年四川共有三个EOD项目入选国家试点项目，沱江流域无一入选。

5. 服务高品质生活宜居地的优质生态产品供给不足

1）农业绿色发展不充分

农业资源趋紧，农业面源污染问题依然突出，化肥农药减量、绿色替代、种养循环、综合治理的政策机制尚未有效建立。

2）反哺绿色发展的力度不够

一方面，政府对"绿色"企业发展的反哺力度不够，各类经济激励政策还有待完善；另一方面，企业反哺城市生态建设的力度亦不足，部分企业对治污设施提标改造、技术更新的主动性不够，主动发布环境责任报告的企业屈指可数。

2.3 内江沱江流域在川南水环境流域治理的代表性

沱江流域在四川流经面积广，流经城市多。同时，沱江流域也是四川省水污染最突出的区域，流域水资源占全省的3.5%，却承载了全省30.8%的经济总量和全省26.2%的人口，沿江城镇污水处理率64%，乡镇污水处理厂建设率23%，但近三分之一不能正常运行，沱江流域16个断面有6个水质不达标，环境容量与经济发展矛盾很大。因为生产生活造成的污染，流域内目前生态环境脆弱，污染事件频发，给当地老百姓生产生活和地方经济社会发展造成了严重的影响。流域各市纷纷投入到流域治理保卫战中。德阳市、眉山市、雅安市、资阳市、阿坝州、成都市签订了流域治理保护合作协议。协议文件在实施流域综合治理、实现水质监测信息共享、建立协同应急处置机制、建立联系会商机制上作了明确，旨在实现流域水生态的联动治理和保护，在水生态文明建设方面拓展交流合作，进一步营造流域各个城市协同发展的良好环境，为构建长江上游生态屏障和推进治蜀兴川各项事业提供机制保障。

沱江流域是四川经济发达的片区，特别是在实施省委"一干多支、五区协同"发展战略后，成都平原经济区和川南经济片区之间的区域联系更加紧密，要素流动更加充分，协同发展程度加深，经济发展更加有力，为沱江流域的综合治理奠定了坚实的客观基础和条件。一是加强政策制度保障。出台《沱江流域水污染防治规划（2017—2020年）》《沱江流域"一河一策"管理保护方案》《沱江流域水质达标三年行动方案（2018—2020年）》。同时，"公众是水系流域治理的受益者，也是水环境恶化的直接受害者"的观念深入人心，公众参与意识不断增强，社会参与度不断提升，都为沱江流域水环境的综合治理提供了条件。二是强化科技数据支撑。加强加密沱江水质动态监测，新增12个监测断面，实现沱江干流和主要支流水质监测全覆盖。三是落实专门治理人员。探索建立沱江流域7市24个国省考核断面"断面长制"，确保每个断面都有专人值守。四是统筹进行高位谋划。成立沱江流域水污染防治专家顾问团，19位国内高水平专家为沱江水质改善出谋划策，提供有力的科技支撑。在此科学规划基础上建立健全岷江、沱江河长制管理协调机制，联动推进流域水生态治理与保护，强化水生态文明建设的交流合作，营造流域协同发展良好生态环境，构建长江上游生态屏障，共同推动治蜀兴川再上新台阶和加快建设美丽繁荣和谐四川。

第 3 章

流域水环境综合治理的
系统规划理念与技术路线

3.1 总体原则

1. 生态优先，绿色发展

坚持绿色发展理念，尊重流域治理规律，注重保护与发展的协同性、联动性、整体性，以水定城、以水定地、以水定人、以水定产，促进经济社会发展与水资源水环境承载力相协调，以高水平流域水环境综合治理系统规划引导推动川南地区沿江城市高质量发展。

2. 系统治理，协同推进

坚持山水林田湖草沙命运共同体理念，从城市流域生态系统整体性出发，以小流域综合治理为抓手，强化各生态要素的系统治理、综合治理，以河湖为统领，统筹流域上中下游地区水环境、水生态、水资源协同治理，协同推进川南地区流域生态环境保护。

3. 试点先行，稳步推进

以流域水环境综合治理系统规划方案为先导，点选样板小流域或示范工程先行先试，在治理关键环节和关键阶段率先实现突破，带动川南地区沿江城市流域水环境综合治理工程的整体推进。

3.2 指导思想

以习近平新时代中国特色社会主义思想为指导，全面贯彻党的二十大和十九届历次全会精神，深入贯彻落实习近平生态文明思想，牢固树立绿水青山就是金山银山的理念，立足新发展阶段，完整、准确、全面贯彻新发展理念，构建新发展格局，坚持生态优先、绿色发展，以改善水环境质量为首要目标，统筹推进水资源利用、水环境综合治理和水生态保护修复，深入打好污染防治攻坚战，逐步恢复川南沿江城市流域水环境质量和水生态功能，努力建设人与自然和谐共生的美丽家园。

3.3 理念与目标

1. 以项目实际案例构建流域综合治理项目系统规划方案理论体系。

以PPP项目为依托，以服务政府需求为核心，以高质量生态环境保护发展为目标，以企业产研一体化为出发点，脱离传统规划概念和项目建设模式，打破壁垒，总体形成以项目布局为目的的规划方案梳理，以规划方案引导为前提下的项目统一建设。

在实施之前整体考虑项目需求和项目组成，构建系统规划建设理论方法，总结形成以污染解析（数据收集，归纳解析）—量化分析（以水定城，以水束规）—控制原则（生态优先，灰绿结合）—因域施策（分配目标，有机高效）—评估建议（后续提升，规划建议）为框架的规划建设理论构建体系。

2. 通过系统规划方案引领流域综合治理项目实施具有前瞻性、全面性、可靠性，联合政府与社会资本共同引导生态环境保护实现高质量发展，实现水环境问题持续改善和沱江干流水质持续向好。

随着城市建设规模的不断扩大，水环境需求项目越来越多，综合整治的需求也越来越大，比如城市排水防涝治理、城市黑臭水体治理、海绵城市建设等涉及大量工程的项目。同时，项目之间有很强的关联性，在项目规划期间和建设任务分配时期需要综合统筹才能发挥最佳效益。目前工程项目管理体系缺少对此环节的要求和管理，特别是环境需求和建设主体不一致的情况，往往会导致"头痛医头""脚痛医脚""单项思维"现象，造成政府投资浪费、环境收益不高。

基于以上问题表现，流域水环境综合治理范围的系统规划方案和建设理论实践能够预判工程项目能否实现预期目标。从流域全局视角，分析问题和成因，评估现有工程措施实施效果。从完成整体目标的角度，统筹"源头减排—过程控制—系统治理"的工程体系，协调灰色和绿色基础设施关系，明确各流域工程措施应达到的目标，确保整体工程方案的实施效果。梳理多工程体系与目标实现之间的关系，进行多工程优化组合，综合考虑经济性、落地性和实施难度，力求做到整体效果最优。

3. 数字化模型量化分析地区污染情况，以水定城，统筹建设项目多目标实现和多措并举。

选取示范区域开展流域水量、水质模型与应用研究，构建基于污染物时间、空间分配规律和河道水动力水质模拟的流域水环境动态耦合模型系统，基于模型系统开发一套流域水环境治理工程的达标性评估路线，为流域水环境系统、智慧化解决方案提供重要的量化技术支撑手段。

数字化模型近期用于PPP项目工程规划及污染负荷削减控制，实现黑臭水体达标、水厂运行稳定、沱江干流河道趋势化改善，远期通过扩展服务政府，基于环境目标的改善需求，对现行规划提出调整，并布局水环境治理和优化提升建设内容。

4. 规划建设理论方法具有地区性流域治理的推广借鉴意义，助力长江保护修复和黑臭水体攻坚战役。

流域综合治理在不同流域和不同城市之间，既有共性也有个性，依托项目为沱江流域典型城市级流域综合治理项目，通过内江PPP项目规划建设的理论和实践研究，在长江上游地区进行推广互鉴，使得共性治理理论不断加深，特征流域治理经验不断丰富，为区域性的流域综合治理体系形成和推广形成有力支撑，保障长江保护修复工作顺利进行。

研究目标：基于构建城市级流域综合治理系统规划方案编制方法体系进行分项目标研究，按照一般系统理论、过程控制理论、归纳演绎思维等手段，针对内江城市级流域水环境综合治理项目及国内其他大型流域综合治理项目开展实践理论研究，总结梳理系统规划方案编制的一般理论体系。

主要针对以下五个方面进行相对集中的理论研究：
（1）构建流域综合治理项目系统规划方案理论体系。
（2）污染解析及规划编制背景数据的收集整理规则、方法。
（3）基于流域干流及重要区域环境目标实现的水环境模型构建方法。
（4）多项目建设目标体系的分析、研判、定制方法。
（5）项目规划方案与城市规划的融合反馈案例研究。

3.4 技术路线

以内江沱江流域水环境综合治理PPP项目为依托，结合流域经济社会发展形势、自然环境条件和治理现状等因素，定制该流域系统规划解决方案，有效补充与细化常规规划体系对实际项目建设的指引，明确以"控源截污＋生态修复＋长效管理"为项目污染治理主基调；基于实践经验，同步总结川南地区城市级流域水环境综合治理特色，梳理同级别项目系统规划方案理论体系，筛选并形成包括污染源解析、水环境模型构建、建设目标交叉融合分析等重要节点方法研究、重要措施应用分享。最终形成"项目实践—体系研究—项目优化"的闭环反馈，有效提炼川南地区特征流域共性治理经验，在长江流域推广互鉴，促进长江保护修复工作的顺利进行（图3.4-1）。

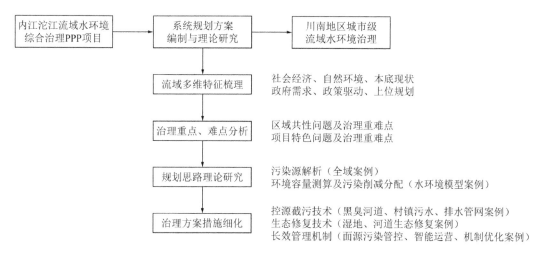

图 3.4-1 技术路线图

第 4 章

内江沱江流域水环境
污染源识别与成因分析

4.1 内江沱江流域水环境概况

4.1.1 内江市河流概况

内江市境内分布着沱江干流流域、釜溪河流域、濑溪河流域、越溪河流域，主要河流有 9 条，其中沱江干流流域包括沱江、球溪河、蒙溪河、小青龙河、大清流河等 5 条河流，釜溪河流域包括威远河、乌龙河等 2 条河流，濑溪河流域含隆昌河、渔箭河等 2 条河流（表 4.1-1）。沱江干流流域内沱江自资中县顺河场断面入境，至市中区龙门镇断面出境入自贡界，釜溪河流域内威远河、乌龙河在自贡界内汇入釜溪河后进入沱江，濑溪河流域内隆昌河、渔箭河在泸州界内汇入濑溪河后进入沱江，越溪河流域在乐山汇入越溪河后汇入岷江（图 4.1-1）。

图 4.1-1　内江境内流域划分

内江市主要河流一览表　　　　　　　　　　　　　　　　　　　　表 4.1-1

流域名称	河道名称	河长（km）	流域面积（km²）	落差（m）	平均坡降（‰）	多年平均流量（m³/s）
沱江干流流域	沱江	146.7	3072.9	135.5	0.45	375
	球溪河	38.7	301.28	18.4	0.26	3.12
	蒙溪河	81	442.25	21.9	0.27	6.44
	小青龙河	58	405	87.0	0.29	4.62
	大清流河	94	523	192.0	1.57	19.64
釜溪河流域	威远河	131	859.8	39.3	0.30	10.97
	乌龙河	86	492	10.3	0.12	2.9
濑溪河流域	隆昌河	43.5	177.49	72.0	0.17	4.55
	渔箭河	42.7	124.88	93.2	0.22	1.96

4.1.2 沱江流域内江段概况

1. 沱江干流内江段

沱江干流内江河段上自资中县球溪河入沱江河口起，下至内江市市中区龙门镇龚家渡出境入富顺县，属沱江中游河段（图4.1-2、图4.1-3）。沱江内江段河道长146.7km，流域面积3072.9km²，落差135.5m，河道平均比降0.45‰，多年平均流量375m³/s。

图4.1-2　沱江资中段　　　　　　　　　图4.1-3　沱江市区段

2. 球溪河

球溪河发源于仁寿县龙泉山，在发轮镇进入资中境内，流经发轮、配龙、龙结、罗泉、球溪5个乡镇，在顺河场镇汇入沱江，干流长38.7km，落差18.4m，河床宽度50～120m，流域面积301.28km²，幅员面积278.47km²。年径流总量9702万m³，多年平均流量3.12m³/s，最大洪峰流量2824.7m³/s。

3. 蒙溪河

蒙溪河由大、小蒙溪河汇流形成。小蒙溪河发源于安岳县镇子场，在龙江镇进入资中境内，且在马鞍乡杨泗两河口汇入大蒙溪河（图4.1-4、图4.1-5）。境内干流总长34.5km，干流落差20.4m，河床宽50～120m；大蒙溪河发源于乐至县南塔乡，在孟塘镇进入资中境内，且在苏家湾镇蒙溪口处汇入沱江，干流长46.5km，干流落差21.9m，河床宽50～120m。

蒙溪河在县境内经孟塘、龙江、骝马、双龙、狮子、太平、龙山、马鞍8个乡镇，流域面积442.25km²，幅员面积463.67km²。干流落差21.9m，平均坡降0.27‰，年径流总量2.03万m³，多年平均流量6.44m³/s，最大洪峰流量1592.5m³/s，最小流量0.18m³/s。

图4.1-4　蒙溪河上游　　　　　　　　　图4.1-5　蒙溪河下游

4. 小青龙河

小青龙河发源于资阳市安岳县南薰乡文峰村，南流过双桥镇金子桥、李家桥，于新店乡双河口右纳双河场河；过新店，左纳凤天河（图4.1-6、图4.1-7）；曲折南行过雷家庙、萧家湾，于秦家坝左纳团龙溪；转南过五元桥右纳火花溪（又称松林沟，上有松林水库），左纳斑竹溪；曲折向西南过田家镇，右纳三溪场沟；曲折向南过高桥街道、来宝桥，于新龙湾小青龙口汇入沱江。河长58km，河宽上段5～20m，下段20～40m；流域面积405km²，总落差87.0m，平均比降0.29‰，多年平均流量4.62m³/s。小青龙河干流流经安岳县南薰乡，东兴区双桥、新店、田家、同福、高桥街道、东兴街道、新江街道等，河道曲折多湾，宜灌溉，干流及支流上拦河工程众多，较大拦河工程有：团龙溪上团结水库、火花溪上松林水库、三溪河沟上三溪水库，陡坎电站，流域内大小支流众多，呈树枝状分布。较大支流有双河场河、凤天河、团龙溪、火花溪、斑竹溪、三溪场沟。

图 4.1-6　小青龙河上游　　　　　　　　　图 4.1-7　小青龙河下游

5. 大清流河

清流河上游分大清流河、小清流河。大清流河发源于安岳县新民乡唐石坝，于天林乡黑窝子入区境，经永福、杨家、苏家等乡，在石子乡松林坝与小清流河汇合。小清流河源于重庆大足县中敖镇陈家寨，过安岳县李家、元坝店入区境，经石子乡松林坝入大清流河。汇合后称清流河，经石子、吴家（荣昌）两乡镇属地迂回偏南入洗马池，过平坦、经顺河（观音滩）、达郭北（一泗滩），至小河口流入沱江。全长 121.74km，境内 94km，天然落差 192.0m，平均比降 1.57‰，流域面积 523km²，受纳 17 条溪河，年总流量 47330.3m³，多年平均流量 19.64m³/s。

4.1.3　沱江流域水质情况

沱江干流自资中县顺河场断面入境，至市中区龙门镇断面出境，分析沿线顺河场、银山镇、高寺渡口、龙门镇（以自贡入境脚仙村断面代替）断面 2017—2018 年水质情况（图 4.1-8）。2017 年 1—7 月各断面水质劣于Ⅲ类，2017 年 10 月—2018 年 12 月基本达到Ⅲ类。其中，2018 年 4—7 月顺河场、高寺渡口、脚仙村断面水质出现波动（表 4.1-2）。

图 4.1-8　沱江干流断面分布图示意图

沱江干流断面水质情况表　　　　　　　　　　　　　表 4.1-2

监测时间	顺河场	银山镇	高寺渡口	脚仙村
2017 年 1 月	Ⅳ	Ⅳ	Ⅳ	Ⅳ
2017 年 2 月	Ⅴ	Ⅴ	Ⅴ	Ⅴ
2017 年 3 月	Ⅳ	Ⅳ	Ⅴ	Ⅳ
2017 年 4 月	劣 Ⅴ	Ⅴ	Ⅳ	Ⅴ
2017 年 5 月	Ⅳ	Ⅳ	劣 Ⅴ	Ⅴ
2017 年 6 月	Ⅳ	Ⅳ	Ⅴ	Ⅳ
2017 年 7 月	Ⅲ	Ⅳ	Ⅲ	Ⅲ
2017 年 8 月	Ⅳ	Ⅲ	Ⅲ	Ⅲ
2017 年 9 月	Ⅲ	Ⅲ	Ⅱ	Ⅲ
2017 年 10 月	Ⅲ	Ⅲ	Ⅲ	Ⅲ
2017 年 11 月	Ⅲ	Ⅲ	Ⅲ	Ⅲ
2017 年 12 月	Ⅲ	Ⅲ	Ⅲ	Ⅲ
2018 年 1 月	Ⅲ	Ⅲ	Ⅲ	Ⅲ
2018 年 2 月	Ⅲ	Ⅲ	Ⅲ	Ⅲ
2018 年 3 月	Ⅲ	Ⅲ	Ⅲ	Ⅲ
2018 年 4 月	劣 Ⅴ	Ⅲ	Ⅲ	Ⅲ
2018 年 5 月	Ⅲ	Ⅲ	Ⅲ	Ⅲ
2018 年 6 月	Ⅲ	Ⅲ	Ⅲ	Ⅳ
2018 年 7 月	Ⅳ	Ⅲ	Ⅳ	Ⅲ
2018 年 8 月	Ⅲ	Ⅲ	Ⅲ	Ⅲ
2018 年 9 月	Ⅲ	Ⅲ	Ⅲ	Ⅲ
2018 年 10 月	Ⅲ	Ⅲ	Ⅲ	Ⅲ
2018 年 11 月	Ⅲ	Ⅲ	Ⅲ	Ⅲ
2018 年 12 月	Ⅲ	Ⅲ	Ⅲ	Ⅲ
水质要求	Ⅲ	Ⅲ	Ⅲ	Ⅲ

4.2　内江沱江流域水环境现状分析

4.2.1　内江市水环境现状

　　内江市区现状黑臭水体共 11 条，其中重度黑臭 4 条，分别为古堰溪、玉带溪、蟠龙冲和黑沱河；轻度黑臭 7 条，分别为龙凼沟、谢家河、益民溪、寿溪河、太子湖、包谷湾和小青龙河，如图 4.2-1 所示。

其中，河流型黑臭水体 9 条，长度 51.2km；湖库型水体 2 条，包括太子湖和包谷湾，面积 11.3hm²，如表 4.2-1 所示。

黑臭水体信息表

表 4.2-1

黑臭水体名称	透明度（cm）	溶解氧（mg/L）	氧化还原电位（mg/L）	氨氮（mg/L）	黑臭级别
古堰溪	4	0	−314	10.5	重度
龙凼沟	12	0.3	−189	13.4	轻度
玉带溪	5	0	−345	24.5	重度
蟠龙冲	5	0.1	−458	23.1	重度
谢家河	11	0.3	−200	5.43	轻度
益民溪	10	0.2	−175	2.034	轻度
黑沱河	5	0.1	−345	18.1	重度
寿溪河	11	1.6	−121	2.321	轻度
太子湖	16	1.6	−152	2.321	轻度
包谷湾	16	0.8	−162	3.215	轻度
小青龙河	14	2.3	−62	2.545	轻度
轻度黑臭	10～25	0.2～2.0	−200～50	8～15	—
重度黑臭	<10	<0.2	<−200	>15	—

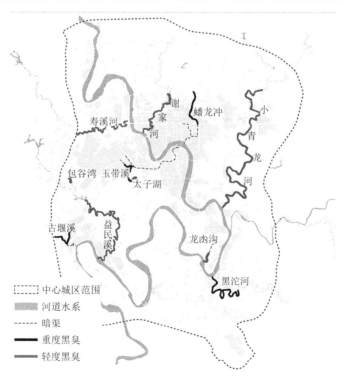

图 4.2-1 黑臭水体分布图

4.2.2 排水系统

4.2.2.1 排水体制

1.市域排水体制

内江市域资中县、威远县、隆昌市城区现状排水体制以雨污合流为主，新建区采用雨污分流制。各县市排水体制情况具体如下。

1）资中县

资中县现状排水体制以雨污合流制为主。其中：重龙老城区、奉安片区主要为合流制，凤凰工业集中区、明心寺工业集中区、瓦窑坝片区和唐明渡片区等新区主要为分流制（表4.2-2）。重龙老城区污水经沱江北侧污水提升泵站收集后提升至资中县城区污水处理厂，奉安片区污水通过沿沱江污水干管和国道321污水干管输送至资中县城区污水处理厂，凤凰工业集中区西侧污水通过石堰河两岸污水干管输送至资中经开区污水处理厂，东侧通过污水干管输送至资中县城区污水处理厂，明心寺工业集中区为新建区，规划排入资中工业区污水处理厂，瓦窑坝片区和唐明渡片区为新建区，污水输送至资中县城区污水处理厂。资中县城区污水处理厂现状规模4.0万m³/d，出水水质达到《城镇污水处理厂污染物排放标准》GB 18918—2002一级A标准。资中经开区污水处理厂现状规模1.0万m³/d，出水达到《四川省岷江、沱江流域水污染物排放标准》DB 51/2311—2016工业园区集中式污水处理厂标准，其中TP执行《地表水环境质量标准》GB 3838—2002中Ⅲ类标准后外排入沱江。

资中县中心城区排水体制情况表　　　　　　　　　　　　　　　　表4.2-2

序号	片区名称	排水体制	污水去向
1	重龙老城区	合流制	经沱江北侧现状污水提升泵站收集后提升至资中县城区污水处理厂
2	奉安片区	合流制	通过沿沱江污水干管和国道321污水干管输送至资中县城区污水处理厂
3	凤凰工业集中区	分流制	西侧通过石堰河两岸污水干管输送至资中经开区污水处理厂，东侧通过污水干管输送至资中县城区污水处理厂
4	明心寺工业集中区	分流制	新区，规划排入资中工业区污水处理厂
5	瓦窑坝片区	分流制	资中县城区污水处理厂
6	唐明渡片区	分流制	资中县城区污水处理厂

2）威远县

威远县现状排水体制以雨污合流制为主，包括2个排水分区。第一分区服务范围包括主城区、清溪河片区、城西片区、白塔片区和花城片区，服务面积2459hm²，现状污水排入威远县第一污水处理厂（图4.2-2）。第二分区服务范围为工业物流园区，服务面积561hm²，污水排入规划工业区污水处理厂。威远县第一污水处理厂现状规模2.0万m³/d，出水水质达到《城镇污水处理厂污染物排放标准》GB 18918—2002一级B标准（表4.2-3）。

威远县中心城区排水体制情况表　　　　　　　　　　　　　　　　表4.2-3

序号	片区名称	排水体制	服务面积（hm²）	污水去向
1	主城区、清溪河片区、城西片区、白塔片区、花城片区	合流制	2459	威远县第一污水处理厂
2	工业物流园区	合流制	561	新区，规划排入工业区污水处理厂
合计	—	—	3020	—

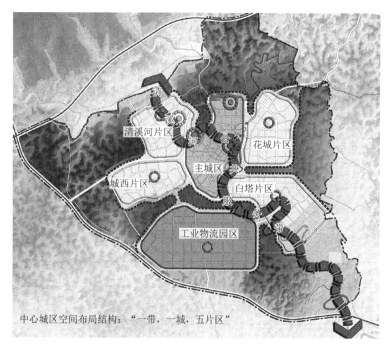

图 4.2-2　资中县中心城区范围示意图

3）隆昌市

隆昌市排水体制为雨污合流制，城区的生活污水、工业废水、雨水均通过污水截污干管直接进入隆昌市第一污水处理厂。其位于隆昌河城区段下游飞泉村十一社，处理规模 4.5 万 m^3/d，污水经处理后按《城镇污水处理厂污染物排放标准》GB 18918—2002 一级 A 类标准排放。

2. 市区排水体制

内江市区现状排水体制为老城区以雨污合流排水体制为主，新城区以雨污分流排水体制为主，由于北环路、站前路、甜城大道、城西工业园等分流制分区污水排放至下游合流制管渠内，综合来看现状排水体制仍以合流制为主。沿沱江两岸建设有截污干管，分流制区域污水经分流制区域直接或经合流制区域转输进入截污干管，合流制区域污水就近排入排水通道或进入截污干管，运送至市区现状污水处理厂进行处理。排水体制分区及排水通道具体情况如下：

合流制主要包括 12 个排水分区，其中市中区旧城包含 7 个，分别为史家镇分区、火车站分区、玉带溪分区、东站分区、乐贤分区、古堰溪分区、关圣殿分区；东兴区旧城包含 5 个，分别为龙凼沟分区、蟠龙冲下游分区、蟠龙冲上游分区、高桥镇分区、椑木分区，合流制分区面积合计 2747hm²。

分流制主要包括 13 个排水分区，其中市中区包含 5 个：邓家坝分区、甜城大道分区、城西工业园区、城西污水厂分区、乐贤工业区分区；东兴区包含 8 个：龙凼沟上游分区、北环路分区、站前路分区、谢家河分区、大千路分区、师范院分区、罗家咀分区、小青龙河分区，分流制分区面积合计 2590hm²。

市区现状有主要排水通道 10 条，分别为龙凼沟（东兴区）、蟠龙冲、火车站暗渠、玉带溪、东站暗渠、史家镇暗渠、古堰溪、乐贤暗渠、龙凼沟（乐贤）和黑沱河，排水通道总长 28.31km，收集沿线 17 个排水分区的雨污水。

各排水通道及对应排水体制详细情况如表 4.2-4、表 4.2-5 所示。详细排水分区如图 4.2-3 所示。

内江市区现状排水通道信息表　　　　　　　　　　　　　表 4.2-4

序号	排水通道	通道长度（km）	通道规格（mm）
1	龙凼沟（东兴区）	1.68	2000×2300～6000×6500
2	蟠龙冲	6.33	1400×2700～5000×4000

续表

序号	排水通道	通道长度（km）	通道规格（mm）
3	火车站暗渠	0.55	2500×4300
4	玉带溪	5.91	2000×2300～6000×4000
5	东站暗渠	1.49	2000×1500
6	史家镇暗渠	0.87	3000×2500
7	古堰溪	2.78	5000×3000
8	乐贤暗渠	2.10	500×500～800×1100
9	龙凼沟（乐贤）	0.87	—
10	黑沱河	5.73	—
合计		28.31	

内江市区排水体制分区情况表 表 4.2-5

主要排水通道		序号	排水分区	分区面积（hm²）	排水体制	污水去向
沱江左岸	龙凼沟（东兴区）	1	龙凼沟上游分区	165	分流制	沿汉安大道转输至蟠龙冲左支
		2	龙凼沟分区	116	合流制	污水收集后排入沱江左岸 DN1000 截污干管
	蟠龙冲	3	蟠龙冲上游分区	118	合流制	经蟠龙冲暗渠排入沱江左岸 DN1000 截污干管
		4	蟠龙冲下游分区	285	合流制	污水收集后排入沱江左岸 DN1000 截污干管
		5	北环路分区	80	分流制	西部污水排入蟠龙冲左支上游，东部污水排入蟠龙冲右支
		6	站前路分区	53	分流制	排入蟠龙冲右支上游
	—	7	罗家咀分区	85	分流制	西部经 DN400 合流管收集，东部经 900mm×1100mm 雨水渠收集后排入沱江左岸 DN1000 截污干管
	—	8	谢家河分区	563	分流制	大多排入谢家河，汉安大道南部排入沱江左岸 DN500 截污干管
	—	9	师院分区	135	分流制	排入沱江左岸 DN800 截污干管
	—	10	大千路分区	189	分流制	通过大千路两侧污水管向南最终排入沱江左岸 DN1000 截污干管
	—	11	小青龙河分区	349	分流制	汉安大道段及北部排入小青龙河，其余污水就近散排
	—	12	高桥镇分区	14	分流制	污水排入小青龙河
	黑沱河	13	椑木镇分区	153	合流制	污水经合流制管道收集后排入椑木污水处理厂
沱江右岸	火车站暗渠	14	火车站分区	226	合流制	排入沱江右岸 DN1000 截污干管
	玉带溪	15	玉带溪分区	461	合流制	污水收集后经玉带溪下游暗渠排至沱江右岸 DN1500 截污干管
		16	甜城大道分区	85	分流制	污水收集后向南经玉带溪排至沱江右岸 DN1500 截污干管
		17	城西工业园分区	201	分流制	污水收集后经玉带溪上游管渠排至沱江右岸 DN1500 截污干管

	主要排水通道	序号	排水分区	分区面积（hm²）	排水体制	污水去向
沱江右岸	东站排水暗渠	18	东站分区	360	合流制	污水收集后沿沱江右岸 DN1500 截污干管排入城区污水处理厂
	乐贤排水暗渠	19	乐贤工业区分区	35	分流制	北部经 DN400 污水管排入沱江，南部由两根 DN600 污水管收集后排入下游合流制管渠
		20	乐贤分区	300	合流制	排入城区污水处理厂
	古堰溪	21	古堰溪分区	248	合流制	排入白马生活污水处理厂
		22	关圣殿分区	286	合流制	经 DN400 截污管输送至古堰溪分区
	史家镇排水暗渠	23	史家镇分区	172	合流制	排入史家镇南侧 800t/d 一体化处理站
	—	24	城西污水厂分区	522	分流制	污水收集后排至城西工业污水处理厂
	—	25	邓家坝分区	136	分流制	污水直排进入寿溪河
合计				5337		

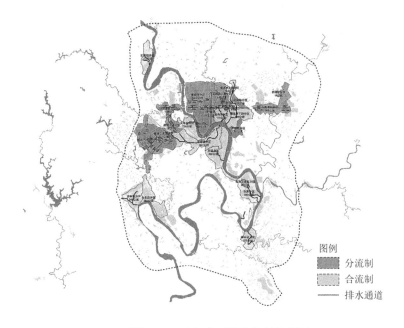

图例
分流制
合流制
—— 排水通道

图 4.2-3　内江市区排水体制分布图

4.2.2.2　污水处理厂

1. 市域污水处理厂

内江市域目前共有污水处理厂 9 座，处理能力合计 25.3 万 m³/d。包括市区 4 座，规模合计 12.8 万 m³/d，分别为城区污水处理厂，现状规模 10.0 万 m³/d，城西工业污水处理厂，现状规模 1.8 万 m³/d，白马生活污水处理厂，现状规模 0.5 万 m³/d，桦木污水处理厂，现状规模 0.5 万 m³/d；资中县 2 座，规模合计 5.0 万 m³/d，分别为资中县城区污水处理厂，现状规模 4.0 万 m³/d，资中县经开区污水处理厂，现状规模 1.0 万 m³/d；威远县 2 座，规模 3.0 万 m³/d，分别为威远县第一污水处理厂，现状规模 2.0 万 m³/d，威远县连界污水处理厂，现状规模 1.0 万 m³/d；隆昌市 1 座，为隆昌市第一污水处理厂，现状规模 4.5 万 m³/d。现状污水处理厂运行情况如表 4.2-6 所示。

内江市域污水处理厂信息一览表　　　　　　　　　　　　表 4.2-6

序号	所属区县	污水处理厂名称	现状规模（万 m³/d）	运行能力（万 m³/d）	进水 BOD₅ 浓度（mg/L）	所属流域
1	市中区	城区污水处理厂	10.0	8.02	75.3	沱江干流流域
2	市中区	城西工业污水处理厂	1.8	—	—	
3	市中区	白马生活污水处理厂	0.5	0.28	81.5	沱江干流流域
4	东兴区	椑木污水处理厂	0.5	0.09	59.2	
5	资中县	资中县城区污水处理厂	4.0	3.21	96.9	
6		资中县经开区污水处理厂	1.0	—	—	
7	威远县	威远县第一污水处理厂	2.0	1.72	91.1	釜溪河流域
8		威远县连界污水处理厂	1.0	—	—	
9	隆昌市	隆昌市第一污水处理厂	4.5	3.20	70.4	濑溪河流域
合计	—	—	25.3	—	—	

2. 镇村污水处理设施

内江市 107 个乡镇中现状 68 个有污水处理湿地及一体化污水处理设施，由于缺乏管养，大部分已废弃。目前，尚有 19 个乡镇设施正常运行，其中：市中区 5 个，东兴区 1 个，威远县 11 个，资中县 2 个（表 4.2-7）。

乡镇污水处理设施信息一览表　　　　　　　　　　　　表 4.2-7

区县	乡镇数量（个）	现状有设施（个）	设施运行（个）	有效占比（%）
市中区	13	10	5	38.5
东兴区	24	13	1	4.2
威远县	20	20	11	55.0
资中县	33	12	2	6.1
隆昌市	17	13	0	0
合计	107	68	19	17.8

内江市目前有行政村 1609 个，现状村户污水部分采用雨污合流，简单收集进化粪池（砖砌旱厕），部分直排路边河塘，污水随意排放对周边环境和水体污染较大，给居民生活也带来不便。

3. 市区污水处理厂

内江市区现有污水处理厂 4 座，分别为城区污水处理厂、城西工业污水处理厂、白马生活污水处理厂、椑木污水处理厂。现状总处理能力达到 12.8 万 m³/d，服务面积 4380hm²，出水水质标准均为《城镇污水处理厂污染物排放标准》GB 18918—2002 一级 A 标准。配套泵站 7 个，总规模 12.3 万 m³/d，配套污水管网 175km（包含 50km 沿河截污干管），合流管网 168km。建成区污水管网密度 4.9km/km²。

城区污水处理厂现状处理规模 10 万 m³/d，服务范围 3457hm²，包括东兴区老城区、市中区老城区以及经开区部分区域。城西工业污水处理厂现状处理规模 1.8 万 m³/d，服务范围 522hm²，包括城西区域（不含工业园区东北分区），主要处理类型为分流制污水。白马生活污水处理厂现状处理规模 0.5 万 m³/d，服务范围 248hm²，包括白马镇西部区域。椑木污水处理厂现状处理规模 0.5 万 m³/d，服务范围 153hm²，包括椑木镇区域（表 4.2-8）。

内江市区现状污水处理厂信息表　　　　　　　　　　　表 4.2-8

序号	污水处理厂名称	服务范围（hm²）	现状处理规模（万 m³/d）	配套污水提升泵站
1	城区污水处理厂（内江第一污水处理厂）	3457	10	谢家河污水提升泵站，大千路污水提升泵站，西林污水提升泵站，大佛寺污水提升泵站，罗家咀污水提升泵站，民族路污水提升泵站，大洲污水提升泵站
2	城西工业污水处理厂	522	1.8	—
3	白马生活污水处理厂	248	0.5	—
4	椑木污水处理厂	153	0.5	—
	合计	4380	12.8	

4.2.2.3　污水提升泵站

内江市区现有污水提升泵站共计 7 座，总规模 12.3 万 m³/d。其中，沱江左岸（东兴区）5 座，沱江右岸（市中区）2 座（表 4.2-9）。污水提升泵站中分流制污水泵站 3 座，规模合计 2 万 m³/d，分别为谢家河污水提升泵站、大千路污水提升泵站和罗家咀污水提升泵站；合流制污水泵站 4 座，规模合计 10.3 万 m³/d，分别为西林污水提升泵站、大佛寺污水提升泵站、民族路污水提升泵站和大洲污水提升泵站。

内江市区现状污水提升泵站信息表　　　　　　　　　　　表 4.2-9

序号	泵站名称	泵站规模（万 m³/d）	泵站服务面积（hm²）	泵站服务范围	主要输送排水类型
1	谢家河污水提升泵站	1.3	563	谢家河排水分区	分流制污水
2	大千路污水提升泵站	0.4	160	大千路排水分区西侧	分流制污水
3	西林污水提升泵站	0.5	67	龙凼沟排水分区东侧	合流制污水
4	大佛寺污水提升泵站	3.0	692	蟠龙冲上游、蟠龙冲下游、北环路、站前路排水分区	合流制污水
5	罗家咀污水提升泵站	0.3	85	罗家咀排水分区	分流制污水
6	民族路污水提升泵站	3.6	217	火车站排水分区	合流制污水
7	大洲污水提升泵站	3.2	740	玉带溪、甜城大道、城西工业园排水分区	合流制污水
	合计	12.3	2524	—	—

4.2.2.4　溢流口情况

内江市区目前共有溢流口 9 处，分别位于大千路污水提升泵站附近、大洲污水提升泵站附近、西林污水提升泵站附近、大佛寺广场附近、大佛寺污水提升泵站附近、罗家咀污水提升泵站附近、宜宾商业银行附近、兴隆村镇商业银行附近和沱江大桥附近。各溢流井及对应溢流口情况如表 4.2-10 所示。

内江市区现状溢流井情况表　　　　　　　　　　　表 4.2-10

序号	溢流井名称	溢流通道规格（mm）	泵站截污管径（mm）	服务面积（hm²）	旱季污水流量（万 m³/d）	泵站规模（万 m³/d）	现状截流倍数	对应溢流口类型
1	大千路泵站溢流井	400	300	160	0.61	0.4	− 0.34	站前溢流口
2	西林泵站溢流井	6000 × 6500	800	67	0.17	0.5	1.99	站前溢流口
3	大佛寺广场溢流井	5000 × 4000	—	—	—	—	—	截污管溢流口
4	大佛寺泵站溢流井	700	700	692	1.85	3.0	0.50	站前溢流口
5	罗家咀泵站溢流井	900 × 1100	700	85	0.32	0.3	− 0.06	站前溢流口

序号	溢流井名称	溢流通道规格（mm）	泵站截污管径（mm）	服务面积（hm²）	旱季污水流量（万 m³/d）	泵站规模（万 m³/d）	现状截流倍数	对应溢流口类型
6	大洲泵站溢流井	6000×4000	800	740	1.68	3.2	0.90	站前溢流口
7	宜宾商业银行溢流井	1000×1000	—	12.5	—	—	0.26	截污管溢流口
8	兴隆村镇商业银行溢流井	1400	—	32	—	—	0.26	截污管溢流口
9	沱江大桥溢流井	1400×1500	—	39.6	—	—	0.26	截污管溢流口
合计	—	—	—	0	4.63	7.4	3.77	—

4.2.2.5 排水管网

内江中心城区现状市政道路污水管线长度 125km，雨水管线长度 150km，雨污合流管线长度 168km，沿河截污干管 50km，合流制箱涵 19km，各类管线长度合计 512km（表 4.2-11）。排水管线分布如图 4.2-4 所示。市中区主要为雨污合流排水体制，污水通过道路合流管和箱涵收集后由沱江四桥—城区污水厂沿沱江右岸截污干管输送至城区污水厂处理。东兴区主要为雨污分流排水体制，污水通过道路污水管和箱涵收集后由沱江四桥—沱江大桥沿沱江左岸截污干管输送至城区污水厂处理。城西工业园区污水通过道路污水管收集至城西工业污水厂处理。

| 污水管网情况一览表 | | 表 4.2-11 |

管线类型		现状长度（km）	占比（%）
污水管	市政道路污水管线	125	24.4
	沿河截污干管	50	9.8
雨水管	雨水管线	150	29.3
合流管	合流制管线	168	32.8
	合流制箱涵	19	3.7
合计		512	100

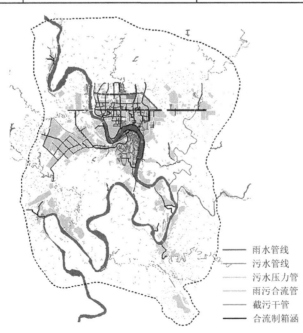

图例：
—— 雨水管线
—— 污水管线
—— 污水压力管
—— 雨污合流管
—— 截污干管
—— 合流制箱涵

图 4.2-4　内江市区现状排水管线分布图

4.2.2.6 排水口情况

为分析沱江流域水环境情况，对沱江干流市区段现状排口进行分析，同时考虑到内江市现状黑臭水体问题较为突出，对11条黑臭水体沿线排口进行分析。

1. 沱江沿线排口

沱江干流市区段沿线溢流口共9个，详见溢流口情况章节。

2. 黑臭水体沿线排口

根据收集资料和实地调研情况（表4.2-12），内江市区黑臭河道共有9类排口共计120个，其中合流制直排口26个，合流制溢流排口3个，分流制污水排口20个，分流制雨水排口12个，分流制混接排口3个，农村生活散排口24个，农田排口20个，养殖排口6个，鱼塘排口6个。具体分布如图4.2-5所示。

各黑臭河道排水口分布一览表　　　　　　　　　　　　　　　　　　表4.2-12

序号	河道名称	合流制直排口	合流制溢流排口	分流制污水排口	分流制雨水排口	分流制混接排口	农村生活散排口	农田排口	养殖排口	鱼塘排口	合计
1	古堰溪	7	—	1	—	—	—	—	—	—	8
2	玉带溪	5	—	2	7	—	1	2	—	2	19
3	太子湖	2	—	—	4	—	—	—	—	1	7
4	蟠龙冲	2	—	—	—	2	2	1	1	2	10
5	黑沱河	6	3	—	1	—	2	2	—	—	15
6	寿溪河	—	—	1	—	1	8	—	4	—	14
7	益民溪	—	—	—	—	—	3	11	—	—	14
8	小青龙河	4	—	—	—	—	2	—	1	—	7
9	包谷湾	—	—	—	—	—	2	4	—	—	6
10	龙凼沟	—	—	—	—	—	—	4	—	—	4
11	谢家河	—	—	16	—	—	—	—	—	—	16
合计	—	26	3	20	12	3	24	20	6	6	120

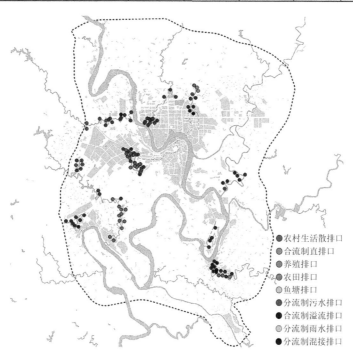

图 4.2-5　现状排水口分布图

4.2.3 环境品质

本次方案针对内江市区环境品质优先进行提升，环境品质提升主要包括城市绿地建设、广场建设、亲水设施建设等内容。

4.2.3.1 现状公园绿地情况

根据《内江市城市绿地系统规划（2017—2030 年）》相关数据，内江市城市绿地各类指标如表 4.2-13 所示：城市四类纳入统计的绿地总面积为 2417.18hm²，其中公园绿地 534.88hm²，生产绿地 174.41hm²，防护绿地 151.08hm²，附属绿地 1556.81hm²。城市绿地率 31.7%，绿化覆盖率 36.2%，人均公园绿地面积 8.33m²。

内江市区现状绿地统计表　　　　　　　　　　　　　　　　表 4.2-13

序号	类别代码	类别名称	指标
1	G1	公园绿地	534.88hm²
2	G2	生产绿地	174.41hm²
3	G3	防护绿地	151.08hm²
4	G4	附属绿地	1556.81hm²
5	小计	—	2417.18hm²
6	绿地率	—	31.7%
7	绿化覆盖率	—	36.2%
8	人均公园绿地面积	—	8.33m²
9	G5	其他绿地	2533.45hm²
	总计		4950.63hm²

直接影响人居环境品质的主要为公园绿地。对内江市区现状公园进行统计，如表 4.2-14 所示，其中绿地包括 21 座公园、21 处街旁绿地面积合计 534.88hm²，人均公园面积 8.33m²。其中：综合公园 2 个，面积 22.61hm²；社区公园 5 个，面积 51.92hm²；专类公园 9 个，面积 386.89hm²；带状公园 5 个，面积 55.32hm²。主要分布在老城区水系两侧，人均公园绿地面积略高于省级园林 8.0m² 的指标。具体分布如图 4.2-6 所示。

内江市区现状公园统计表　　　　　　　　　　　　　　　　表 4.2-14

序号	类别名称	公园名称	公园绿地面积（hm²）
1	综合公园	人民公园	8.89
2		大千园	13.72
3	社区公园	松山公园	19.51
4		大梁山公园	15.32
5		梅山公园	4.66
6		谢家河公园	11.91
7		三合公园	0.52
8	专类公园	大自然公园	33.87
9		牌楼路湿地公园	2.78
10		塔山公园	23.89
11		地标园	6.89

序号	类别名称	公园名称	公园绿地面积（hm²）
12	专类公园	内江运动休闲公园	6.08
13		甜城河湿地公园	23.6
14		桐梓坝湿地公园	12.83
15		小青龙河湿地公园	245.87
16		清溪湿地公园	31.08
17	带状公园	汉安路带状绿地	20.07
18		大洲滨河公园	11.53
19		新入城线绿化	12.8
20		甜都大道绿化景观工程	3.35
21		内梓路滨河绿地	7.57
22	街旁绿地	市政府广场游园	0.56
23		新华路小游园	0.1
24		邱家嘴斜坡绿地	0.19
25		鹭湾半岛街旁绿地	0.38
26		旱桥小游园	0.14
27		兰桂大道街旁绿地	4.8
28		双洞路街旁绿地	0.32
29		翔龙路街旁绿地	2.51
30		平安路街旁绿地	0.08
31		临江路街旁绿地	0.9
32		民族路街旁绿地	0.87
33		环城路街旁绿地	0.51
34		交通路街旁绿地	0.87
35		大千路街旁绿地	0.16
36		军分区绿地	0.18
37		西林大桥北桥头广场	1.47
38		火车站广场绿地	1.64
39		圣水寺前广场	1.02
40		和平广场	0.44
41		市区接待中心前广场	0.29
42		恩波广场	0.71
合计			534.88

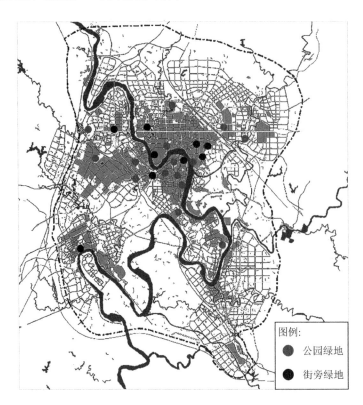

图 4.2-6　内江市市区主要公园绿地分布图

4.2.3.2　现状滨水绿道情况

内江市区沱江两岸新坝大桥—沱江大桥段建有滨水绿道，现状总长是 17.8km，其中左岸 8.4km，右岸 9.4km。具体分布如图 4.2-7 所示。

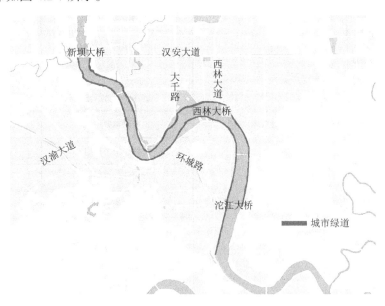

图 4.2-7　内江市区滨水漫游道分布图

4.2.3.3　现状生态岸线情况

内江市河道岸线分为生态岸线、硬质岸线、自然岸线三部分。内江市基本以自然岸线为主，城区部分人口集中段为生态岸线，其余做硬质岸线，满足防洪要求。现状硬质岸线 8.8km，生态岸线 5.6km，其余均为自然岸线，具体分布如图 4.2-8 所示。

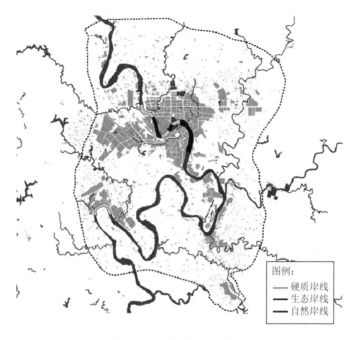

图 4.2-8 内江市岸线分布图

图例：
—— 硬质岸线
—— 生态岸线
—— 自然岸线

4.2.4 现状情况小结

内江沱江流域水环境现状情况总结如表 4.2-15 所示。

内江沱江流域水环境现状情况一览表   表 4.2-15

类型	分项指标	现状值
水环境质量	沱江地表水质	Ⅲ类
	黑臭水体数量（个）	11
污水系统	城市生活污水集中收集率（%）[①]	22.92
	污水处理厂规模［万m³/(d·座)］[②]	25.3/9
	乡镇污水设施覆盖率（%）[③]	18.7
	污水厂出水水质标准	《城镇污水处理厂污染物排放标准》GB 18918—2002 一级 A/一级 B
	污水处理厂进厂 BOD_5 浓度	75
	污水提升泵站［万m³/(d·座)］	12.3/7
	污水收集处理空白区（hm²）	275
再生水利用	再生水利用规模（万 m³/d）	0
环境品质	沱江生态岸线率（%）	市区 9.49
	人均公园绿地面积（m²）	8.33

注：①城市生活污水集中收集率按 2018 年污水厂进水量 8.02 万 t/d，进水 BOD_5 浓度 75mg/L，城区用水人口 65 万人计算；②包括市区污水厂 4 座（规模 12.8 万 t/d），资中县 2 座（规模 5.0 万 t/d），威远县 2 座（规模 3.0 万 t/d），隆昌市 1 座（规模 4.5 万 t/d）；③现状污水设施正常运行的乡镇 19 个。

4.3 主要问题分析

4.3.1 水环境问题

内江沱江流域水环境污染问题主要分为以下几大类。

4.3.1.1 污水处理设施问题

内江现状污水处理设施包括城镇污水处理厂和镇村污水处理设施，根据已获取的城区污水处理厂、桦木污水处理厂、资中县城区污水处理厂、威远县第一污水处理厂和隆昌市第一污水处理厂运行数据，从城镇污水处理厂处理能力、运行效能和出水标准等方面进行分析，同时对镇村污水处理设施覆盖情况进行分析，得到污水处理设施存在问题具体如下。

1. 城镇污水处理厂能力不足

根据市住房和城乡建设局提供的数据，2018 年内江市区供水量合计 4260.27 万 m^3，按照"用水量 × 折污系数 ＝ 污水产生量"进行计算，市区污水产生量为 9.9 万 m^3/d。由于建成区约 51% 的面积属于雨污合流制区域，按照 2 倍截流系数计算，市区雨季合流制污水产生量为 19.9 万 m^3/d，现状市区 4 座污水处理厂能力合计 12.8 万 m^3/d，小于所需污水处理能力，推测内江市区雨季溢流问题可能较为突出。

1）城区污水处理厂

收集东兴区老城区、市中区老城区以及经开区部分区域污水，服务面积 3457hm²，其中合流制区域 1866hm²，占比 54%。现状设计规模 10.00 万 m^3/d，根据 2018 年运行数据（表 4.3-1），城区污水处理厂年平均处理水量 8.02 万 m^3/d，年平均负荷率 80.16%。雨季（5～9 月）平均处理水量 8.01 万 m^3/d，旱季平均处理水量 8.02 万 m^3/d，与雨季处理水量基本相当。最高日处理量出现在 5 月，为 9.45 万 m^3/d，对应负荷率 94.5%。7 月处理量略有降低，为 7.14 万 m^3/d，这是由于 7 月洪水进入污水厂，停运 4d 导致的。

由于城区污水处理厂范围内合流制区域占 54%，按 2 倍截流系数计算，雨季处理量应达到 16.7 万 m^3/d，远大于雨季最高日处理水量 9.45 万 m^3/d（图 4.3-1）。分析其原因可能因为：①污水处理厂进厂主污水管能力不足。②上游提升泵站截流倍数不足。③污水处理厂运行能力不足。根据《内江市中心城区水系统综合规划》现状污水管线数据得到城区污水厂进厂截污干管管径为 1500mm，满足雨季污水量要求。现状上游污水泵站规模合计 12.3 万 m^3/d，推断可能由于城区污水处理厂实际运行能力不足，造成雨季合流制溢流。

城区污水处理厂 2018 年运行情况表　　　　　　　　　　　　　　　　表 4.3-1

时间	设计规模 （万 m^3/d）	平均处理水量 （万 m^3/d）	负荷率 （%）	最高日处理量 （万 m^3/d）	最高日负荷率 （%）
2018 年 1 月	10.00	7.79	77.88	9.20	92.0
2018 年 2 月	10.00	7.67	76.68	8.78	87.8
2018 年 3 月	10.00	7.66	76.64	8.87	88.7
2018 年 4 月	10.00	7.66	76.62	8.69	86.9
2018 年 5 月	10.00	8.22	82.23	9.45	94.5
2018 年 6 月	10.00	8.38	83.79	9.36	93.6
2018 年 7 月	10.00	7.14	71.41	8.83	88.3
2018 年 8 月	10.00	8.36	83.61	9.06	90.6

时间	设计规模 （万 m³/d）	平均处理水量 （万 m³/d）	负荷率 （%）	最高日处理量 （万 m³/d）	最高日负荷率 （%）
2018 年 9 月	10.00	7.95	79.5	8.61	86.1
2018 年 10 月	10.00	8.58	85.84	9.13	91.3
2018 年 11 月	10.00	8.47	84.74	9.27	92.7
2018 年 12 月	10.00	8.29	82.92	9.02	90.2
平均值	10.00	8.02	80.16	9.02	90.2

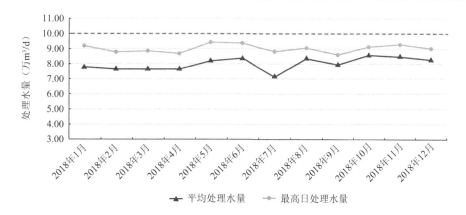

图 4.3-1 城区污水处理厂 2018 年运行数据变化图

2）椑木污水处理厂

收集椑木镇区域污水，服务面积 153hm²，排水体制为雨污合流制。现状设计规模 0.50 万 m³/d，根据 2018 年运行数据（表 4.3-2），椑木污水处理厂年平均处理水量 0.09 万 m³/d，年平均负荷率 17.84%。雨季（5~9 月）平均处理水量 0.08 万 m³/d，旱季平均处理水量 0.10 万 m³/d。最高日处理量出现在 11 月，为 0.19 万 m³/d，对应负荷率 38%（图 4.3-2）。

椑木污水处理厂 2018 年平均处理负荷均不足 20%，经了解是由于入厂干管发生沉降变形导致污水无法流入，同时存在一定程度的破损导致外水进入。

椑木污水处理厂 2018 年运行情况表 表 4.3-2

时间	设计规模 （万 m³/d）	平均处理水量 （万 m³/d）	负荷率 （%）	最高日处理量 （万 m³/d）	最高日负荷率 （%）
2018 年 2 月	0.50	0.04	8.07	0.1	20
2018 年 3 月	0.50	0.08	15.81	0.1	20
2018 年 4 月	0.50	0.08	16.8	0.1	20
2018 年 5 月	0.50	0.08	15.61	0.1	20
2018 年 6 月	0.50	0.08	16.2	0.1	20
2018 年 7 月	0.50	0.07	13.55	0.1	20
2018 年 8 月	0.50	0.06	12.9	0.08	16
2018 年 9 月	0.50	0.09	17	0.1	20
2018 年 10 月	0.50	0.08	15.61	0.1	20

续表

时间	设计规模 （万 m³/d）	平均处理水量 （万 m³/d）	负荷率 （%）	最高日处理量 （万 m³/d）	最高日负荷率 （%）
2018 年 11 月	0.50	0.18	35	0.19	38
2018 年 12 月	0.50	0.15	29.68	0.18	36
平均值	0.50	0.09	17.84	0.11	22.73

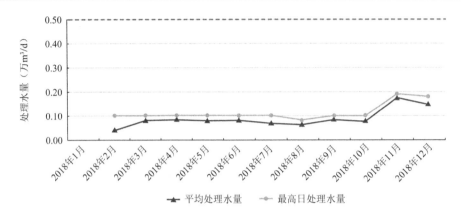

图 4.3-2　桦木污水处理厂 2018 年运行数据变化图

3）资中县城区污水处理厂

收集资中县城区范围内污水，排水体制主要为雨污合流制。现状设计规模 4.00 万 m³/d，根据 2018 年运行数据（表 4.3-3），资中县城区污水处理厂年平均处理水量 3.21 万 m³/d，年平均负荷率 80.35%。雨季（5~9 月）平均处理水量 3.18 万 m³/d，旱季平均处理水量 3.24 万 m³/d。最高日处理量出现在 11 月，为 4.39 万 m³/d，对应负荷率 109.75%（图 4.3-3）。资中县城区污水处理厂年平均负荷率超过 80%，日处理水量偶尔大于污水厂设计规模，建议进行扩建或新建污水处理厂分担压力。

资中县城区污水处理厂 2018 年运行情况表　　　　　　表 4.3-3

时间	设计规模 （万 m³/d）	平均处理水量 （万 m³/d）	负荷率 （%）	最高日处理量 （万 m³/d）	最高日负荷率 （%）
2018 年 1 月	4.00	2.77	69.25	3.11	77.75
2018 年 2 月	4.00	2.93	73.29	3.25	81.25
2018 年 3 月	4.00	2.94	73.46	3.70	92.5
2018 年 4 月	4.00	2.79	69.63	3.34	83.5
2018 年 5 月	4.00	3.51	87.82	3.96	99
2018 年 6 月	4.00	3.48	86.94	3.99	99.75
2018 年 7 月	4.00	2.91	72.78	3.86	96.5
2018 年 8 月	4.00	2.94	73.51	3.66	91.5
2018 年 9 月	4.00	3.04	76.10	3.80	95

续表

时间	设计规模 （万 m³/d）	平均处理水量 （万 m³/d）	负荷率 （%）	最高日处理量 （万 m³/d）	最高日负荷率 （%）
2018 年 10 月	4.00	3.65	91.37	4.17	104.25
2018 年 11 月	4.00	3.75	93.69	4.39	109.75
2018 年 12 月	4.00	3.85	96.34	4.35	108.75
平均值	4.00	3.21	80.35	3.80	94.96

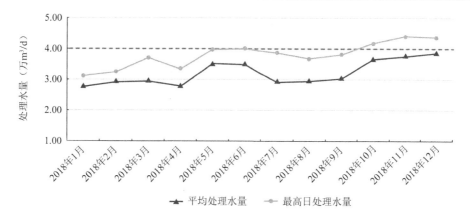

图 4.3-3 资中县城区污水处理厂 2018 年运行数据变化图

4）威远县第一污水处理厂

收集威远县城区范围内污水，排水体制主要为雨污合流制。现状设计规模 2.00 万 m³/d，根据 2018 年运行数据（表 4.3-4），威远县城区污水处理厂年平均处理水量 1.72 万 m³/d，年平均负荷率 86.14%，2~4 月处理水量有所降低。雨季（5~9 月）平均处理水量 1.98 万 m³/d，旱季平均处理水量 1.54 万 m³/d。最高日处理量出现在 5 月，为 2.15 万 m³/d，对应负荷率 107.5%，现状规模常有不足情况发生（图 4.3-4）。

威远县城区人口 16.25 万人，人均生活用水量 129.71L/d，对应污水产生量 1.79 万 m³/d，与污水处理厂现状年均处理水量相当，旱季污水处理厂满足要求。雨季污水处理厂处理水量超过设计规模，建议通过海绵城市等源头措施削减雨季合流制污水量。

威远县第一污水处理厂 2018 年运行情况表　　　　表 4.3-4

时间	设计规模 （万 m³/d）	平均处理水量 （万 m³/d）	负荷率 （%）	最高日处理量 （万 m³/d）	最高日负荷率 （%）
2018 年 1 月	2.00	1.71	85.47	1.99	99.5
2018 年 2 月	2.00	0.99	49.29	1.31	65.5
2018 年 3 月	2.00	1.00	49.97	1.17	58.5
2018 年 4 月	2.00	1.30	64.88	1.61	80.5
2018 年 5 月	2.00	1.90	94.98	2.15	107.5
2018 年 6 月	2.00	2.02	100.97	2.02	101
2018 年 7 月	2.00	2.03	101.29	2.11	105.5

时间	设计规模 （万 m³/d）	平均处理水量 （万 m³/d）	负荷率 （%）	最高日处理量 （万 m³/d）	最高日负荷率 （%）
2018 年 8 月	2.00	2.02	101.05	2.1	105
2018 年 9 月	2.00	1.95	97.25	2.1	105
2018 年 10 月	2.00	2.06	102.98	2.11	105.5
2018 年 11 月	2.00	1.98	99.22	2.08	104
2018 年 12 月	2.00	1.73	86.34	2.03	101.5
平均值	2.00	1.72	86.14	1.90	94.92

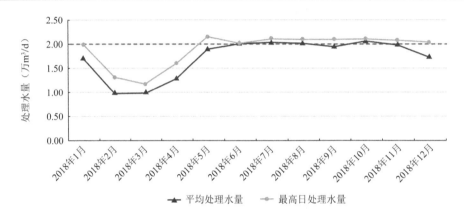

图 4.3-4 威远县第一污水处理厂 2018 年运行数据变化图

5）隆昌市第一污水处理厂

收集隆昌市城区范围内污水，排水体制主要为雨污合流制。现状设计规模 4.50 万 m³/d，根据 2018 年运行数据（表 4.3-5），隆昌市第一污水处理厂年平均处理水量 3.20 万 m³/d，年平均负荷率 71.20%。雨季（5～9 月）平均处理水量 2.96 万 m³/d，旱季平均处理水量 3.38 万 m³/d。最高日处理量出现在 4 月，为 4.86 万 m³/d，隆昌市第一污水处理厂规模基本满足现状需求（图 4.3-5）。

隆昌市第一污水处理厂 2018 年运行情况表　　　　　　　　　表 4.3-5

时间	设计规模 （万 m³/d）	平均处理水量 （万 m³/d）	负荷率 （%）	最高日处理量 （万 m³/d）	最高日负荷率 （%）
2018 年 1 月	4.50	2.90	64.35	3.02	67.11
2018 年 2 月	4.50	3.63	80.60	3.63	80.67
2018 年 3 月	4.50	3.51	78.06	4.04	89.78
2018 年 4 月	4.50	4.19	93.13	4.86	108.00
2018 年 5 月	4.50	3.32	73.84	3.34	74.22
2018 年 6 月	4.50	2.87	63.70	3.20	71.11
2018 年 7 月	4.50	2.71	60.22	2.90	64.44

续表

时间	设计规模（万 m³/d）	平均处理水量（万 m³/d）	负荷率（%）	最高日处理量（万 m³/d）	最高日负荷率（%）
2018 年 8 月	4.50	2.91	64.77	3.04	67.56
2018 年 9 月	4.50	2.99	66.48	3.21	71.33
2018 年 10 月	4.50	2.94	65.23	3.19	70.89
2018 年 11 月	4.50	3.14	69.85	3.99	88.67
2018 年 12 月	4.50	3.34	74.21	3.88	86.22
平均值	4.50	3.20	71.20	3.53	78.33

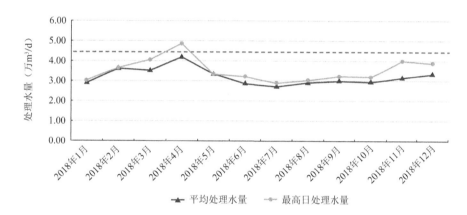

图 4.3-5　隆昌市第一污水处理厂 2018 年运行数据变化图

2. 镇村污水处理设施覆盖不足

内江市域现状人口 415.1 万人，包括市区（市中区、东兴区）140.2 万人，威远县 71.8 万人，资中县 125.7 万人，隆昌市 77.4 万人，市区人口占全市人口的 33.77%。其中，如表 4.3-6 所示，城区人口 112.61 万人，包括市区 60.4 万人，威远县 16.25 万人，资中县 19.05 万人，隆昌市 16.91 万人，市区城区人口最多，占总城区人口的 53.64%。村镇人口 302.49 万人，占比 72.87%，其中市区 79.8 万人，威远县 55.55 万人，资中县 106.65 万人，隆昌市 60.49 万人，资中县村镇人口最多，占总村镇人口的 33.27%，具体分布如图 4.3-6 所示。

内江市各区县人口占比　　　　　　　　　　　　　　　　　　表 4.3-6

区县	人口数量（万人）	城区人口（万人）	村镇人口（万人）	村镇人口占比（%）
市区	140.2	60.4	79.8	56.92
威远县	71.8	16.25	55.55	77.37
资中县	125.7	19.05	106.65	84.84
隆昌市	77.4	16.91	60.49	78.15
合计	415.1	112.61	302.49	72.87

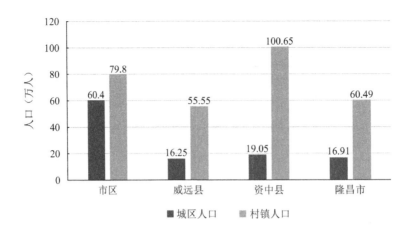

图 4.3-6　内江市各区县人口分布图

现状 107 个乡镇中，有污水处理设施的 68 个，其中市中区 10 个，东兴区 13 个，威远县 20 个，资中县 12 个，隆昌市 13 个。如表 4.3-7 所示，设施正常运行的 19 个，占比 17.8%，具体分布如图 4.3-7 所示，其中市中区 5 个，东兴区 1 个，威远县 11 个，资中县 2 个。整体分布情况如图 4.3-8 所示。

乡镇污水处理设施运行情况　　　　　　　　　　　　　　　表 4.3-7

区县	乡镇数量（个）	现状有设施（个）	设施正常运行（个）	有效占比（%）
市中区	13	10	5	38.5
东兴区	24	13	1	4.2
威远县	20	20	11	55.0
资中县	33	12	2	6.1
隆昌市	17	13	0	0
合计	107	68	19	17.8

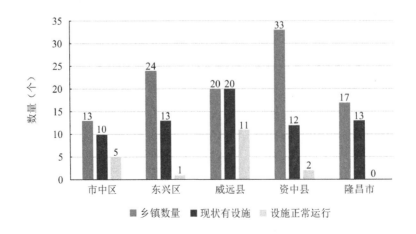

图 4.3-7　乡镇污水处理设施运行情况图

图 4.3-8　乡镇污水处理设施运行分布图

内江市现状有行政村 1609 个，村户缺乏有效污水处理设施，乡镇污水处理湿地运行现状如图 4.3-9 所示，村户排水现状如图 4.3-10 所示，镇村污水设施覆盖不足，部分污水处理湿地失去管理，导致污水收集率低，污水直排污染严重。现状污水排放部分采用雨污合流，简单收集进化粪池（砖砌旱厕），部分直排路边河塘，污水随意排放对周边环境和水体污染较大，给居民生活也带来不便。

图 4.3-9　乡镇污水处理湿地运行现状

图 4.3-10　村户排水现状

3. 污水处理厂效能不高，进厂污染物浓度低

1）城区污水处理厂

根据 2018 年运行数据（表 4.3-8），城区污水处理厂 BOD_5 进水浓度年均 75mg/L，低于《城镇污水处理提质增效三年行动方案（2019—2021 年）》中城镇污水处理厂进水 BOD_5 浓度 100mg/L 的要求。其

中，雨季（5～9月）BOD_5 进水浓度为 56.2mg/L，旱季 BOD_5 进水浓度为 88.86mg/L（图 4.3-11）。结合污水处理厂运行能力分析结果可知，7 月有洪水进入，同时雨季雨水混入导致进厂 BOD_5 浓度降低，雨季处理水量变化不大可能是由于污水处理厂实际运行能力不足造成雨水溢流。

城区污水处理厂 2018 年运行情况　　　　　　　　　　表 4.3-8

时间	平均处理水量（万 m³/d）	负荷率（%）	BOD_5 进水浓度（mg/L）
2018 年 1 月	7.79	77.88	108
2018 年 2 月	7.67	76.68	104
2018 年 3 月	7.66	76.64	128
2018 年 4 月	7.66	76.62	74
2018 年 5 月	8.22	82.23	76
2018 年 6 月	8.38	83.79	86
2018 年 7 月	7.14	71.41	42
2018 年 8 月	8.36	83.61	40
2018 年 9 月	7.95	79.5	37
2018 年 10 月	8.58	85.84	50
2018 年 11 月	8.47	84.74	67
2018 年 12 月	8.29	82.92	91
平均值	8.02	80.16	75

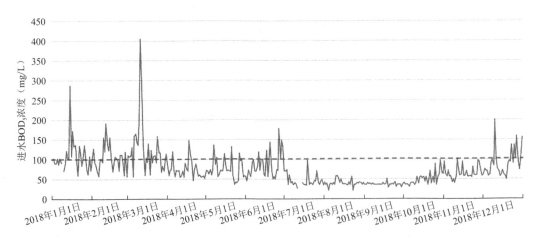

图 4.3-11　城区污水处理厂 2018 年进水 BOD_5 浓度日变化图

2）榉木污水处理厂

根据 2018 年运行数据（表 4.3-9），榉木污水处理厂 BOD_5 进水浓度年均 59.22mg/L，低于《城镇污水处理提质增效三年行动方案（2019—2021 年）》中城镇污水处理厂进水 BOD_5 浓度 100mg/L 的要求。其中，雨季（5～9月）BOD_5 进水浓度为 59.8mg/L，旱季 BOD_5 进水浓度为 62.0mg/L（图 4.3-12）。结合污水处理厂运行能力分析结果可知，雨季雨水混入，污水干管破损外水混入导致进厂 BOD_5 浓度偏低。

桦木污水处理厂 2018 年运行情况   表 4.3-9

时间	平均处理水量（万 m³/d）	负荷率（%）	BOD₅进水浓度（mg/L）
2018 年 2 月	0.04	8.07	96
2018 年 3 月	0.08	15.81	78
2018 年 4 月	0.08	16.8	60
2018 年 5 月	0.08	15.61	85
2018 年 6 月	0.08	16.2	76
2018 年 7 月	0.07	13.55	22.5
2018 年 8 月	0.06	12.9	50.62
2018 年 9 月	0.09	17	65.12
2018 年 10 月	0.08	15.61	52
2018 年 11 月	0.18	35	32.31
2018 年 12 月	0.15	29.68	33.86
平均值	0.09	17.84	59.22

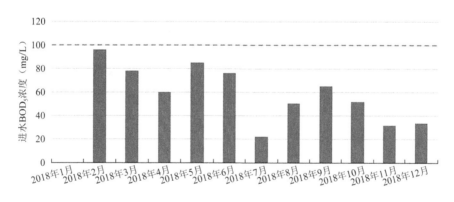

图 4.3-12 桦木污水处理厂 2018 年进水 BOD₅ 浓度月变化图

3）资中县城区污水处理厂

根据 2018 年运行数据（表 4.3-10），资中县城区污水处理厂 BOD₅进水浓度年均 96.92mg/L，基本达到《城镇污水处理提质增效三年行动方案（2019—2021 年）》中城镇污水处理厂进水 BOD₅浓度 100mg/L 的要求。其中，雨季（5~9 月）BOD₅进水浓度为 61.4mg/L，旱季 BOD₅进水浓度为 122.3mg/L（图 4.3-13）。结合污水处理厂运行能力分析结果可知，雨季雨水混入，导致进厂 BOD₅浓度偏低。

资中县城区污水处理厂 2018 年运行情况   表 4.3-10

时间	平均处理水量（万 m³/d）	负荷率（%）	BOD₅进水浓度（mg/L）
2018 年 1 月	2.77	69.25	145.63
2018 年 2 月	2.93	73.29	203.56
2018 年 3 月	2.94	73.46	47.36

时间	平均处理水量（万 m³/d）	负荷率（%）	BOD$_5$进水浓度（mg/L）
2018 年 4 月	2.79	69.63	140.5
2018 年 5 月	3.51	87.82	99.21
2018 年 6 月	3.48	86.94	54.6
2018 年 7 月	2.91	72.78	57.77
2018 年 8 月	2.94	73.51	37.81
2018 年 9 月	3.04	76.10	57.4
2018 年 10 月	3.65	91.37	72.35
2018 年 11 月	3.75	93.69	54.6
2018 年 12 月	3.85	96.34	192.23
平均值	3.21	80.35	96.92

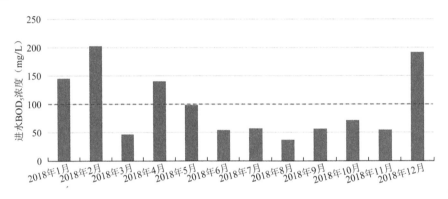

图 4.3-13　资中县城区污水处理厂 2018 年进水 BOD$_5$ 浓度月变化图

4）威远县第一污水处理厂

根据 2018 年运行数据（表 4.3-11），威远县第一污水处理厂 BOD$_5$ 进水浓度年均 91.13mg/L，低于《城镇污水处理提质增效三年行动方案（2019—2021年）》中城镇污水处理厂进水 BOD$_5$ 浓度 100mg/L 的要求。其中，雨季（5～9月）BOD$_5$ 进水浓度为 79.2mg/L，旱季 BOD$_5$ 进水浓度为 99.7mg/L（图 4.3-14）。结合污水处理厂运行能力分析结果可知，雨季雨水混入，导致进厂 BOD$_5$ 浓度偏低。

威远县第一污水处理厂 2018 年运行情况　　　　　　　　　　　表 4.3-11

时间	平均处理水量（万 m³/d）	负荷率（%）	BOD$_5$进水浓度（mg/L）
2018 年 1 月	1.71	85.47	98.7
2018 年 2 月	0.99	49.29	114.4
2018 年 3 月	1.00	49.97	111.38
2018 年 4 月	1.30	64.88	113.9
2018 年 5 月	1.90	94.98	98.5

续表

时间	平均处理水量（万 m³/d）	负荷率（%）	BOD₅ 进水浓度（mg/L）
2018 年 6 月	2.02	100.97	83.6
2018 年 7 月	2.03	101.29	74.5
2018 年 8 月	2.02	101.05	65.1
2018 年 9 月	1.95	97.25	74.25
2018 年 10 月	2.06	102.98	70
2018 年 11 月	1.98	99.22	105.3
2018 年 12 月	1.73	86.34	83.95
平均值	1.72	86.14	91.13

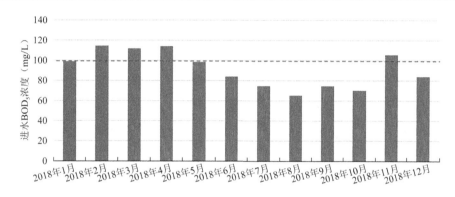

图 4.3-14　威远县第一污水处理厂 2018 年进水 BOD₅ 浓度月变化图

5）隆昌市第一污水处理厂

根据 2018 年运行数据（表 4.3-12），隆昌市第一污水处理厂 BOD₅ 进水浓度年均 70.36mg/L，低于《城镇污水处理提质增效三年行动方案（2019—2021年）》中城镇污水处理厂进水 BOD₅ 浓度 100mg/L 的要求。其中，雨季（5～9 月）BOD₅ 进水浓度为 58.4mg/L，旱季 BOD₅ 进水浓度为 78.9mg/L（图 4.3-15）。结合污水处理厂运行能力分析结果可知，雨季雨水混入，导致进厂 BOD₅ 浓度偏低。

隆昌市第一污水处理厂 2018 年运行情况　　　　　　　　　　表 4.3-12

时间	平均处理水量（万 m³/d）	负荷率（%）	BOD₅ 进水浓度（mg/L）
2018 年 1 月	2.90	64.35	88.9
2018 年 2 月	3.63	80.60	102.1
2018 年 3 月	3.51	78.06	109.7
2018 年 4 月	4.19	93.13	94.4
2018 年 5 月	3.32	73.84	75.92
2018 年 6 月	2.87	63.70	71.48
2018 年 7 月	2.71	60.22	46.07
2018 年 8 月	2.91	64.77	42.62

续表

时间	平均处理水量（万 m³/d）	负荷率（%）	BOD₅进水浓度（mg/L）
2018 年 9 月	2.99	66.48	55.78
2018 年 10 月	2.94	65.23	45.79
2018 年 11 月	3.14	69.85	50.48
2018 年 12 月	3.34	74.21	61.02
平均值	3.20	71.20	70.36

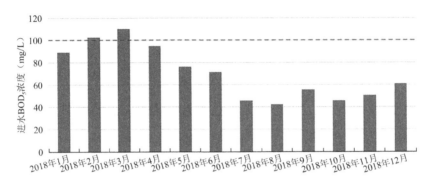

图 4.3-15　隆昌市第一污水处理厂 2018 年进水 BOD₅ 浓度月变化图

4. 污水处理厂效能不高，城市生活污水集中收集率低

根据内江污水处理厂进厂水量 8.02 万 m³/d，进厂 BOD₅ 浓度 75mg/L，人均日生活污染物排放量 45g/(人·d)，城区用水人口 65.41 万人，参考参数表（表 4.3-13）后，根据城市生活污水集中收集率计算测算得到内江城市生活污水集中收集率为 22.92%，低于四川省平均水平 42.3%，同时低于南方城市和全国平均水平。雨季污水处理厂进厂水量 8.01 万 m³/d，雨季进厂 BOD₅ 浓度 56.2mg/L，测算得到内江雨季城市生活污水集中收集率为 15.29%。

城市生活污水集中收集率计算参数表　　　　　表 4.3-13

参数	取值	来源
污水处理厂进厂水量	8.02 万 m³/d	内江城区污水处理厂 2018 年运行数据
污水处理厂进厂的生活污染物浓度	75mg/L	内江城区污水处理厂 2018 年运行数据
人均日生活污染物排放量	45g/(人·d)	《室外排水设计规范》GB 50014—2006（2016 年版）条文说明 3.4 设计水质：BOD₅ 取值范围 25~50g/(人·d)
城区用水总人口	65.41 万人	内江水务集团提供数据

$$城市生活污水集中收集率 = \frac{向污水处理厂排水的城区人口}{城区用水总人口}$$

$$= \frac{\dfrac{污水处理厂收集的生活污染物总量}{人均日生活污染物排放量}}{城区用水总人口}$$

$$= \frac{\dfrac{污水处理厂进厂水量 \times 污水处理厂进厂的生活污染物浓度}{人均日生活污染物排放量}}{城区用水总人口}$$

5. 雨季溢流问题突出

因目前尚未对全市排口进行自动化监测，通过污水处理厂 2017 年旱雨季运行处理水量及浓度数据，计算分析雨天溢流量，本次方案考虑使用现状进水 COD_{cr} 及 BOD_5 浓度，根据正常生化比推求源头 COD_{cr} 及 BOD_5 浓度。根据旱雨季进水量数据和源头污水污染物浓度，分别计算旱雨季污染物处理量（以 BOD_5 计算），对两者求差，即为雨季溢流污染物量。具体计算思路如下：

第一步：根据 2017 年旱雨季平均日 COD_{cr} 进水浓度与 BOD_5 进水浓度差值除以（1—正常生化比）计算得旱雨季源头 COD_{cr} 浓度。

第二步：根据第一步计算得到的旱雨季源头 COD_{cr} 浓度，乘以正常生化比，确定旱雨季源头 BOD_5 浓度。

第三步：以旱雨季源头 BOD_5 浓度与旱雨季日均进水量相乘可确定旱雨季 BOD_5 处理量。

第四步：根据旱雨季 BOD_5 处理量差值并根据流域实际情况可以确定雨季 BOD_5 溢流量（图 4.3-16）。

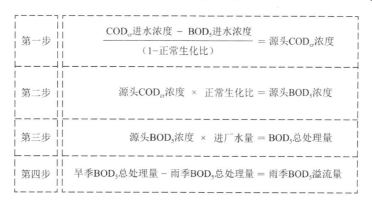

图 4.3-16 计算思路

根据上述计算，参考城区污水处理厂（内江一污）溢流污染物量（表 4.3-14），城区污水处理厂服务范围内溢流污水量为 11.77 万 m³/a，溢流入河污染物 BOD_5 为 9.00t/a，雨季溢流负荷较为严重。

城区污水处理厂（内江一污）溢流污染物量计算表　　　　　　　表 4.3-14

类别	旱季	雨季
日均处理水量（万 m³/d）	8.04	8.73
BOD_5 进水浓度（mg/L）	107.19	86.36
COD_{cr} 进水浓度（mg/L）	246.05	179.74
BOD_5 源头浓度（mg/L）	113.61	76.40
BOD_5 溢流量（t/a）	—	9.00

6. 污水处理厂出水标准不满足新要求

内江市区现状 4 座污水处理厂，内江市污水处理厂出水标准情况如表 4.3-15 所示。城区污水处理厂、隆昌市污水处理厂出水水质执行《城镇污水处理厂污染物排放标准》GB 18918—2002 一级 A 标准，资中县经开区污水处理厂出水水质执行《四川省岷江、沱江流域水污染物排放标准》DB 51/2311—2016 工业园区集中式污水处理厂标准，威远县两座污水处理厂执行《城镇污水处理厂污染物排放标准》GB 18918—2002 一级 B 标准。根据四川省环境保护厅 2017 年 1 月发布的《四川省岷江、沱江流域水污染物排放标准》DB 51/2311—2016，自 2020 年 1 月 1 日起现有及新建污水处理厂需达到该标准要求。具体污水处理厂出水标准对比如表 4.3-16 所示。

内江市污水处理厂出水标准情况一览表 　　　　表 4.3-15

序号	区县	污水厂名称	现状出水标准	2020 年出水标准
1	市区	城区污水处理厂	《城镇污水处理厂污染物排放标准》 GB 18918—2002 一级 A	《四川省岷江、沱江流域水污染物排放标准》 DB 51/2311—2016
2		城西工业污水处理厂		
3		白马生活污水处理厂		
4		椑木污水处理厂		
5	资中县	资中县城区污水处理厂		
6		资中县经开区污水处理厂	《四川省岷江、沱江流域水污染物排放标准》 DB 51/2311—2016	
7	威远县	威远第一污水处理厂	《城镇污水处理厂污染物排放标准》 GB 18918—2002 一级 B	
8		威远连界污水处理厂		
9	隆昌市	隆昌第一污水处理厂	《城镇污水处理厂污染物排放标准》 GB 18918—2002 一级 A	

污水处理厂出水标准对比表 　　　　表 4.3-16

标准名称	等级	BOD_5（mg/L）	COD（mg/L）	氨氮（mg/L）	TN（mg/L）	TP（mg/L）
《城镇污水处理厂污染物排放标准》 GB 18918—2002	一级 A	10	50	5（8）	15	0.5
	一级 B	20	60	8（15）	20	1
《四川省岷江、沱江流域水污染物排放标准》 DB 51/2311—2016	城镇污水处理厂	6	30	1.5（3）	10	0.3
	工业园区集中式污水处理厂	10	40	3（5）	15	0.5

注：括号外数值为水温大于 12℃时的控制指标，括号内数值为水温不大于 12℃时的控制指标。

1）城区污水处理厂

城区污水处理厂 2018 年各项污染物出水浓度如表 4.3-17 所示，分别为：BOD_5 年平均浓度为 6.54mg/L，COD 年平均浓度为 19.79mg/L，氨氮年平均浓度为 0.90mg/L，TP 年平均浓度为 0.25mg/L。根据 2018 年各污染物出水浓度逐日变化情况，BOD_5 浓度无法达到《四川省岷江、沱江流域水污染物排放标准》DB 51/2311—2016 要求，需进行提标改造。各项指标浓度变化情况如图 4.3-17～图 4.3-20 所示。

城区污水处理厂 2018 年出水水质情况表 　　　　表 4.3-17

时间	BOD_5（mg/L）	COD（mg/L）	氨氮（mg/L）	TP（mg/L）
2018 年 1 月	7.33	23.71	1.28	0.26
2018 年 2 月	6.68	21.07	1.99	0.24
2018 年 3 月	6.36	21.50	0.91	0.27
2018 年 4 月	5.96	19.28	0.41	0.31
2018 年 5 月	5.98	20.66	0.46	0.33
2018 年 6 月	6.42	18.97	0.42	0.31
2018 年 7 月	7.91	17.83	0.42	0.18

续表

时间	BOD$_5$（mg/L）	COD（mg/L）	氨氮（mg/L）	TP（mg/L）
2018 年 8 月	5.78	13.51	0.53	0.17
2018 年 9 月	5.99	17.10	0.84	0.18
2018 年 10 月	6.39	16.54	0.77	0.16
2018 年 11 月	7.11	26.68	1.30	0.29
2018 年 12 月	6.61	20.61	1.52	0.26
平均值	6.54	19.79	0.90	0.25

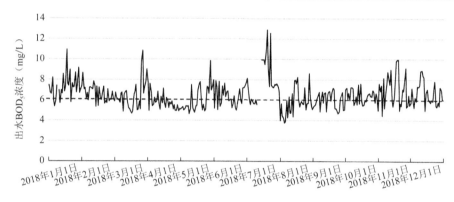

图 4.3-17　城区污水处理厂 2018 年逐日出水 BOD$_5$ 浓度变化图

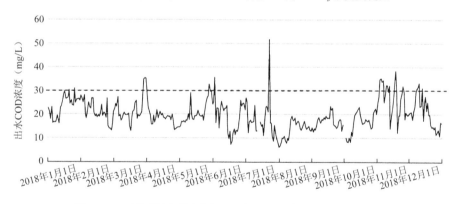

图 4.3-18　城区污水处理厂 2018 年逐日出水 COD 浓度变化图

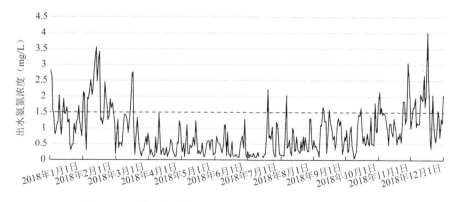

图 4.3-19　城区污水处理厂 2018 年逐日出水氨氮浓度变化图

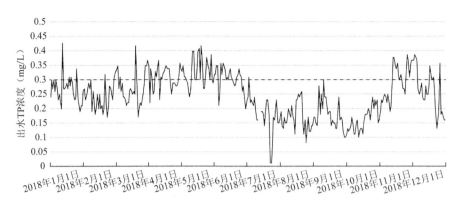

图 4.3-20　城区污水处理厂 2018 年逐日出水 TP 浓度变化图

2）桢木污水处理厂

桢木污水处理厂 2018 年各项污染物出水浓度如表 4.3-18 所示，分别为：BOD_5 年平均浓度为 7.9mg/L，COD 年平均浓度为 23.56mg/L，TP 年平均浓度为 0.23mg/L。根据 2018 年各污染物出水浓度月度变化情况，BOD_5 浓度无法达到《四川省岷江、沱江流域水污染物排放标准》DB 51/2311—2016 要求，需进行提标改造。各项指标浓度变化情况如图 4.3-21～图 4.3-23 所示。

桢木污水处理厂 2018 年出水水质情况表　　　　　　　　　　　　表 4.3-18

时间	BOD_5（mg/L）	COD（mg/L）	TP（mg/L）
2018 年 2 月	9	20.07	0.28
2018 年 3 月	8	22.65	0.24
2018 年 4 月	9	35.74	0.4
2018 年 5 月	9	39.18	0.33
2018 年 6 月	9	26.3	0.14
2018 年 7 月	5	11	0.27
2018 年 8 月	5.8	21.1	0.18
2018 年 9 月	8.5	22.95	0.16
2018 年 10 月	8.9	21.43	0.14
2018 年 11 月	7.5	17.78	0.13
2018 年 12 月	7.6	20.92	0.28
平均值	7.9	23.56	0.23

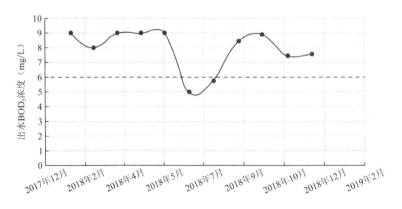

图 4.3-21　桢木污水处理厂 2018 年逐月出水 BOD_5 浓度变化图

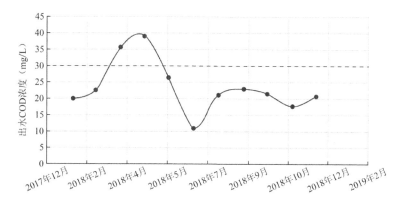

图 4.3-22 桠木污水处理厂 2018 年逐月出水 COD 浓度变化图

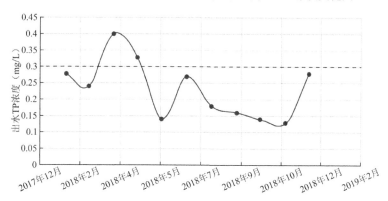

图 4.3-23 桠木污水处理厂 2018 年逐月出水 TP 浓度变化图

3）资中县城区污水处理厂

资中县城区污水处理厂 2018 年各项污染物出水浓度如表 4.3-19 所示，分别为：BOD_5 年平均浓度为 5.02mg/L，COD 年平均浓度为 13.83mg/L，TP 年平均浓度为 0.30mg/L。根据 2018 年各污染物出水浓度月度变化情况，出水 BOD_5、COD、TP 浓度均能达到《四川省岷江、沱江流域水污染物排放标准》DB 51/2311—2016。各项指标浓度变化情况如图 4.3-24～图 4.3-26 所示。

资中县城区污水处理厂 2018 年出水水质情况表　　　　　　　表 4.3-19

时间	BOD_5（mg/L）	COD（mg/L）	TP（mg/L）
2018 年 1 月	5.68	13.64	0.29
2018 年 2 月	5.69	18.28	0.2
2018 年 3 月	4.68	15.91	0.25
2018 年 4 月	3.8	16.37	0.4
2018 年 5 月	3.09	11.85	0.34
2018 年 6 月	4.57	13.75	0.34
2018 年 7 月	5.3	9.3	0.3
2018 年 8 月	5.66	10.85	0.33
2018 年 9 月	6.48	14.64	0.32
2018 年 10 月	5.24	13	0.29
2018 年 11 月	4.57	13.42	0.28
2018 年 12 月	5.50	14.95	0.28
平均值	5.02	13.83	0.30

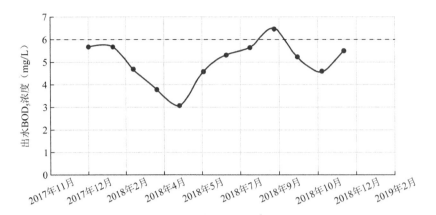

图 4.3-24　资中县城区污水处理厂 2018 年逐月出水 BOD$_5$ 浓度变化图

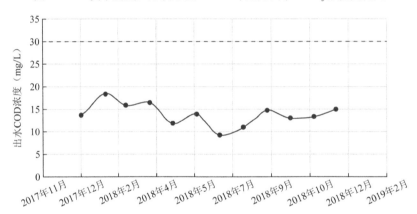

图 4.3-25　资中县城区污水处理厂 2018 年逐月出水 COD 浓度变化图

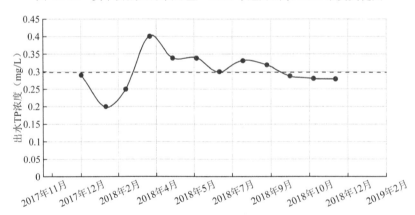

图 4.3-26　资中县城区污水处理厂 2018 年逐月出水 TP 浓度变化图

4）威远县第一污水处理厂

威远县第一污水处理厂 2018 年各项污染物出水浓度如表 4.3-20 所示，分别为：BOD$_5$ 年平均浓度为 8.59mg/L，COD 年平均浓度为 24.52mg/L，TP 年平均浓度为 0.32mg/L。根据 2018 年各污染物出水浓度月度变化情况，BOD$_5$、TP 浓度无法达到《四川省岷江、沱江流域水污染物排放标准》DB 51/2311—2016 要求，需进行提标改造。各项指标浓度变化情况如图 4.3-27～图 4.3-29 所示。

威远县第一污水处理厂 2018 年出水水质情况表　　　　　　　　表 4.3-20

时间	BOD$_5$（mg/L）	COD（mg/L）	TP（mg/L）
2018 年 1 月	8.75	21.64	0.27

时间	BOD₅（mg/L）	COD（mg/L）	TP（mg/L）
2018 年 2 月	9.23	29.3	0.35
2018 年 3 月	9.04	43.68	0.48
2018 年 4 月	8.95	28.96	0.38
2018 年 5 月	8.79	24.87	0.33
2018 年 6 月	8.71	25.84	0.32
2018 年 7 月	8.54	18.36	0.24
2018 年 8 月	7.83	18.28	0.29
2018 年 9 月	8.71	22.1	0.36
2018 年 10 月	8.93	16.03	0.29
2018 年 11 月	8.91	21.68	0.33
2018 年 12 月	6.71	23.5	0.24
平均值	8.59	24.52	0.32

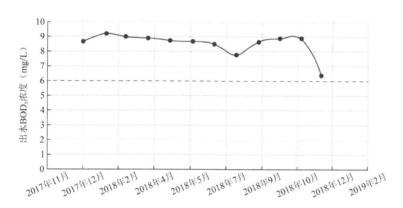

图 4.3-27　威远县第一污水处理厂 2018 年逐月出水 BOD₅ 浓度变化图

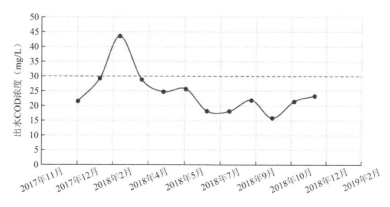

图 4.3-28　威远县第一污水处理厂 2018 年逐月出水 COD 浓度变化图

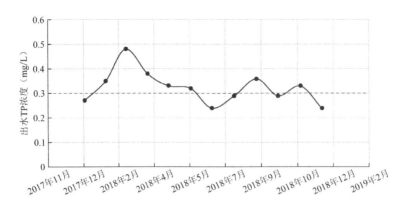

图 4.3-29 威远县第一污水处理厂 2018 年逐月出水 TP 浓度变化图

5）隆昌市第一污水处理厂

隆昌市第一污水处理厂 2018 年各项污染物出水浓度如表 4.3-21 所示，分别为：BOD$_5$ 年平均浓度为 8.35mg/L，COD 年平均浓度为 27.35mg/L，TP 年平均浓度为 0.41mg/L。根据 2018 年各污染物出水浓度月度变化情况，BOD$_5$、TP 浓度无法达到《四川省岷江、沱江流域水污染物排放标准》DB 51/2311—2016 要求，需进行提标改造。各项指标浓度变化情况如图 4.3-30～图 4.3-32 所示。

隆昌市第一污水处理厂 2018 年出水水质情况表 表 4.3-21

时间	BOD$_5$（mg/L）	COD（mg/L）	TP（mg/L）
2018 年 1 月	9.49	30.8	0.51
2018 年 2 月	10.75	32.3	0.66
2018 年 3 月	9.78	29.1	0.57
2018 年 4 月	9.16	26.5	0.53
2018 年 5 月	8.39	26	0.44
2018 年 6 月	8.5	27.5	0.31
2018 年 7 月	6.52	24.3	0.28
2018 年 8 月	6.75	24.2	0.31
2018 年 9 月	7.8	25.8	0.29
2018 年 10 月	7.46	27.1	0.34
2018 年 11 月	8.17	29.2	0.37
2018 年 12 月	7.48	25.4	0.3
平均值	8.35	27.35	0.41

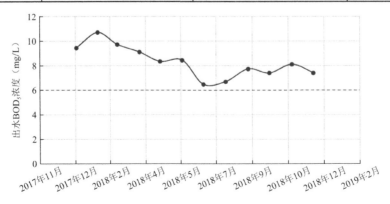

图 4.3-30 隆昌市第一污水处理厂 2018 年逐月出水 BOD$_5$ 浓度变化图

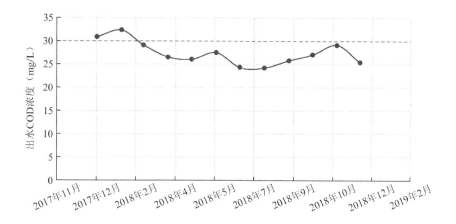

图 4.3-31　隆昌市第一污水处理厂 2018 年逐月出水 COD 浓度变化图

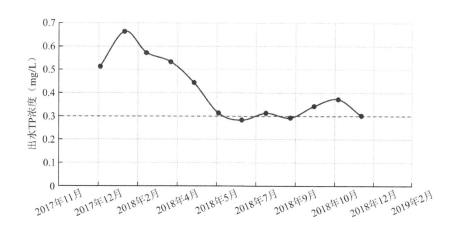

图 4.3-32　隆昌市第一污水处理厂 2018 年逐月出水 TP 浓度变化图

4.3.1.2　污水管网问题

1. 污水干线不齐

污水干线不齐主要是由于建成区主干路网、沿江沿河截污干线缺失导致上游范围内污水散排，造成河道污染。市区现状道路污水干线和沿江污水干线较为齐全，但内河截污管线不齐，存在大量沿河排口，各内河流域范围内存在大量村庄，由于缺乏污水管线或污水收集处理设施成为散排区。

现状沿河排口如图 4.3-33 所示，共有 120 个排口，其中合流制直排口 26 个，合流制溢流排口 3 个，分流制污水排口 20 个，分流制雨水排口 12 个，分流制混接排口 3 个，农村生活散排口 24 个，农田排口 20 个，养殖排口 6 个，鱼塘排口 6 个。沿河截污管线情况如表 4.3-22 所示，现状 11 条黑臭河道沿河截污管线均不完善，其中 6 条无截污管。

市区黑臭河道上游散排区分布如图 4.3-34 所示。市区黑臭河道干线散排区存在 184 个村庄，面积共计 765.61hm²，农村缺乏污水管线或污水处理设施，现状污水就近散排入河造成河道污染。其中，寿溪河流域 21 个村庄、81.74hm²，小青龙河流域 17 个村庄、59.32hm²，包谷湾流域 15 个村庄、12.76hm²，益民溪流域 20 个村庄、96.68hm²，龙凼沟流域 8 个村庄、114.83hm²，古堰溪流域 25 个村庄、96.45hm²，黑沱河流域 31 个村庄、248.68hm²，蟠龙冲流域 22 个村庄、15.24hm²，玉带溪—太子湖流域 25 个村庄、39.91hm²（表 4.3-23）。

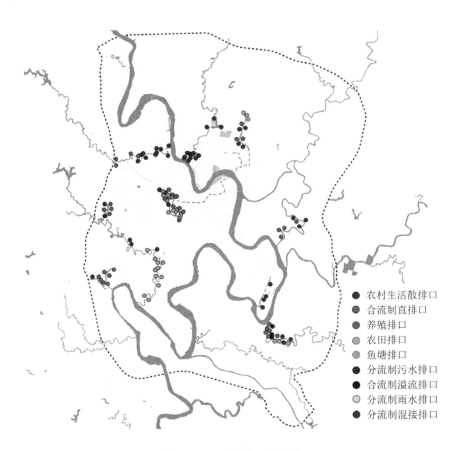

图例：
● 农村生活散排口
● 合流制直排口
● 养殖排口
● 农田排口
● 鱼塘排口
● 分流制污水排口
● 合流制溢流排口
● 分流制雨水排口
● 分流制混接排口

图 4.3-33　现状排口分布图

现状沿河截污管线情况表　　　　　　　　　　　　　　　表 4.3-22

序号	河道名称	沿河截污管线情况
1	寿溪河	截污管在建
2	小青龙河	有截污管但未接通
3	包谷湾	无截污管
4	益民溪	无截污管
5	龙凼沟	无截污管
6	谢家河	仅下游有截污管
7	古堰溪	无截污管
8	黑沱河	有但污水无法接入
9	蟠龙冲	明渠段有截污管
10	玉带溪	无截污管
11	太子湖	无截污管

图例
■ 散排区

图 4.3-34 现状河道上游散排区分布

现状干线散排区分布情况表 表 4.3-23

序号	河道名称	村庄数量（个）	散排区面积（hm²）
1	寿溪河	21	81.74
2	小青龙河	17	59.32
3	包谷湾	15	12.76
4	益民溪	20	96.68
5	龙凼沟	8	114.83
6	古堰溪	25	96.45
7	黑沱河	31	248.68
8	蟠龙冲	22	15.24
9	玉带溪—太子湖	25	39.91
合计		184	765.61

2. 存在污水收集空白区

生活污水收集处理设施空白区指城市建成区范围内，尚未敷设市政污水管网，或虽然已敷设了市政污水管网，但市政管网尚未最终接入污水处理设施的居民生活区、商业区、公共服务区等，主要集中在城中村、老旧城区、城乡接合部区域。

结合现状污水管线、雨污合流管线、合流制箱涵收集范围及建成区用地情况，可知城区现状有7个污水收集空白区，面积合计275hm²（表4.3-24），分别位于邓家坝片区、城南新区、白马片区和东兴区东南部（图4.3-35）。

<table>
<tr><td colspan="3" align="center">污水收集空白区情况表　　　　　　　　　　　　　　　　表 4.3-24</td></tr>
</table>

序号	空白区名称	面积（hm²）
1	经开区四合镇场镇区域	22
2	城南新区南屏街至永兴街区域	45
3	市中区白马镇片区	11
4	高新区胜利片区棚户区	4
5	东兴区东兴街道龙骨冲城乡接合部	70
6	东兴区肖家冲城乡接合部	36
7	东兴区新江街道大冲粮库城乡接合部	87
合计	—	275

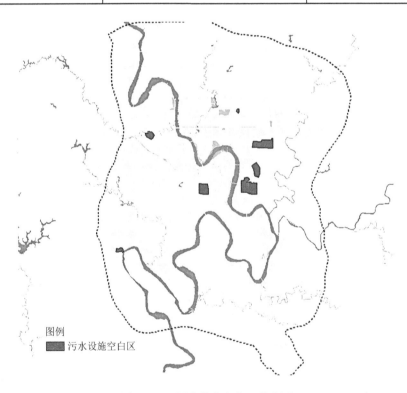

图例
■ 污水设施空白区

图 4.3-35　污水收集空白区分布图

3. 雨污混接、错接严重

根据内江市住房和城乡建设局 2014 年排水管网普查资料及现场调研情况（图 4.3-36），东兴区大千路片区、西林片区，市中区东站片区，存在雨污混、错接现象，管网普查结果显示建成区多处管网下游不明，建议结合全市排水管网修补测项目进一步复核，优先开展大千路片区、西林片区、蟠龙冲片区管网排查，然后开展市中区民族路、东站片区等合流制片区和其他区域管网排查工作。

图 4.3-36　排水管网问题识别

4.合流制暗渠亟待改造

市区暗渠信息现状如表 4.3-25 所示，暗渠 9 条，总长度 18.53km。分别为古堰溪暗渠 0.66km，玉带溪暗渠 4.94km，龙凼沟暗渠 1.00km，蟠龙冲暗渠 6.30km，史家镇暗渠 0.55km，龙凼沟（东兴）暗渠 1.65km，火车站暗渠 0.55km，东站暗渠 1.49km，乐贤暗渠 1.39km。其中，黑臭水体暗渠 4 条，长度 12.9km（图 4.3-37）。

暗渠不仅破坏了原有天然溪流的绿地环境，降低了城市与自然的亲近度，同时，暗渠比露天排水沟更难以治理，污水截流困难重重，雨天极易雨污合流，对暗渠排泄口以下的水域形成更严重的污染（图 4.3-38～图 4.3-40）。加之暗渠治理条件有限，受污染后治理难度大，管理困难，随着周边地块的发展，极易使污水口暗接入箱涵内，进一步造成暗渠污染。现状玉带溪、蟠龙冲等暗渠借用原有天然河道作为合流制污水的排放通道，雨季溢流问题突出，内江城区雨季城市生活污水集中收集率仅为 15.29%，合流制暗渠是造成现状污水处理厂雨季效能低下的主要原因。

市区暗渠信息一览表　　　　　　　　　　　　　　表 4.3-25

序号	暗渠名称	暗渠长度（km）	规格（mm）
1	古堰溪暗渠	0.66	5000×3000
2	玉带溪暗渠	4.94	6000×4000
3	龙凼沟暗渠	1.00	—
4	蟠龙冲暗渠	6.30	2500×1800～5000×4000
5	史家镇暗渠	0.55	3000×2500
6	龙凼沟（东兴）暗渠	1.65	2000×2300～6000×6500
7	火车站暗渠	0.55	2500×4300

续表

序号	暗渠名称	暗渠长度（km）	规格（mm）
8	东站暗渠	1.49	2000×1500
9	乐贤暗渠	1.39	500×500～800×1100
合计	—	18.53	—

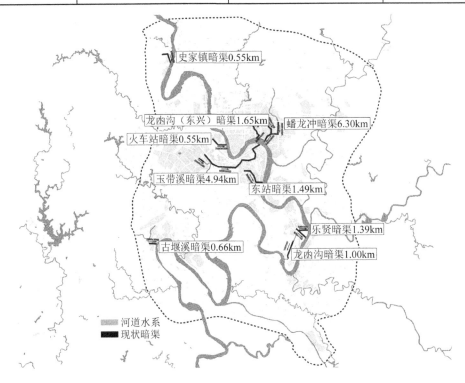

图 4.3-37　现状暗渠分布图

图 4.3-38　玉带溪暗渠现状　　　　图 4.3-39　蟠龙冲暗渠现状　　　　图 4.3-40　古堰溪暗渠现状

4.3.2　环境品质问题

4.3.2.1　居民游憩场所匮乏

内江市拥有良好的河流水系及气温条件，人口平均密度为 791 人/km²，比四川省人口平均密度高出

4.5 倍。但人均公园绿地面积仅为 8.3m²，略高于省级园林指标，公园相对集中分布在沱江两侧，以城市公园为主，缺乏郊野公园，其他区域以点状的街头绿地为主，特别是近郊区，较大区域的居住区内，公园绿地的服务半径未能覆盖，不仅无法满足现状居民美好生活的要求，同时制约规划土地开发，土地价值无法提升（图 4.3-41）。

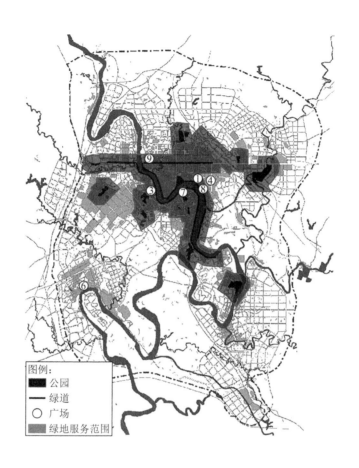

图 4.3-41　内江市区公园绿地分布图

4.3.2.2　滨水空间打造不足

内江市远期城市定位为围绕幸福美丽内江建设，推进区域合作，实现格局开放和绿色发展，全面建成幸福美丽内江，建成经济繁荣、绿色生态、疏朗开放、灵秀博雅的滨水宜居大城市。现状仅在沱江两侧零星建设滨水空间，市内其他水系均无滨水空间，不仅无法满足内江市规划定位，也严重影响内江市居民亲水体验。

4.3.2.3　蓝绿交织通廊缺乏

构建蓝绿交织、清新明亮、水城共融的城市是人民美好家园的底色，是生态城市的基本要求。随着居民日益对于健康运动的重视，越来越多的居民习惯早晨、夜间以散步、慢骑、跑步等方式进行锻炼，假日期间郊区自行车游等活动。生态城市需对优美的步行道、自行车道加强建设，而依托良好的水系条件，沿河漫游道成为了内江市提升百姓幸福指数，鼓励全民运动，加强市民出行选择的首要选择。绿道还可串联城市间各景点，提高城乡居民的生活质量，完善城市功能，强化地方风貌特征，提升发展品位。

现状内江市仅在沱江两岸建设有漫游通道，共约 17.8km（图 4.3-42）。内河无亲水漫游道，服务范围小，远远无法满足现状及规划中人们对于健康生活的要求。

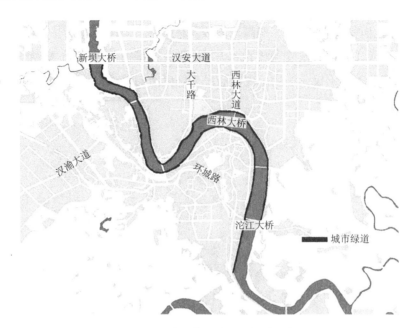

图 4.3-42 沱江内江城区段绿道分布图

4.3.2.4 污水厂尾水未有效利用

根据上位规划和相关工程安排，内江市区 2020 年前计划提标现状 4 座污水处理厂，2021 年年底前新建 4 座污水处理厂，合计规模 20.05 万 m³/d，出水标准达到《四川省岷江、沱江流域水污染物排放标准》DB 51/2311—2016 要求，可以满足再生水利用要求，目前这部分尾水缺乏完善的利用计划（表 4.3-26、表 4.3-27）。

由于沱江干流多年平均流量为 379m³/s，尾水排入沱江补水量仅为沱江流量的 6‰；若将尾水作为河道补水和中水进行利用，可满足黑臭河道补水要求，为寿溪河、谢家河等河道补水，进一步确保实现"长治久清"。

出水水质标准对比 表 4.3-26

污水处理厂类型	标准名称	COD（mg/L）	BOD（mg/L）	NH₃-N（mg/L）	TN（mg/L）	TP（mg/L）
城镇污水处理厂	《四川省岷江、沱江流域水污染物排放标准》	30	6	1.5（3）	10	0.3
工业污水处理厂	DB 51/2311—2016	40	10	3（5）	15	0.5
再生水厂	《城市污水再生利用 工业用水水质》GB/T 19923—2005	60	10～30	10	—	1
	《城市污水再生利用 城市杂用水水质》GB/T 18920—2002	—	10～20	10～20	—	—
	《城市污水再生利用 景观环境用水水质》GB/T 18921—2002	—	6～10	5	15	0.5～1

市区近期污水厂（2021 年）规模 表 4.3-27

序号	污水处理厂名称	现状规模（万 m³/d）	2021 年规模（万 m³/d）
1	内江第一污水处理厂	10	10

续表

序号	污水处理厂名称	现状规模（万 m³/d）	2021 年规模（万 m³/d）
2	城西工业污水处理厂	1.8	1.8
3	白马生活污水处理厂	0.5	0.5
4	椑木污水处理厂	0.5	0.5
5	邓家坝污水处理厂	—	1
6	谢家河污水处理厂	—	1
7	内江第二污水处理厂	—	5
8	西南循环经济产业园区污水处理厂	—	0.25
合计	—	12.8	20.05

4.3.2.5 部分河道水量不足

内江市中心城区主要内河水系（沱江一级支流）共 11 条，分别为寿溪河、谢家河、蟠龙冲、玉带溪、小青龙河、清流河、黑沱河、龙凼沟、椑南河、益民溪、古堰溪。河道补水水量常用计算方法有 Tennant 法、生态流速法、河道置换法。

1. Tennant 法

河道多年平均天然径流量的 10% 是保持河流生态系统健康的最小流量，多年平均天然径流量的 30% 能为大多数水生生物提供较好的栖息地条件。Tennant 法需要河道历史数据较多，目前内江市缺乏支流河道历史数据，本次方案不采用 Tennant 法计算。

2. 生态流速法

主要考虑水生生物及鱼类对流速的要求，保持河道输砂的不冲不淤流速，保持河道污染防治的自净流速等方面，根据不同河道定位确定生态流速及生态水深，计算河道生态流量，与现状流量对比确定需补水水量，因现状河道流量为实测流量，考虑到蒸发渗漏水量，计算不再考虑。本方案对有景观需求的河道采用生态流量方法计算补水水量。对于景观需求高的河道采用满足生态作物生长，鱼类成长的生态水深 0.4m、生态流速 0.3m/s 的计算参数，对于景观需求低的河道采用满足生态作物生长即可的生态水深 0.2m、生态流速 0.1m/s 的计算参数。

3. 河道置换法

根据河道水体的自然更新周期，通过基本水深 0.1～0.3m，计算河道需水量。河道置换法主要针对无景观需求河道，为保持河道有水，避免垃圾堆放，降雨影响行洪，采用此方法计算。

根据现状需求（表 4.3-28），规划定位综合分析 11 条河道情况，确定河道定位，采用不同计算方法确定河道生态需水量。确定需补水河道为寿溪河、谢家河、玉带溪、蟠龙冲、古堰溪、龙凼沟。具体各河道定位及生态需水分析如图 4.3-43 所示。

河道景观需水计算表　　　　　　　　表 4.3-28

河道	上游是否有来水	流速（m/s）	水深（m）	水面宽（m）	上游来水量（万 m³/d）	景观需求	计算方法	生态流量（万 m³/d）	景观需水	补水水量（万 m³/d）
寿溪河	有	0.075	0.57	8.9	3.29	高	生态流速法	6.15	是	2.86
谢家河	无	0.176	0.4	9.21	5.6	高	生态流速法	6.37	是	0.76
玉带溪	无	0	0	2.6	0	高	生态流速法	1.8	是	1.8
小青龙河	有	0.064	1.69	11.77	11	高	生态流速法	8.14	否	− 2.86

河道	上游是否有来水	流速（m/s）	水深（m）	水面宽（m）	上游来水量（万 m³/d）	景观需求	计算方法	生态流量（万 m³/d）	景观需水	补水水量（万 m³/d）
古堰溪	有	0.07	0.18	2	0.22	低	生态流速法	0.35	是	0.13
蟠龙冲	有	0.06	0.33	2	0.34	低	生态流速法	0.35	是	0
清流河	有	0.14	0.3	45	16.33	低	生态流速法	7.78	否	−8.55
黑沱河	有	0.07	0.75	12	5.44	低	生态流速法	2.07	否	−3.37
椑南河	有	0.05	0.4	6	1.04	低	生态流速法	1.04	否	0
益民溪	有	0.067	0.84	10.48	5.1	低	生态流速法	1.81	否	−3.29
龙凼沟	无	0	0	1.5	0	低	河道置换法	0.31	是	0.31

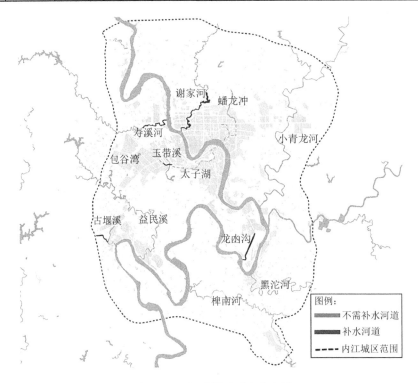

图 4.3-43　河道景观需水分布图

4.3.3　管理机制问题

为保证内江沱江流域水环境水平长期稳定提升，进一步提升内江城市水环境管理水平，建立城市排水管网排查和周期性检测制度，建立和完善基于 GIS 系统的动态更新机制，建立城镇污水处理厂运行监管平台，提升排水管网运行管理水平。

4.3.3.1　排水系统运行管理水平不高

市区 14 条主要水体由内江市水务局管理，内江市住房和城乡建设局负责 11 条黑臭水体治理工作。现状污水处理厂由内江市水务有限责任公司和博天环境集团管理运行，在建及规划污水处理厂由四川水汇生态环境治理有限公司和内江市水务有限责任公司管理运行。雨污水管网由市区两级住建局分片管理，水务公司负责沱江截污干管管理工作。由于河道、污水厂、管网运行管理过程中存在诸多权责交叉，部门之间分工导致水环境整治和水安全提升工作不能同步开展，排水管网运行维护水平参差不齐，政府、企业分工导致财政资金压力变大，现状排水系统运行管理水平亟待提升（图 4.3-44）。

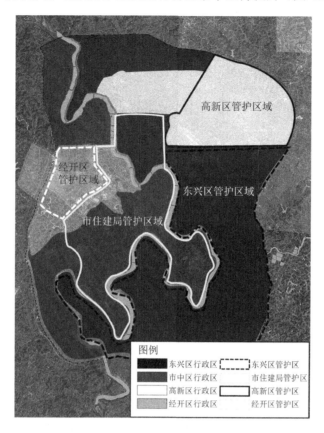

图 4.3-44 内江市区排水管网管护情况分布图

4.3.3.2 缺乏排水管网排查和周期性检测制度

内江市住房和城乡建设局于 2014 年进行了全市市政道路 3m 以上的排水管网普查工作，但由于普查年份距今较久、2014 年普查精度不佳、城市更新发展较快等原因，原有普查结果已不能满足现在内江水环境治理工作需要。内江现状缺乏排水管网排查和周期性监测制度，没有按照设施权属及运行维护职责分工，全面排查出污水管网等设施功能状况、错接村街等基本情况及用户接入情况。现状虽已建立市政排水管网信息系统，但离管网信息化、账册化管理仍有差距。缺乏完善的排水管网周期性监测评估制度，没有基于 GIS 系统的动态更新机制。居住小区、公共建筑及企事业单位内部等非市政污水管网排查工作暂未进行，未开展建筑用地红线内管网混接错接排查与改造工作。

4.3.3.3 城镇污水处理厂运行监管平台功能不完善

内江市住房和城乡建设局于近期建立了内江市城镇生活污水运行监管平台（图 4.3-45），目前平台功能仍不完善。主要表现在：一是运行监管平台缺乏内江市域各污水处理厂处理水量运行数据，现状仅靠水质数据不能准确判断污水处理厂存在问题。二是运行监管平台缺乏数据实时传输更新机制，部分污水处理厂由于接口等问题不能实时上传污水处理量、进出水水质、污水处理厂运行情况等数据，采用固定时间上报机制，数据实时性、准确性不能保证。三是城镇生活污水运行监管平台监管职责缺失，当发现污水厂运行异常时，由于缺乏相应的监管机

图 4.3-45 内江市城镇生活污水运行监管平台

制，无法按照逐级上报、层层落实的监管机制进行处置，运行监管效率较低。

4.4 内江水环境污染负荷与水环境容量计算

4.4.1 点源污染负荷情况

4.4.1.1 污水处理设施污染负荷

按照流域内污水处理设施近期规模和出水水质标准进行测算，具体公式如下：

$$W_{污水设施} = \sum_{i=1}^{n}(C_{出水i} \times Q_{出水i} \times 10^{-6}) \tag{4.4-1}$$

式中　$W_{污水设施}$——污水处理设施尾水污染负荷量（t/a）；

$\quad\quad\quad C_{出水i}$——污水处理设施 i 的尾水浓度（mg/L）；

$\quad\quad\quad Q_{出水i}$——污水处理设施 i 的处理水量（m³/a）；

$\quad\quad\quad i$——研究区域范围内污水处理设施数量。

1. 污水处理厂

内江市区污水处理厂出水标准情况如表 4.4-1 所示。

内江市污水处理厂出水标准情况一览表　　　　　表 4.4-1

序号	区县市	污水厂名称	现状出水标准	所属流域
1	市区	城区污水处理厂	《城镇污水处理厂污染物排放标准》GB 18918—2002 一级 A	沱江干流流域
2		城西工业污水处理厂		
3		白马生活污水处理厂		
4		椑木污水处理厂		
5	资中县	资中县城区污水处理厂	《四川省岷江、沱江流域水污染物排放标准》DB 51/2311—2016	
6		资中县经开区污水处理厂		
7	威远县	威远县第一污水处理厂	《城镇污水处理厂污染物排放标准》GB 18918—2002 一级 B	釜溪河流域
8		威远县连界污水处理厂		
9	隆昌市	隆昌市第一污水处理厂	《城镇污水处理厂污染物排放标准》GB 18918—2002 一级 A	濑溪河流域

2. 污水处理设施

现状有 19 个乡镇污水处理设施正常运行，村户污水处理设施基本缺失。测算结果如表 4.4-2 所示，现状沱江干流流域污水设施 NH₃-N 排放量为 240.54t/a，釜溪河流域污水设施 NH₃-N 排放量为 70.66t/a，濑溪河流域污水设施 NH₃-N 排放量为 58.40t/a。

沱江流域污水处理设施负荷情况 表 4.4-2

流域	NH₃-N（t/a）	COD（t/a）	TP（t/a）
沱江干流流域	240.54	2405.35	24.20
釜溪河流域	70.66	529.98	8.83
濑溪河流域	58.40	584.00	5.84
合计	369.60	3519.33	38.87

4.4.1.2 污水直排负荷

污水直排按照污水产生量与污水处理设施收集量进行测算，其中生活污水按照各区县市人口和日生活用水量测算，工业废水数据来自《内江市 2017 年统计年鉴》"7～10 工业污染排放及处理利用情况"。

$$W_{直排} = (Q_{工业} + Q_{生活} - Q_{污水设施}) \times C \times 10^{-6} \tag{4.4-2}$$

式中　　$W_{直排}$——污水直排污染负荷量（t/a）；

$\quad\quad Q_{工业}$——范围内工业废水年排放量（m³/a）；

$\quad\quad Q_{生活}$——范围内生活污水年排放量（m³/a）；

$\quad\quad Q_{污水设施}$——范围内污水处理设施年处理量（m³/a）；

$\quad\quad C$——污染物源头排放浓度（mg/L）。

生活污水排放量根据内江市现状各区县市人口情况和人均日生活用水量确定（表 4.4-3），内江市域人口合计 415.1 万，其中城区人口 112.61 万，占总人口的 27.1%。根据《室外给水设计标准》GB 50013—2018，内江属于地级城市，根据内江市现状用水情况确定城区人均综合生活用水定额为 150L/(人·d)，村镇人均综合生活用水定额为 80L/(人·d)，产污系数取 0.85，村镇污水入河系数根据各村镇情况确定。

内江市各区县市人口和综合生活用水定额数据表 表 4.4-3

区县市	面积（km²）	人口（万人）	城区面积（km²）	城区人口（万人）	城区综合生活用水定额 [L/(人·d)]	村镇人均日生活用水量 [L/(人·d)]
市区	1569	140.2	278.93	60.4	150	80
资中县	1734	125.7	99.3	19.05	150	80
威远县	1289	71.8	46.22	16.25	150	80
隆昌市	794	77.4	57	16.91	150	80
合计	5386	415.1	481.45	112.61	—	—

工业废水排放量根据《内江市 2017 年统计年鉴》"7～10 工业污染排放及处理利用情况"确定（表 4.4-4），内江市域 2017 年工业废水排放量合计 2820 万 m³/a，NH₃-N 排放量合计 292t/a，COD 排放量合计 4177t/a。

内江市各区县市工业废水排放数据表　　　　　　表 4.4-4

区县	工业废水排放量（万 m³/a）	NH₃-N（t/a）	COD（t/a）
市中区	422	55	780
东兴区	213	76	501
资中县	1443	79	1567
威远县	541	44	465
隆昌市	201	38	864
合计	2820	292	4177

综合生活污水排放量、工业废水排放量和污水处理设施处理负荷，得到各流域污水直排污染负荷（表 4.4-5），沱江干流流域 NH₃-N 直排量为 948.41t/a，釜溪河流域 NH₃-N 直排量为 561.38t/a，濑溪河流域 NH₃-N 直排量为 149.30t/a。

沱江流域污水直排污染负荷情况表　　　　　　表 4.4-5

流域	污水排放（万 m³/d）	NH₃-N（t/a）	COD（t/a）	TP（t/a）
沱江干流流域	8.96	948.41	9811.15	163.52
釜溪河流域	5.30	561.38	5807.39	96.79
濑溪河流域	1.41	149.30	1544.49	25.74
合计	15.67	1659.09	17163.03	286.05

4.4.1.3　点源污染合计

综合污水处理设施污染负荷和污水直排负荷，得到内江沱江流域点源污染负荷情况（表 4.4-6），其中沱江流域现状点源污染排放量占比如图 4.4-1 所示，沱江干流流域 NH₃-N 排放量为 1188.95t/a，釜溪河流域 NH₃-N 排放量为 632.05t/a，濑溪河流域 NH₃-N 排放量为 207.70t/a。

沱江流域点源污染负荷排放情况　　　　　　表 4.4-6

流域	NH₃-N（t/a）	COD（t/a）	TP（t/a）
沱江干流流域	1188.95	12216.50	187.72
釜溪河流域	632.05	6337.37	105.62
濑溪河流域	207.70	2128.49	31.58
合计	2028.70	20682.36	324.92

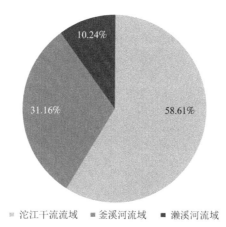

图 4.4-1　内江沱江流域现状点源污染排放量占比图（以 NH_3-N 计，t/a）

4.4.2　面源污染

根据内江市土地利用情况解析及养殖情况，确定各流域面源污染负荷。内江沱江流域面源污染包括城市面源、农业面源、山林面源、畜禽养殖和水产养殖污染。

4.4.2.1　城市面源污染

通过 EMC 法测算各流域城市面源污染，*EMC*值根据现场采样及相关文献确定。

$$W_{城市面源} = \sum_{k=1}^{m} \sum_{i=1}^{n} (EMC_{ik} \times Q \times S_{ik} \times \alpha_{ik} \times 10^{-9}) \tag{4.4-3}$$

式中　$W_{城市面源}$——城市降雨径流污染负荷量（t/a）；

$\quad EMC_{ik}$——汇水区k范围内下垫面类型i的场次降雨径流平均浓度（mg/L）；

$\quad Q$——年降雨量（mm）；

$\quad S_{ik}$——汇水区k范围内下垫面类型i的面积（m^2）；

$\quad \alpha_{ik}$——汇水区k范围内下垫面类型i的降雨径流系数；

$\quad k$——研究区范围内汇水区个数；

$\quad i$——典型下垫面类型个数。

4.4.2.2　农业面源污染

农业面源污染通过研究区域内农田面积和农田源强系数测算。

$$W_{农业面源} = M \times \alpha_1 \tag{4.4-4}$$

式中　$W_{农业面源}$——农业面源污染负荷量（t/a）；

$\quad M$——农田面积（m^2）；

$\quad \alpha_1$——农田源强系数。

4.4.2.3　山林面源污染

山林面源污染通过确定山林*EMC*值进行测算。

$$W_{山林面源} = EMC \times Q \times S \times \alpha \times 10^{-9} \tag{4.4-5}$$

式中　$W_{山林面源}$——山林降雨径流污染负荷量（t/a）；

$\quad EMC$——山林下垫面类型的场次降雨径流平均浓度（mg/L）；

$\quad Q$——年降雨量（mm）；

$\quad S$——山林面积（m^2）；

α——山林下垫面降雨径流系数。

内江市的土地利用类型如图 4.4-2 所示。

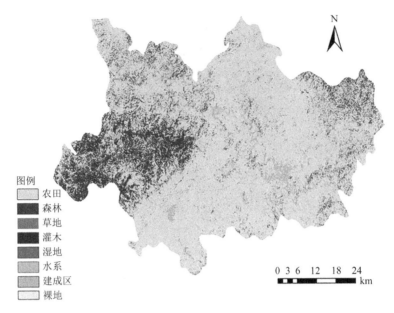

图 4.4-2　内江市土地利用类型图

4.4.2.4　畜禽养殖污染

根据《第一次全国污染源普查畜禽养殖业产排污系数与排污系数手册》进行畜禽养殖污染负荷的计算。

$$W_{畜禽养殖} = n \times F \times k \times 365 \times 10^{-6} \tag{4.4-6}$$

式中　$W_{畜禽养殖}$——畜禽养殖污染负荷量（t/a）；

　　　　n——畜禽饲养数量［头(只)］；

　　　　F——排污系数｛g/［d·头(只)］｝；

　　　　k——修正系数。

4.4.2.5　水产养殖污染

根据研究区域范围内鱼塘水产养殖方式进行水产养殖污染负荷的计算。

$$W_{水产养殖} = C \times V \times m \times 10^{-6} \tag{4.4-7}$$

式中　$W_{水产养殖}$——水产养殖污染负荷量（t/a）；

　　　　C——鱼塘换水水体污染物浓度的增量（mg/L）；

　　　　V——每次换水排出鱼塘的水量（m³/次）；

　　　　m——年换水次数（次/a）。

测算结果如表 4.4-7 所示，沱江干流流域 NH_3-N 面源污染负荷为 241.66t/a，釜溪河流域 NH_3-N 面源污染负荷为 129.40t/a，濑溪河流域 NH_3-N 面源污染负荷为 51.50t/a。

沱江流域面源污染负荷情况表　　　　　　　　　　　　　　　　　表 4.4-7

流域	污染负荷类型	水量（万 m³/a）	NH_3-N（t/a）	COD（t/a）	TP（t/a）
沱江干流流域	城市面源	4184.00	59.37	2125.00	6.31

流域	污染负荷类型	水量（万 m³/a）	NH₃-N（t/a）	COD（t/a）	TP（t/a）
沱江干流流域	农业面源	43336.00	173.34	9534.00	43.34
	山林面源	5963.00	8.95	895.00	1.19
釜溪河流域	城市面源	2240.54	31.79	1137.94	3.38
	农业面源	23206.56	92.82	5105.49	23.21
	山林面源	3193.20	4.79	479.28	0.64
濑溪河流域	城市面源	891.58	12.65	452.82	1.34
	农业面源	9234.62	36.94	2031.63	9.24
	山林面源	1270.68	1.91	190.72	0.25
合计		93520.18	422.56	21951.88	88.90

4.4.3 内源污染

采用表面积法对河道底泥的污染负荷释放量进行计算，底泥释放强度根据内江相关文献及河道实际情况确定。

$$W_{底泥} = S \times q \times 365 \times 10^{-6} \tag{4.4-8}$$

式中　$W_{底泥}$——底泥释放污染负荷量（t/a）；
　　　S——底泥覆盖面积（m²）；
　　　q——底泥释放强度 [g/(m²·d)]。

测算结果如表 4.4-8 所示，沱江干流流域 NH₃-N 内源污染负荷为 27.11t/a，釜溪河流域 NH₃-N 内源污染负荷为 0.60t/a，濑溪河流域 NH₃-N 内源污染负荷为 1.33t/a。

沱江流域内源污染负荷情况表　　　　表 4.4-8

流域	NH₃-N（t/a）	COD（t/a）	TP（t/a）
沱江干流流域	27.11	50.83	10.17
釜溪河流域	0.60	1.12	0.22
濑溪河流域	1.33	2.49	0.50
合计	29.04	54.44	10.89

4.4.4 污染负荷综合分析

综合点源、面源、内源各类污染物测算结果（表 4.4-9），内江沱江流域 NH₃-N 总污染负荷为 3461.90t/a，其中沱江干流流域占比最高，为 58.32%。各类型污染负荷中污水直排占比较高，沱江干流流域、釜溪河流域、濑溪河流域污水直排分别占比 47%、53% 和 39%，这是由于污水处理设施覆盖不足造成的（图 4.4-3～图 4.4-5）。同时，农业面源污染和养殖污染也不容小觑。

沱江流域污染负荷综合分析表（以NH₃-N计，t/a） 表 4.4-9

污染物类型		沱江干流流域	釜溪河流域	濑溪河流域	合计
点源污染	污水直排	948.41	561.38	149.30	1659.09
	污水设施排放	240.54	70.66	58.40	369.60
面源污染	城市面源	59.37	31.79	12.65	103.81
	农业面源	173.34	92.82	36.94	303.10
	山林面源	8.95	4.79	1.91	15.65
	畜禽养殖	193.96	103.87	41.33	339.16
	水产养殖	367.41	196.75	78.29	642.45
内源污染	底泥释放	27.11	0.60	1.33	29.04
合计		2019.09	1062.66	380.15	3461.90

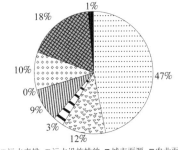

图 4.4-3　沱江干流流域污染物负荷占比图

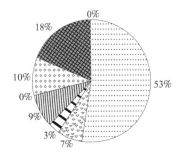

图 4.4-4　釜溪河流域污染物负荷占比图

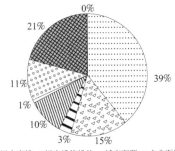

图 4.4-5　濑溪河流域污染物负荷占比图

第 5 章

流域水环境
定量模拟技术

在城市环境中，由于人类的生产生活规模逐渐扩大，城市水污染来源日益多样化，污染性质也更为复杂。目前，流域水环境综合治理项目中，由于河道水量水质相互影响，关系复杂，各种污染源的时空特征差异明显，各种工程措施对污染源削减的效果也不尽相同，简单地对工程方案进行污染源解析，以污染负荷与环境总量评估工程效果，难以保证河网水质达标，也难以回答工程措施对河道水质的时空改善效果。由此引入水环境模型（河道、管网等），其能有效模拟评估工程措施对水质提升的改善效果与保障情况，辅助决策最优方案。在城市的不同地区、不同季节等，河道水质与水文问题往往表现出较大差异性，考虑内江市域幅员辽阔，不同项目类型、不同流域尺度均涉及差异性模拟诉求，以下分享内江项目中大尺度流域、小尺度流域两类典型流域水环境模型实际应用案例，供相关工程水环境模型应用工作参考。

大尺度流域水环境模型应用以沱江干流流域（内江段）为主，构建相关流域一维河道水文水动力水质模型，模拟分析沱江干流流域实际 PPP 工程效果评估以及相关后续水环境持续改善建议；小尺度流域水环境模型应用以玉带溪（北支）为主，构建相关流域一维河网耦合水文水动力水质模型，模拟分析玉带溪北支上游暗涵实际溢流污染情况，通过构建工程前、一期（末端截污）、二期（溯源截污＋部分雨污分流）三种工况对比量化实际工程实施效果。

5.1 大尺度流域模型应用案例——沱江干流流域（内江段）

5.1.1 模拟背景

内江市位于四川盆地东南部，现辖两区两县一市，即市中区、东兴区、资中县、隆昌市、威远县。内江市涉及四大流域，釜溪河流域、濑溪河流域、沱江干流流域以及越溪河流域，其中沱江干流流域（内江段）面积约 2938km²，占内江市域面积的 55%。沱江干流内江段（以下简称干流）属于长江二级支流，属于沱江中游河段，其自北向南蜿蜒穿过市域腹地，上至资中县球溪河入沱江河口，下至内江市市中区龙门镇龚家渡，出境入自贡市富顺县。干流河长 146.7km，多年平均流量 375m³/s，河面高程 274.5～410m，平均比降 0.45‰，滩沱相间，河道弯曲系数在 2.0 以上，其中石盘滩至龙门镇为 7.9。

根据《全国重要江河湖泊水功能区划（2011—2030 年）》（国函〔2011〕167 号）等相关文件要求，沱江干流（内江段）执行《地表水环境质量标准》GB 3838—2002 中Ⅲ类水质标准；另外，根据《内江市沱江干流水体达标方案（2016 年）》沱江干流内江段水质总体目标：到 2020 年，沱江干流水环境质量稳定达标并持续提升，总磷基本得到控制，国家考核断面老母滩水质稳定达到Ⅳ类（12 个月全部达到Ⅳ类），除总磷外其他水质指标稳定达到Ⅲ类，城市建成区消除黑臭水体。

内江沱江流域水环境治理 PPP 项目包含水环境综合治理、黑臭水体治理、污水处理厂建设、乡镇污水处理、村户污水处理 5 大类 139 个项目，总投资 62.8 亿元，涉及"两区两县一市"，107 个乡镇，1609 个行政村。考虑到该 PPP 项目投资体量庞大、工程种类繁多、子项实施空间高度离散，其对于沱江干流水环境的提升效果很难直接评估，需要辅以水环境模型量化了解内江 PPP 项目的实施对于干流水质的实质性改善效果，以及后续提升干流水环境质量、持续削减主要水污染物排放量的具体措施建议。

5.1.2 模拟方案

本案例将以内江市范围内沱江干流流域作为主要研究对象（图 5.1-1），研究区域主要包括资中县、市中区、东兴区 3 个区县，涉及 11 个街道、59 个镇和 7 个乡，基本上将沱江干流内江段及主要支流汇水区域全部包含进来。该范围内以农田、林地为主，城区集中在沱江干流下游市中区。考虑沱江干流流域面积较大，多种类型入河污染在空间与时间维度上存在明显差异性，本案例将利用 MIK11 系列软件构建一维沱江干流河道水质、水动力模型模拟沱江干流沿程水质变化情况，并匹配构建一维流域水文模型，细致刻画该流域的降雨径流过程与入河污染负荷的时空动态变化情况。

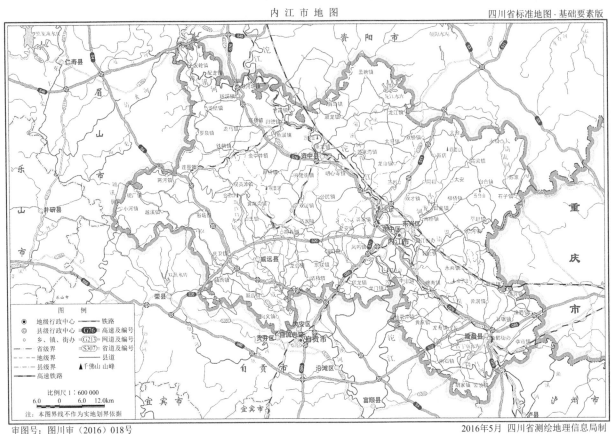

图 5.1-1　内江市沱江干流流域区域分布示意图

5.1.3　建模数据

5.1.3.1　建模资料

建模资料包括基础资料与监测资料两类，如下为本案例建模需要的相关数据。

研究区域内的流域范围、规划、水文、地形、土地利用情况、常住人口数量、人均用水量、供水水量等；研究区域内河道主要排口分布及水质、水量情况，河道平面分布图、河道工程前后断面地形；研究区域范围内污水处理厂、再生水厂等处理设施的位置、收水范围、规模、处理工艺、进出水水质、执行排放标准、日运行记录、晴雨天的处理能力；研究区域范围内工业企业清单、位置、企业类型、规模、污水去向、污水排放量、水处理设施情况、排污许可；研究区域范围内农田面积、作物类型、化肥类型，畜禽养殖业单位清单、养殖畜禽类型、规模、污水排放量，水产养殖业单位清单、水产类型、规模、污水排放量、水质、换水周期。考虑内江当地存在一定数量的家庭鱼塘养殖，特现场调研鱼塘换水方式与周期，并抽样监测沱江干流其主要支流上的典型鱼塘水质情况，鱼塘采样点分布如图 5.1-2 所示，水质数据如表 5.1-1～表 5.1-4 所示；研究区域范围内降雨量、蒸发量、降雨径流量、不同土地利用情况的径流系数等及雨量站汇水范围等；研究区域范围内排水管网现状及土地利用类型 CAD 图；研究区域范围内典型下垫面的场次降雨径流平均浓度相关研究文献数据；研究区域及周边河道底泥静态释放速率相关研究文献数据。

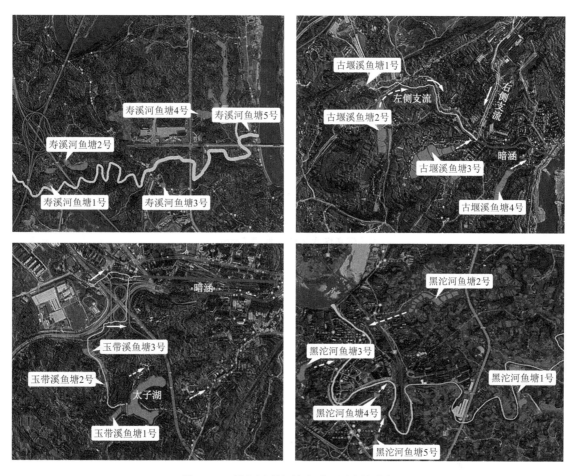

图 5.1-2 黑臭河道鱼塘水质监测点位分布

寿溪河鱼塘水质监测数据（mg/L）　　　　　　　　　　　　　表 5.1-1

检测点位置	检测日期	样品编号	悬浮物	化学需氧量	氨氮	总磷	总氮	备注（换水方式）
寿溪河鱼塘 1 号	2019.8.31	B0111	13	118	0.939	2.79	10.6	降雨塘满过堰溢流
寿溪河鱼塘 2 号	2019.8.31	B0211	7	24	0.169	0.202	0.84	降雨塘满过堰溢流
寿溪河鱼塘 3 号	2019.8.31	B0311	5	18	0.105	0.152	0.57	降雨塘满过堰溢流
寿溪河鱼塘 4 号	2019.8.31	B0411	12	132	0.247	1.62	7.01	降雨塘满过堰溢流
寿溪河鱼塘 5 号	2019.8.31	B0511	6	58	0.383	0.411	3.39	降雨塘满过堰溢流
参考《地表水环境质量标准》GB 3838—2002 Ⅲ 类水			—	20	1.0	0.2	1.0	

玉带溪鱼塘水质监测数据（mg/L）　　　　　　　　　　　　　表 5.1-2

检测点位置	检测日期	样品编号	悬浮物	化学需氧量	氨氮	总磷	总氮	备注（换水方式）
玉带溪鱼塘 1 号	2019.8.31	B0611	4	29	0.512	0.340	1.91	上游来水持续换水
玉带溪鱼塘 2 号	2019.8.31	B0711	7	36	0.126	0.370	1.36	降雨塘满过堰溢流
玉带溪鱼塘 3 号	2019.8.31	B0811	4	39	0.159	0.714	1.18	降雨塘满过堰溢流
参考《地表水环境质量标准》GB 3838—2002 Ⅲ 类水			—	20	1.0	0.2	1.0	

古堰溪鱼塘水质监测数据（mg/L）　　　　　　　　　表 5.1-3

检测点位置	检测日期	样品编号	悬浮物	化学需氧量	氨氮	总磷	总氮	备注（换水方式）
古堰溪鱼塘 1 号	2019.8.31	B0911	46	67	0.276	2.37	1.31	上游来水持续换水
古堰溪鱼塘 2 号	2019.8.31	B1011	13	30	0.112	0.132	1.50	降雨塘满过堰溢流
古堰溪鱼塘 3 号	2019.8.31	B1111	10	70	1.25	0.963	3.63	降雨塘满过堰溢流
古堰溪鱼塘 4 号	2019.8.31	B1211	12	44	0.133	0.511	2.52	降雨塘满过堰溢流
参考《地表水环境质量标准》GB 3838—2002 Ⅲ类水			—	20	1.0	0.2	1.0	

黑沱河鱼塘水质监测数据（mg/L）　　　　　　　　　表 5.1-4

检测点位置	检测日期	样品编号	悬浮物	化学需氧量	氨氮	总磷	总氮	备注（换水方式）
黑沱河鱼塘 1 号	2019.8.31	B1311	42	168	0.583	1.86	7.15	降雨塘满过堰溢流
黑沱河鱼塘 2 号	2019.8.31	B1411	8	36	0.357	0.436	1.60	降雨塘满过堰溢流
黑沱河鱼塘 3 号	2019.8.31	B1511	11	63	0.440	0.575	3.39	降雨塘满过堰溢流
黑沱河鱼塘 4 号	2019.8.31	B1611	14	37	0.107	0.229	1.88	降雨塘满过堰溢流
黑沱河鱼塘 5 号	2019.8.31	B1711	48	108	0.302	1.65	8.38	降雨塘满过堰溢流
参考《地表水环境质量标准》GB 3838—2002 Ⅲ类水			—	20	1.0	0.2	1.0	上游来水持续换水

5.1.3.2　水质评价

目前，内江市环境监测站对沱江干流进行了较全面的监测，在沱江干流上共布设 4 个断面，其中国控断面 2 个，省控断面 2 个，具体如表 5.1-5 所示。

沱江干流内江段监测断面　　　　　　　　　　　表 5.1-5

河流名称	序号	断面名称	控制断面级别	断面类型	里程（km）
沱江干流（内江段）	1	顺河场	国控	入境断面（资阳—内江）	0
	2	银山镇	省控	县界（资中—内江城区）	80
	3	高寺渡口	省控	控制断面	110
	4	老母滩	国控	出境断面（内江—自贡）	146.7

基于内江市环境保护局提供的 2018 年沱江断面水质月均监测数据（图 5.1-3），统计分析 4 个断面水质 COD_{cr}、NH_3-N、TP 三项指标年度变化趋势。

1. COD_{cr} 指标

除高寺渡口外，其他断面 COD_{cr} 浓度基本都维持在 Ⅲ 类水平以下；高寺渡口在雨季（4~7 月）COD_{cr} 指标有明显超标波动；沱江干流沿程水质变化呈现先降低再升高后降低的趋势，从入境断面顺河场到银山镇断面为水质逐渐降低区域。银山镇断面至高寺渡口断面为水质逐渐变差区域，该区段河道处于内江城区段，有 6 条黑臭河道（蟠龙冲、谢家河、寿溪河、玉带溪、太子湖、小青龙河）汇入，且有多个城市污水处理厂尾水排入该河段，属于城区污染严重区段。

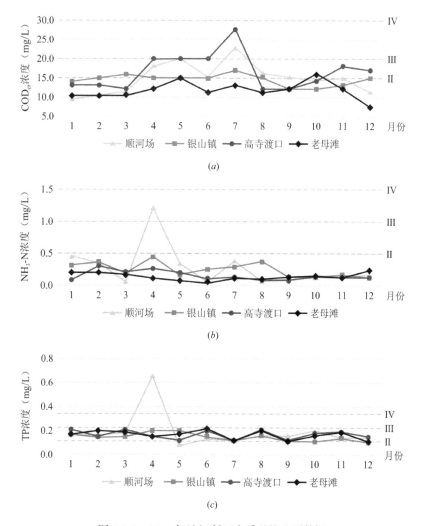

图 5.1-3　2018 年沱江断面水质月均监测数据

(a)2018 年沱江干流监测断面 COD$_{cr}$月均浓度；(b)2018 年沱江干流监测断面 NH$_3$-N 月均浓度；(c)2018 年沱江干流监测断面 TP 月均浓度

2. NH$_3$-N 指标

除入境断面顺河场 4 月份 NH$_3$-N 浓度存在明显超标以外（超Ⅲ类标准 0.2 倍，考虑为异常数据），其他断面 NH$_3$-N 月均浓度稳定维持在Ⅱ类水平。

3. TP 指标

除入境断面顺河场 4 月份 TP 浓度存在明显超标以外（超Ⅳ类标准 1.2 倍，考虑为异常数据），其他断面中约有 20％TP 月均浓度数据在Ⅲ类标准波动（统计 TP 浓度≥0.19mg/L），TP 指标处于不稳定达标状态；高寺渡口断面中约有 40％TP 月均浓度数据在 0.19～0.2mg/L，约 25％为 0.2mg/L，处于Ⅲ类标准上限，该断面 TP 指标浓度变化应重点关注。

综上，工程前（2018 年）沱江干流（内江段）水质不能稳定达到Ⅲ类标准，高寺渡口断面的 COD$_{cr}$与 TP 指标改善情况应为模拟重点关注对象。

5.1.3.3　污染解析

水环境污染源主要包括污水处理厂尾水排放污染、工业废水直排污染、城乡生活污水直排污染、管网跑冒滴漏污染、种植业污染、畜禽养殖业污染、水产养殖业污染、城市地表径流污染、底泥释放污染等类型。水环境污染源解析需要系统识别并定量评估各类污染源的产污、排污时空分布特征，为水质提升方案设计提供精准科学依据。

基于内江项目实际水环境污染现状，本次研究拟考虑沱江干流河道主要污染来源为城镇生活污水污染、工业企业废水污染、农村生活污水污染、城市地表径流污染、农田径流污染、畜禽养殖污染、水产养殖污染以及河道底泥释放污染八类。如下为各类主要污染源负荷计算说明。

1.点源污染负荷

（1）城镇生活污水

在内江项目的城镇生活污水计算中，我们采用排污系数法（参考《排放源统计调查产排污核算方法和系数手册》）：

$$城镇污染物产生量 = 城镇常住人口 \times 人均用水量系数 \times 折污系数 \times 365 \times$$
$$产污浓度系数 - 污水处理厂削减量 \tag{5.1-1}$$

根据 2017 年内江市水资源公报，内江市人均生活用水量为 124L/d；城镇生活污染测算采用《第一/二次全国污染源普查公告——生活源系数手册》数据，城镇采用第一次复核（四区 5 类），其中城镇污染中 NH_3-N 排放系数明显较高，根据第二次普查数据反向调整，由 7.4 降至 4.0；现状各污水处理厂污染物削减总量测算中，各污水处理厂污染浓度变化均参照城区生活污水处理厂 2018 年实际运行数据，因理论进水水质数据未知；城西工业污水处理厂暂无设计资料，考虑工业进水量为 30%，即工业废水污染量占比 30%；区域污染物排放量不得低于本地区污水处理厂生活部分排放量，如低于该值，直接取该值作为本地区排放量，据此对污染物排放总量进行修正。

（2）工业污水

工业污水排放量一般情况下以统计年鉴数据，环保部门统计数据，或企业排污申报数据为准。本项目在此部分通过查阅 2018 年和 2020 年统计年鉴中能源与环境篇中内江市各区县市 COD 和 NH_3-N 的排放量，再以本项目沱江干流各区县市计算面积占比折算获得。

2.面源污染负荷

1）城市地表径流

内江项目城市地表径流污染负荷采用"径流平均浓度（EMC，event mean concentration）"这一方法进行计算。EMC 的定义为：任意一场降雨引起的地表径流中排放的某污染物质的质量除以总的径流体积。根据研究区域雨水管道连接关系，划分每一条河道的雨水收纳区域；同时，根据区域用地类型图，可以统计每一条河汇水区范围内不同用地类型的面积（李家科，等，2010）。

计算方法：

$$W_{降雨} = \sum_{k=1}^{m} \sum_{i=1}^{n} (EMC_{ik} \times Q \times S_{ik} \times 10^{-9} \times \alpha_{ik}) \tag{5.1-2}$$

式中　　$W_{降雨}$——城乡降雨径流污染负荷量（t/a）；

　　EMC_{ik}——汇水区 k 范围内下垫面类型 i 的场次降雨径流平均浓度（mg/L）；

　　　　Q——年降雨量（mm）；

　　　S_{ik}——汇水区 k 范围内下垫面类型 i 的面积（m^2）；

　　　α_{ik}——汇水区 k 范围内下垫面类型 i 的降雨径流系数；

　　　　k——研究区范围内汇水区个数；

　　　　i——典型下垫面类型个数。

本次沱江干流污染源解析计算中，土地类型分类参考《城市用地分类与规划建设用地标准》GB 50137，具体面积大小参考《2018 年内江统计年鉴》《2020 年内江统计年鉴》（绿化面积参考表 2-2 第七部分建成区绿地面积；道路面积参考表 2-2 第六部分道路面积；建筑面积参考表 2-2 第二部分城市建设现状用地面积减去绿化面积及道路面积），并按照沱江流域面积进行折算；不同类型用地径流系数参考《内江市城市排水（雨水）防涝综合规划》，不同类型用地 *EMC* 参考《城市面源污染特征及排放负荷研究》（建筑、道路）及《重庆园博园龙景湖水质保持及其上游流域水污染治理方案》（绿地）；多年平均降雨量参考《内江市中心城区水系统综合规划（2016年）》，取 1027.7mm/a。

2）农田径流

本次沱江干流污染源解析农田径流污染采用排污系数法计算，计算公式如式(5.1-3)所示：

$$W_{种植} = S_{种植} \times P_{种植} \times \gamma_1 \tag{5.1-3}$$

式中　$W_{种植}$——种植业面源污染负荷量（t/a）；

　　　$S_{种植}$——种植业下垫面面积（亩）；

　　　$P_{种植}$——种植业排污系数 [kg/(亩·a)]；

　　　γ_1——修正系数。

式(5.1-3)参考标准种植业径流污染计算方法，标准种植业指的是平原、种植作物为小麦、土壤类型为壤土，化肥施用量为 25～35kg/(亩·a)，降水量在 400～800mm 范围内的种植。标准种植业排污系数 COD 为 10kg/(亩·a)，NH$_3$-N 为 2kg/(亩·a)。对于其他种植业，对应的排污系数要进行修正。

（1）坡度修正

土地坡度在 25° 以下，修正系数为 1.0～1.2；25° 以上，修正系数为 1.2～1.5。

（2）农作物类型修正

以玉米、高粱、小麦、大麦、水稻、大豆、棉花、油料、糖料、经济林等主要作物作为研究对象，确定不同作物的污染物流失修正系数。此修正系数需通过科研实验或者经验数据进行验证。

（3）土壤类型修正

将种植业土壤按质地进行分类，即根据土壤成分中的黏土和砂土比例进行分类，分为砂土、壤土和黏土。以壤土为 1.0，则砂土修正系数为 1.0～0.8，黏土修正系数为 0.8～0.6。

（4）化肥施用量修正

化肥亩施用量在 25kg 以下，修正系数取 0.8～1.0；在 25～35kg 之间，修正系数取 1.0～1.2；在 35kg 以上，修正系数取 1.2～1.5。

（5）降水量修正

年降雨量在 400mm 以下的地区取修正系数为 0.6～1.0；年降雨量在 400～800mm 之间的地区取修正系数为 1.0～1.2；年降雨量在 800mm 以上的地区取修正系数为 1.2～1.5。

公式中使用到的各参数选择如表 5.1-6 所示，标准农田污染物源强系数（排污系数）：COD = 2kg/(亩·a)，NH$_3$-N = 2kg/(亩·a)（选自《源强系数及应用》）；内江西侧山地丘陵地区坡度较大，最大坡度 90°，东侧坡度多小于 15°，地面坡度多在 5° 以下，故坡度修正系数考虑 1.1；内江土壤有紫色土、黄壤土、冲积土、水稻土四类，泥质中以泥土、粗砂土和红砂土、豆面泥土、黄泥土为主，这些土壤保水性良好，抗旱能力强，有利于农作物生长，故土壤修正系数考虑 1。

内江项目农业径流污染各参数选择　　　　　　　　　　　　　　表 5.1-6

类型	参数选择	单位
种植业排污系数——COD	2	kg/(亩·a)
种植业排污系数——NH$_3$-N	2	kg/(亩·a)
种植业污染入河系数	0.1	—

类型	参数选择	单位
总修正系数	1.848	—
坡度修正系数	1.1	—
农作物修正系数	1.2	—
土壤修正系数	1	—
化肥施用量修正系数	1	—
降水量修正系数	1.4	—
农田径流系数	0.15	—
多年平均降雨量	1027.7	mm/a
农田EMC（反推估算）——COD	2.70	mg/L
农田EMC（反推估算）——NH$_3$-N	0.54	mg/L

3）畜禽养殖

在内江沱江干流污染源解析项目中，畜禽养殖污染采用产污系数法进行计算，计算方法如式(5.1-4)所示：

$$W_{\text{畜禽}} = \frac{\sum\limits_{i=1}^{n}(\delta_i \cdot t_i \cdot N_i)}{10^6}$$ (5.1-4)

式中 $W_{\text{畜禽}}$——畜禽养殖面源污染负荷量（t/a）；

n——养殖种类；

δ_i——各类养殖个体日产污量 [g/(d·头)]；

t_i——各类养殖个体的饲养周期（d），其中猪的饲养周期按180d计算，牛的饲养周期按365d计算，家禽饲养周期按90d计算；

N_i——养殖个体总数，依据不同个体的饲养周期，猪、家禽、兔以年末出栏数计，牛和羊以年末存栏数计，个体总数参考《2018年内江统计年鉴》《2020年内江统计年鉴》存栏及出栏情况，并按照内江市畜禽规模养殖场区域分布比例折算，按《畜禽养殖业污染物排放标准》GB 18596，3只羊折算成1头猪，30只兔子折算成1头猪。

各类养殖个体产污量参考《第一次全国污染源普查畜禽养殖业源产排污系数手册》，每种畜禽只选取某一成长阶段；产污系数选取通过参考以往研究结果及《内江市第二次全国污染源普查实施方案》结果综合获得，各参数取值结果如表5.1-7所示（李飞，董锁成，2011；杨飞，杨世琦，诸云强，等，2013；张绪美，董元华，王辉，等，2007）。

内江项目畜禽养殖污染各参数选择　　　　　　　表 5.1-7

计数分类方法		集中养殖产污系数 [g/(d·头)]		
动物种类	饲养阶段	COD	NH$_3$-N	TP
猪	育肥	403.67	6.58	4.84

计数分类方法		集中养殖产污系数 [g/(d·头)]		
动物种类	饲养阶段	COD	NH₃-N	TP
牛	育肥肉牛	2235.21	34.70	10.17
家禽	商品肉鸡	13.05	0.24	0.06

4）水产养殖

本次内江沱江干流流域水产养殖污染解析采用化学分析法计算，计算方法如式(5.1-5)所示：

$$W_{水产} = \frac{Q(Cout - Cint)}{10^6}$$ (5.1-5)

式中 $W_{水产}$——水产养殖面源污染负荷量（t/a）；

  Q——年度鱼塘换水总量（m³/a）；

  Cout、Cint——出水和进水的污染物浓度（mg/L）。

本方法适用于比较封闭的池塘等水域，优点是此法为估算污染负荷的基础方法，可计算多种污染物，准确性较高；缺点为一般只采集水样，没有考虑底泥（张玉珍，2003）。

本次计算中只考虑池塘养殖换水（占比高），水库（默认周期性无换水）、稻田养鱼不考虑。池塘换水次数 2 次/d（水深/年降雨总量 = 0.5 次），池塘水深 2m。水质浓度差采用实测值，在流域取多个点进行监测，取其平均值（表 5.1-8）。

各监测点水质浓度差平均值 表 5.1-8

COD（mg/L）	TP（mg/L）	TN（mg/L）	NH₃-N（mg/L）
7.625	0.343	0.302	−0.349

5）农村生活污水

内江沱江干流污染源解析中农村生活污染计算方法如下：

$$W_{农村生活} = P \cdot Q \cdot \delta \cdot \lambda \cdot 365$$ (5.1-6)

式中 P——农村常住人口总数（人）；

  Q——人均用水量 [L/(人·d)]；

  δ——排污系数（mg/L）；

  λ——折污系数。

农村生活污染测算可采用《第一/二次全国污染源普查公告——生活源系数手册》，各排污系数如表 5.1-9 所示；人口数采用《2018 内江统计年鉴》和《2020 内江统计年鉴》中的统计值，考虑乡村中对于乡镇与农村人口在统计年鉴中未详细划分，本次测算中全部考虑为乡镇人口；人均日用水量取 100L；折污系数取 0.6。

各污染物排污系数 表 5.1-9

项目	市中区	东兴区	资中县	隆昌市	全市
COD 排放系数 [g/(人·d)]	26	26	26	26	26
NH₃-N 排放系数 [g/(人·d)]	2.9	2.9	2.9	2.9	2.9
TP 排放系数 [g/(人·d)]	0.4	0.4	0.4	0.4	0.4

3. 内源污染负荷

内江沱江干流流域污染解析内源污染计算采用表面积法，该方法基于底泥污染负荷释放量主要与底泥污染物的释放速率及湖底沉积物表面积有关进行计算，计算方法如下：

$$W_{底泥} = S \times R \times t \times 365 \times 10^{-9} \tag{5.1-7}$$

式中　$W_{底泥}$——按表面积法计算得到的释放量（kg/a）；

　　　S——河道底泥表面积（m²）；

　　　R——底泥释放速率［mg/(m²·d)］，取值如表 5.1-10 所示，根据清淤情况由试验得到释放速率；

　　　t——释放时间。

底泥静态释放速率　　　　　　　　　　表 5.1-10

污染物	释放速率［mg/(m²·d)］
COD	20
NH₃-N	3
TP	0.89

4. 入河系数选取

根据建模经验及相关区域文献，本研究各类污染源选取入河系数如表 5.1-11 所示。

入河系数　　　　　　　　　　表 5.1-11

类型	入河系数
城镇生活污水	1
工业企业废水	1
农村生活污水	0.4
城市地表径流	1
农田径流	0.6
畜禽养殖	0.2
水产养殖	0.8
底泥释放	1

5.1.3.4　负荷分析

1. 工程前计算结果（表 5.1-12、表 5.1-13）

PPP 项目工程前 COD$_{cr}$、NH₃-N 和 TP 的排放量分别为 42874、1360、386t/a，入河量分别为 31317、1018、256t/a。根据区域内各类污染源全年的入河污染负荷计算结果可知（图 5.1-4），区域内主要入河污染源为生活源，包括城镇生活污水及农村生活污水、城市地表径流污染，生活源 COD$_{cr}$ 污染贡献率占比 50%，NH₃-N 占比 63%，TP 占比 53%；农业源次之，包括农田径流污染、畜禽养殖污染以及水产养殖污染，工业源及内源污染（河道底泥释放污染）占比最低，均不足10%。在各类生活源中，城市生活污水（含污水处理厂尾水污染）污染最高，其COD污染贡献率占全部污染负荷的22%，NH₃-N占38%，TP占27%，其次为农村生活污水污染。

工程前区域内各类污染源排放总量计算结果（t/a） 表 5.1-12

类型		市中区			东兴区			资中县			隆昌市			总计		
		COD	NH₃-N	TP	COD	NH₃-N	TP	COD	NH₃-N	TP	COD	NH₃-N	TP	COD	NH₃-N	TP
点源	城镇生活污水	2135	214	21	3855	256	54	913	201	20	515	39	7	7418	709	103
	工业企业废水	15	1	—	262	17	—	921	49	—	49	3	—	1247	70	—
面源	农村生活污水	1041	112	16	3366	363	52	5111	550	79	515	55	8	10033	1080	154
	城市地表径流	3540	78	6	27	1	0	1102	24	2	211	4	0	4881	107	8
	农田径流	1013	28	7	3680	101	24	4815	118	33	432	12	3	9940	258	67
	畜禽养殖	1359	16	19	3447	41	46	4345	52	57	387	5	4	9537	114	126
	水产养殖	168	2	8	451	6	20	449	6	20	55	1	2	1123	15	51
内源	底泥释放	74	11	3	135	20	6	200	30	9	6	1	0	415	62	18
	总计	9345	462	79	15222	804	202	17855	1030	220	2171	119	26	44594	2414	528

工程前区域内各类污染源入河总量计算结果（t/a） 表 5.1-13

类型		市中区			东兴区			资中县			隆昌市			总计		
		COD	NH₃-N	TP	COD	NH₃-N	TP	COD	NH₃-N	TP	COD	NH₃-N	TP	COD	NH₃-N	TP
点源	城镇生活污水	2135	214	21	3855	256	54	913	201	20	515	39	7	7418	709	103
	工业企业废水	15	1	—	262	17	—	921	49	—	49	3	—	1247	70	—
面源	农村生活污水	208	22	3	673	73	10	1022	110	16	103	11	2	2007	216	31
	城市地表径流	2832	62	5	22	0	0	882	20	1	169	3	0	3905	85	6
	农田径流	203	6	1	736	20	5	963	24	7	86	2	1	1988	52	13
	畜禽养殖	543	6	7	1379	16	18	1738	21	23	155	2	2	3815	45	50
	水产养殖	134	2	6	361	5	16	360	5	16	44	1	2	898	12	40
内源	底泥释放	74	11	3	135	20	6	200	30	9	6	1	0	415	62	18
	总计	6145	324	47	7422	407	110	6998	458	92	1128	62	14	21692	1251	263

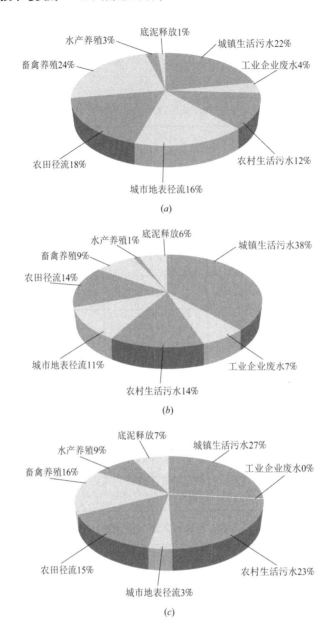

图 5.1-4　工程前区域内各类污染源污染入河总量计算结果比例图

(a)PPP 项目工程前 COD_{cr} 污染入河总量；(b)PPP 项目工程前 NH_3-N 污染入河总量；(c)PPP 项目工程前 TP 污染入河总量

2. 工程后计算结果

根据研究区域工程统计信息，本次内江 PPP 项目工程措施包括生态修复、景观工程、重建生态湿地、黑臭河道底泥清淤、截污干管铺设及再生水厂、城镇污水处理设施及农村分散污水处理设施建设工程。

结合具体工程措施及相关分布，计算 PPP 项目工程后全年的污染排放总量和入河总量，如表 5.1-14、表 5.1-15 所示，并基于数据作比例图，如图 5.1-5 所示。PPP 项目工程后 COD_{cr}、NH_3-N 和 TP 的排放量分别为 34617、902、285t/a，入河量分别为 22406、655、175t/a。根据区域内各类污染源全年的入河污染负荷计算结果可知，生活源与农业源污染贡献比例相接近，工业源及内源污染（河道底泥释放污染）占比最低，均不足 15%。在各类农业源中，农田径流污染占比最高，其 COD_{cr}、NH_3-N 及 TP 污染负荷在污染入河总量中均贡献近 23%；在各类生活源中，城市地表径流污染贡献率在 COD_{cr} 污染入河总量中占比较高，约 21%；农村生活污水污染贡献率在 TP 污染入河总量中占比较高，约 27%；城镇生活污水污染贡献率在 NH_3-N 污染入河总量中占比较高，约 23%。

工程后区域内各类污染源排放总量计算结果（t/a）　　　表 5.1-14

类型		市中区			东兴区			资中县			隆昌市			总计		
		COD	NH₃-N	TP	COD	NH₃-N	TP	COD	NH₃-N	TP	COD	NH₃-N	TP	COD	NH₃-N	TP
点源	城镇生活污水	1202	65	13	938	37	12	460	23	5	513	39	7	3114	164	36
	工业企业废水	79	0	—	97	0	—	1092	84	—	32	0	—	1300	84	—
面源	农村生活污水	852	92	13	2544	273	38	4275	459	65	384	41	6	8055	864	122
	城市地表径流	1446	30	2	2898	61	5	858	17	1	218	4	0	5420	113	9
	农田径流	1008	28	7	3670	101	24	4810	118	33	430	12	3	9919	257	67
	畜禽养殖	929	11	12	2830	34	33	3196	38	41	339	4	4	7294	87	91
	水产养殖	157	2	7	419	6	19	350	5	16	60	1	3	985	13	44
内源	底泥释放	7	1	0	13	2	1	20	3	1	1	0	0	42	6	2
总计		5681	229	54	13410	513	132	15062	747	162	1977	101	23	36129	1589	371

工程后区域内各类污染源入河总量计算结果（t/a）　　　表 5.1-15

类型		市中区			东兴区			资中县			隆昌市			总计		
		COD	NH₃-N	TP	COD	NH₃-N	TP	COD	NH₃-N	TP	COD	NH₃-N	TP	COD	NH₃-N	TP
点源	城镇生活污水	1202	65	13	938	37	12	460	23	5	513	39	7	3114	164	36
	工业企业废水	79	0	—	97	0	—	1092	84	—	32	0	—	1300	84	—
面源	农村生活污水	170	18	3	509	55	8	855	92	13	77	8	1	1611	173	24
	城市地表径流	1157	24	2	2318	49	4	686	14	1	175	3	0	4336	90	7
	农田径流	202	6	1	734	20	5	962	24	7	86	2	1	1984	51	13
	畜禽养殖	371	4	5	1132	14	13	1278	15	16	135	2	2	2918	35	36
	水产养殖	125	2	6	335	4	15	280	4	13	48	1	2	788	10	35
内源	底泥释放	7	1	0	13	2	1	20	3	1	1	0	0	42	6	2
总计		3315	121	29	6077	181	57	5634	258	55	1067	55	13	16092	614	155

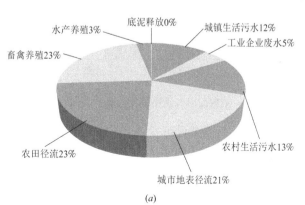

（a）

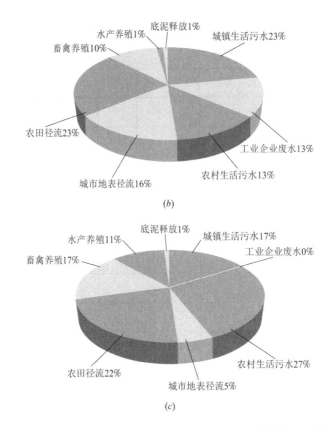

(b)

(c)

图 5.1-5　工程后区域内各类污染源污染入河总量计算结果比例图

(a)PPP 项目工程后 COD$_{cr}$ 污染入河总量；(b)PPP 项目工程后 NH$_3$-N 污染入河总量；(c)PPP 项目工程后 TP 污染入河总量

3. 解析结果简析

PPP 项目工程前后各污染物排放总量与入河总量对比如图 5.1-6 所示，在排放总量方面 COD$_{cr}$、NH$_3$-N 和 TP 分别在工程后下降 19%、34%、26%，在入河总量方面 COD$_{cr}$、NH$_3$-N 和 TP 分别在工程后下降了 22%、36%、32%。

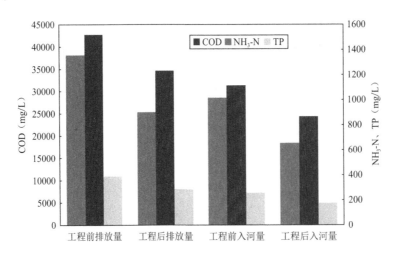

图 5.1-6　工程前后各污染物排放量和入河量对比图

另外，分项拆解各类污染源工程前后削减量可发现（表 5.1-16），通过内江 PPP 项目的工程措施，城镇生活污水污染削减约 60%，农村生活污水污染削减 15%～41%，河道底泥释放污染削减约 90%。根据 2017 与 2019 年的内江统计年鉴数据，计算可知近两年畜禽养殖污染通过当地政策调控削减率达 24%～29%，水产养殖污染削减率约 13%。工业企业废水污染与城市地表径流污染随着城镇化发展，输出略有增加。

在各污染物贡献解析结果中，工程前后各类型污染源对 COD$_{cr}$、NH$_3$-N 和 TP 的贡献占比排序发生明显变化。在 COD$_{cr}$ 污染负荷中，城镇生活污水源贡献比例由 22% 下降至 12%，城市地表径流源与农田径流污染源均增加 5%，工程措施后占比超 20%；在 NH$_3$-N 污染中，城镇生活污水源贡献比例由 38% 下降至 23%，城市地表径流源与农田径流源贡献率出现小幅上升，分别上升了 5% 和 9%；在 TP 污染中，城镇生活污水源贡献率由 27% 下降至 17%，而农村生活污水源和农田径流源分别上升 4%～7%。

工程后区域内各类污染物削减量计算结果（t/a）　　　　　　　　表 5.1-16

污染削减量比较	污染排放总量			污染入河总量		
	COD$_{cr}$	NH$_3$-N	TP	COD$_{cr}$	NH$_3$-N	TP
城镇生活污水	60%	62%	58%	60%	62%	58%
工业企业废水	−6%	−26%	—	−6%	−26%	—
农村生活污水	15%	41%	18%	15%	41%	18%
城市地表径流	0%	5%	−4%	0%	5%	−4%
农田径流	0	0	0	0	0	0
畜禽养殖	24%	24%	29%	24%	24%	29%
水产养殖	13%	13%	13%	13%	13%	13%
底泥释放	90%	90%	90%	90%	90%	90%
总计	19%	34%	26%	22%	36%	32%

5.1.4　模型构建

5.1.4.1　模型概化

1. 河道长度与断面

沱江干流（内江段）长约 146.7km，常年平均流量为 375m^3/s，自然落差 135.5m，平均比 0.45‰。模型所建河道长 146.7km，概化断面 147 个，比降参照真实河道比降，断面参照《四川省沱江干流内江城区河段 2011 年度堤防工程初步设计报告》设计数据与《长江流域水文资料（2011 年）》第六卷第 8 册《岷沱江区国家水文站断面数据概化》（图 5.1-7、图 5.1-8）。

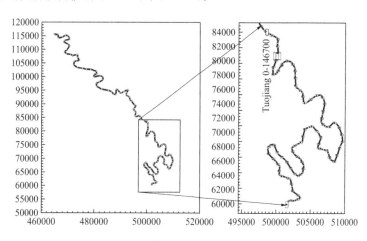

图 5.1-7　模型区位及平面分布图

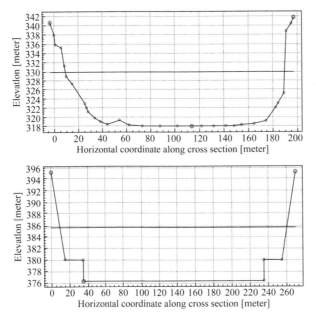

图 5.1-8　概化河道断面示意

2. 流域水文分区

结合沱江干流流域范围内城市行政区划以及支流汇水方式，水文分区具体情况如表 5.1-17 所示，具体水文分布如图 5.1-9 所示。沱江干流流域水文分区简化为 5 个分区，包括资中县、市中区及东兴区，其中市中区与东兴区均下辖城区与非城区部分。

流域水文分区　　　　　　　　　　　　　　　　表 5.1-17

水文分区	城区分布	流域面积（km²）	
资中县	非城区	1513	
市中区	城区	46	250
	非城区	204	
东兴区	城区	38	1175
	非城区	1137	
沱江干流流域（总计）		2938	

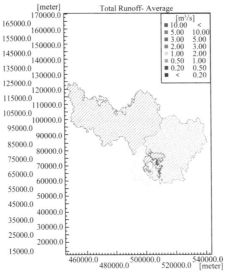

图 5.1-9　流域水文分区

5.1.4.2 边界条件

1.污染源边界

主要污染源的边界设置如表 5.1-18 所示。其中，城镇生活污水中污水处理厂尾水以点源形式设置，其他城市直排污水与农村散排生活污水、工业企业废水、内源污染均沿程线性分布设置，城市地表径流、全域源污染（包括畜禽养殖、水产养殖、农田径流污染）均结合流域水文模型，伴随降雨径流入河。

污染源边界条件   表 5.1-18

方案	边界污染源	流量（m³/s）	COD（mg/L）	NH₃-N（mg/L）	TP（mg/L）
工程前	全域源	15.63	40.32	1.56	0.23
	污水处理厂	1.53	49.70	4.97	0.50
	污水直排	1.04	300.00	29.00	5.00
	城市面源	1.33	50.79	1.42	0.15
工程后	全域源	14.26	39.23	1.52	0.22
	污水处理厂	2.33	49.70	4.97	0.50
	污水直排	0.24	300.14	29.01	5.00
	城市面源	1.32	51.23	1.43	0.15

2.流量水质边界

目前，沱江干流（内江段）上游入境断面附近设有登瀛岩水文站（国家级）。经统计分析 2018 年降雨数据，2018 年为降雨平水年，又根据《登瀛岩水文站年平均流量系列一致性代表性分析》，登瀛岩水文站降雨径流相关系数高达 0.77，因收集数据有限，本次模拟中入境流量采用上游登瀛岩水文站多年平均流量 375m³/s，匹配出境断面多年平均水位 243.5m；入境水质边界采用 2018 年顺河场断面水质监测数据，出境水质边界采用 2018 年老母滩断面水质监测数据。

3.降雨蒸发边界

降雨数据采用东兴区国家站 2018 年逐日降雨数据，如表 5.1-19 所示，并根据《内江市水资源公报（2018 年）》进行水文分区调整；蒸发数据采用东兴区国家站 2018 年逐月蒸发数据（蒸发量 843.5mm/a），考虑各水文分区蒸发量相同。

降雨蒸发边界   表 5.1-19

分区	2018 年公报降雨量（mm）	2018 年国家站降雨量（mm）	折算比例
资中县	928	1044.8	0.89
市中区	931	1044.8	0.89
东兴区	971	1044.8	0.93

5.1.5 率定验证

5.1.5.1 水文模型率定

通过经验参数选取与反复试算（表 5.1-20、表 5.1-21），确定水文模型（NAM）中各分区流域的主要参数，年径流量的相对误差在 0.99%～1.58% 之间，水文模型精度良好。其中，各区径流深度数据来自《内江水资源公报（2018 年）》。本次模拟只关注流域年入河水量，对于地表径流量和基流量的分布、洪峰时间与峰型等过程数据不作考虑，故仅率定影响各区年径流总量的主要参数。

各分区流域的主要参数与相对误差　　　　　　　　　　　　　　　表 5.1-20

分区流域		径流面积（km²）	径流深度（mm）	径流总量（m³）	径流总量——模拟（m³）	相对误差
资中县		1513	255.8	38703	38305	1.03%
市中区	城区	46	257.7	6443	1170	1.58%
	非城区	204			5171	
东兴区	城区	38	267.7	31589	1006	0.99%
	非城区	1137			30271	

各分区流域 U_{max}、L_{max} 与 CQOF　　　　　　　　　　　　　　表 5.1-21

分区流域		U_{max}	L_{max}	CQOF
资中县		10	100	0.48
市中区	城区	10	100	0.70
	非城区	10	100	0.70
东兴区	城区	12	100	0.60
	非城区	12	100	0.50

注：U_{max} 为地表储水层最大含水量；

　　L_{max} 为根区储水层最大含水量；

　　CQOF 为坡面流汇流系数。

5.1.5.2　水动力模型率定

1. 常水位工况率定

计算了沱江旱季常流量 375m³/s 的工况来率定模型，计算水位 288.0m，平均水深 2.5m，水面高程距人行道高程约 1m，与实际较为相符。流速 0.7m，与沱江流速较为相符，符合常规认识。

2. 洪痕工况验证

利用 2018 年 7 月 12 日 18 时洪水流量 8300m³/s 的工况来验证模型的水动力过程（图 5.1-10、图 5.1-11）。洪峰流量 8300m³/s，计算水位 301.5m，与实际洪痕水位 301.7m 相差 0.2m，精度良好，渡口位置流速 2.2m/s，验证了水动力过程的准确性。水动力模型曼宁系数 n 为 0.09，比自然河床的经验曼宁系数大，考虑了自然河道表面糙率与地形摩阻的综合摩阻系数。

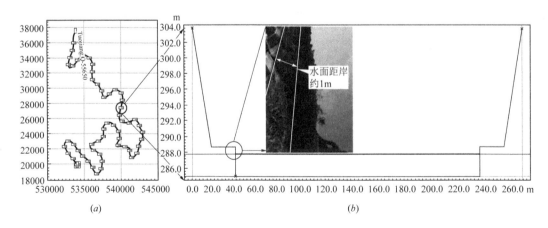

图 5.1-10　常水位工况率定图

(a) 沱江平面图；(b) 沱江 39000，2018 年 7 月 12 日

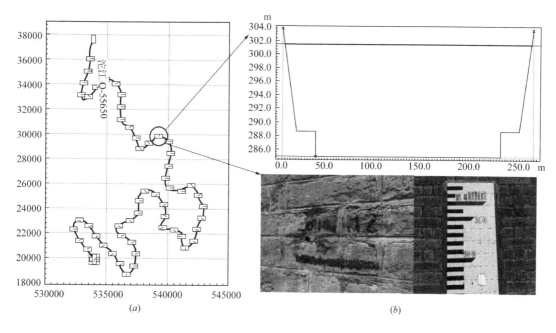

图 5.1-11 洪痕工况验证图

(a)沱江平面图；(b)沱江 39000，2018 年 1 月 1 日

5.1.5.3 水质模型率定

本次模型采用 2018 年国控断面顺河场、银山镇、高寺渡口月均水质监测数据，具体分布如图 5.1-12 所示，其中顺河场监测数据作为模型上游边界输入，银山镇、高寺渡口断面监测数据用于模型参数率定（表 5.1-22）。根据现状水质评价，顺河场、银山镇、高寺渡口三个监测断面的监测水质均呈现出先下降再上升的规律，其中银山镇到顺河场 80 多公里河道自净能力大于区间排污量，而银山镇至高寺渡口段河道处于内江市市区段，含有 6 条黑臭河道（蟠龙冲、谢家河、寿溪河、玉带溪、太子湖、小青龙河）以及多处城市污水处理厂尾水入河，因此水质均显示出变差的趋势，经过率定模型，模型计算结果复现了这一水质变化趋势，相应 COD_{cr}、NH_3-N、TP 的降解系数分别为 0.04/d、0.1～0.3/d（城区段 0.3/d）、0.2～0.4/d（城区段 0.4/d），对比两个断面年度实测浓度平均值与模拟计算浓度平均值，两者相对误差在 30% 以内，结果吻合较好，故该水质模型可用于模拟沱江干流河道水质变化过程。

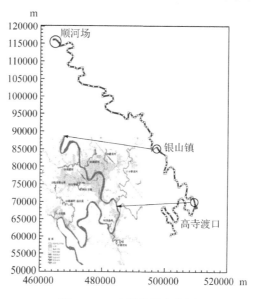

图 5.1-12 水质监测点位图

水质率定情况（mg/L） 表 5.1-22

模拟指标	顺河场断面	银山镇断面			高寺渡口断面		
	实测平均值（输入）	实测平均值	模拟平均值	相对误差	实测平均值	模拟平均值	相对误差
COD$_{cr}$	14.75	14.50	14.37	0.9%	16.58	14.79	10.8%
NH$_3$-N	0.268	0.228	0.222	3.6%	0.225	0.227	0.9%
TP	0.188	0.142	0.129	7.8%	0.163	0.210	28.8%

5.1.6 模拟分析

根据研究区域工程统计信息，本次内江 PPP 项目工程措施包括生态修复、景观工程、重建生态湿地、黑臭河道底泥清淤、截污干管铺设及再生水厂、城镇污水处理设施及农村分散污水处理设施建设工程。工程实施后沱江流域 COD$_{cr}$ 入河污染负荷总体削减 22%，NH$_3$-N 入河污染负荷总体削减 36%，TP 入河污染负荷总体削减 32%。

将上游入境断面 2018 年月均水质作为输入边界，将沱江干流流域工程前后污染物负荷测算结果放入模型中，考虑区域城市地表径流污染、城镇/农村生活污水污染（包括污水处理厂尾水污染）、禽畜养殖污染、水产养殖污染、底泥污染等，来评估该流域内污染负荷变化对于沱江干流水质的影响。计算结果显示（图 5.1-13、图 5.1-14），经过沱江流域排污后工程前 COD$_{cr}$、NH$_3$-N、TP 指标均呈现先降低再升高的趋势，其中在城区段存在明显的水质变差趋势，COD$_{cr}$ 与 TP 两项指标反弹甚至超过入境水质指标，主要考虑为市政污水处理厂尾水污染与 11 条黑臭水体污染因素导致；采取 PPP 项目工程措施后，该城区段水质明显改善，城区段 TP 指标稳定低于Ⅲ类水质指标（0.2mg/L），出境断面水质明显优于入境断面水质。

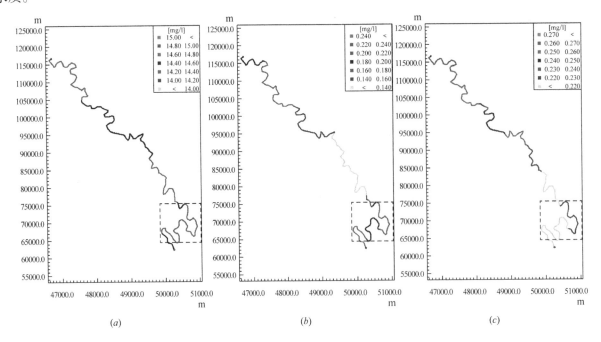

(a) (b) (c)

图 5.1-13 PPP 项目工程前沱江干流水质分布情况（年度平均值）

(a)COD 平均值；(b)TP 平均值；(c)NH$_3$-N 平均值

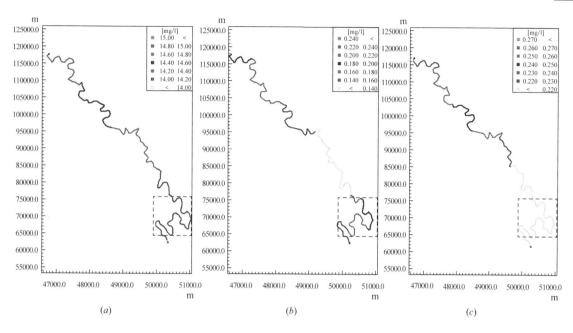

图 5.1-14　PPP 项目工程后沱江干流水质分布情况（年度平均值）

(a)COD 平均值；(b)TP 平均值；(c)NH$_3$-N 平均值

为定量评估工程措施对沱江水质的提升效果，提取了河道中间的 6 个断面位置，如图 5.1-15 所示，工程前后水质数据，如表 5.1-23 所示。通过对比可以发现工程措施对 COD$_{cr}$ 指标的改善率为 0.66%～3.95%，NH$_3$-N 指标的改善率为 0.90%～10.96%，TP 指标的改善率为 1.43%～10.78%，在城区段工程效果显著，TP 指标稳定低于地表Ⅲ类水质标准。沱江在内江市段区域河道自净能力结合水环境工程措施可基本消除区域排污的影响，使河道水质整体表现出境水质略好于入境水质。

图 5.1-15　水质分析断面分布图

工程前后各断面水质改善情况（实测入境水质边界）　　　　　　　　　　　　表 5.1-23

断面	COD（mg/L）			NH$_3$-N（mg/L）			TP（mg/L）		
	工程前	工程后	改善率	工程前	工程后	改善率	工程前	工程后	改善率
顺河场	14.800	14.800	0	0.270	0.270	0	0.19	0.19	0

断面	COD（mg/L）			NH₃-N（mg/L）			TP（mg/L）		
	工程前	工程后	改善率	工程前	工程后	改善率	工程前	工程后	改善率
断面1	14.613	14.517	0.66%	0.252	0.248	1.59%	0.160	0.160	—
断面2	14.459	14.329	0.90%	0.235	0.231	1.70%	0.140	0.138	1.43%
银山镇	14.373	14.224	1.04%	0.222	0.220	0.90%	0.129	0.127	1.55%
高寺渡口	14.795	14.210	3.95%	0.228	0.203	10.96%	0.210	0.188	10.48%
老母滩	14.556	14.034	3.59%	0.196	0.177	9.69%	0.167	0.149	10.78%

5.1.7　参考手册

（1）《全国水环境容量核定技术指南》；

（2）《第一次全国污染源普查水产养殖业污染源产排污系数手册》；

（3）《第一次全国污染源普查畜禽养殖业源产排污系数手册》；

（4）《第一次全国污染源普查生活源系数手册》；

（5）《第二次全国污染源普查生活源系数手册》；

（6）《排放源统计调查产排污核算方法和系数手册》；

（7）《淡水集中连片池塘与养殖尾水处理系统的综合水质评价》。

5.2　小尺度流域模型应用案例——玉带溪流域

5.2.1　模拟背景

玉带溪位于内江市市中区经济技术开发区内，流域面积约 8.31km²，玉带溪上游段共有南、北两个源头，北侧源头可追溯的起点源于汉渝大道与甜橙大道交汇处，至位于合众汽车 4S 店附近（上游加盖处理），穿过高速立交汇入甜城大道暗涵，长约 700m；南侧源头自太子湖，至成渝高速与内宜高速互通处与前一分支汇合，长约 1400m。流经苏家桥后，由于城市建设采用暗涵形式沿玉溪路布置，经人民公园，最后于大洲广场附近汇入沱江。玉带溪整体走势呈斜V字形，河流断面宽度 1~5m，深度 0.5m 左右，河宽及水深随季节变化较大。

玉带溪北支黑臭水体治理截污工程共分两期实施，其中一期截污工程为在北支上游暗涵末端设置截流井，截污管道沿河敷设，下游接入城区市政污水管网；二期截污工程包含暗涵排口溯源排查＋混错接改造 14 处＋化粪池出水管截留 5 处，并在黑臭水体申报起点处设置截流堰，二期截污管道接入一期截污管道。另在活水循环工程中于玉带溪下游设置调蓄池（$V = 200m^3$）、循环水泵（$Q = 100m^3/h$），非雨季运行；清淤工程中明渠段清淤 434m。

目前，通过两期工程实施，玉带溪已稳定消除黑臭。对比玉带溪北支两期工程，一期工程为末端截污工程，二期工程为部分雨污分流改造。两种方式均为黑臭水体整治过程中常用技术措施，现尚无相关研究或案例分析两种方式的技术经济效益。考虑到玉带溪北支分步实施了两类技术措施，有一定的工程案例优势，特构建管网（SWMM）与河道（MIKE11）耦合模型，量化分析两类工程措施下实际控源截污效果以及相应河道水质时空变化情况，为后续流域水环境治理工程提供经验依据。

5.2.2 模拟方案

5.2.2.1 工程方案

根据玉带溪设计资料，总结了玉带溪控源截污工程对北支上游进行的一、二期截污方案设计对比（表5.2-1），具体管网数据如表5.2-2所示，分布如图5.2-1所示。

玉带溪北支截污方案措施表　　　　　　　　　　　　　　　　　表5.2-1

方案	管网	检查井	截流设施	混错接改造数量
方案前	25.18km（其中合流6.89km，雨水8.25km，污水10.05km）	725座	无	无
一期方案	新增0.45km截污干管	21座	截流槽1座（尺寸4.5m×2.75m×0.7m）	无
二期方案	新增1.5km截污干管	74座	截流井19座	19个

管网数据统计表　　　　　　　　　　　　　　　　　表5.2-2

管线类型	管径	管段条数	长度	占比
圆管	≤300mm	43	0.59km	2%
	>300mm 且≤500mm	315	12.35km	49%
	>500mm 且≤1000mm	304	10.22km	41%
	>1000mm	19	0.62km	3%
方沟	500mm×500mm	5	118m	0.5%
	500mm×700mm	9	148m	0.5%
	1500mm×2500mm	14	536m	2%
	4000mm×5400mm	17	595m	2%

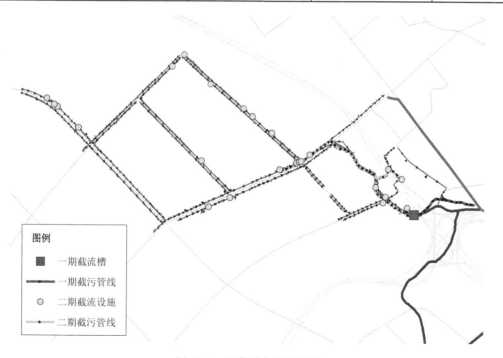

图例

■ 一期截流槽

▶▶▶ 一期截污管线

○ 二期截流设施

▶▶▶ 二期截污管线

图 5.2-1　玉带溪方案措施图

一期截污工程在暗涵段结束的地方设置截流槽，对上游污水及初期雨水进行截流，截污管道沿地形顺着河流方向敷设，下游接入城区市政污水管网。

二期截污工程在充分调查清楚上游市政排水管网及排口，并对各种排口及其对应的上游管道进行监测和甄别的基础上，对上游汇水区域内的管道进行梳理，改造区域内的错接乱接管道，并新建二期截污管道，将现状直排入玉带溪的污水排口尽量接入二期截污管道中。二期截污管末端接入一期截污管，并将一期截流槽进行封堵。为避免污水直接进入黑臭水体识别段，在黑臭水体申报起点前的暗涵中建截流节点，保证旱季无污水进入下游；上游混错接改造中，保留了溢流通道，故玉带溪并没有完全实现雨污分流。

5.2.2.2 模型方案

考虑玉带溪南支在北支末端汇入，不受北支上游暗涵出流影响，故本次模拟范围限定在玉带溪北支及其上游暗涵汇水区，并基于工程实施情况，构建管网（EPA-SWMM）与河道（MIKE11）耦合模型，进行如下场景模拟：

（1）典型年（枯水年、平水年）逐分钟降雨数据条件下，管网截污工程前、一期截污工程、二期截污工程三种情况下溢流频次与溢流污染负荷情况。

（2）场次降雨情况下（小、中、大雨），玉带溪北支河道在三种截污工况下 COD、NH_3-N、TP 浓度情况、水质恢复周期变化情况。

（3）典型年（枯水年、平水年）逐分钟降雨数据条件下，玉带溪北支河道水质年度达标情况。

5.2.3 建模数据

5.2.3.1 建模资料

基础资料的收集和整理是系统模型构建的基础，具有重要意义。在系统模型构建之前，需要对地形数据、卫星遥感数据、土地利用数据、排水管网系统数据、降雨数据等进行收集整理、格式转换、分析汇总并建立数据库，便于查阅分析，数据检索。将收集整理的地形、高程、影像图、排水管网系统等地理空间数据（表 5.2-3），进行格式转换、地图配准，生成可进行 GIS 数据查询、显示、分析的数据库，以进行数据的统一管理、协调分析，模型数据采集，数据前期处理及后期表达。

建模基础数据列表 表 5.2-3

分类	名称	用途、备注	数据来源
基础空间地理数据	30m×30m DEM 数据	汇水划分，水文分析	地理空间数据云
	河道水系	河网构建	设计资料
	土地利用	下垫面分析，面源分析	地理空间数据云
	道路	空间校准	设计资料
	排水系统	检查井地面标高，上下游管道管径，管底标高，管材，排水附属设施（泵站、溢流堰等），排口位置及属性	四川省住房和城乡建设局 2014 年管网普查数据，玉带溪 2019 年管网普查诊断成果资料
	8m×8m 影像图	空间校准，地理核实	图新地球
涉水工程	河道断面	区域内河道的纵横断面资料（50m 一个断面）	设计资料
气象、水文资料	气象资料	包括降雨、蒸发、风向、风速、温度、湿度、云层覆盖等，降雨为分钟级数据，蒸发为月平均，其余为小时级数据，数据至少需要 1 年	国家雨量站监测数据
	水位流量资料	水文站、水位站的实测水位流量过程	人工采样

分类	名称	用途、备注	数据来源
环保监测资料	点源	重点点源、城镇工业、城镇溢流污染	无/经验估算
	面源	散排污水、初雨污染	无
	断面水质	监测断面水质数据	人工采样

5.2.3.2 下垫面情况

下垫面是影响水量平衡及水文过程的地表各类覆盖物的综合体。本模拟通过卫星影像图、土地利用，进行建设地块下垫面监督分类，利用对象的光谱特征、颜色特征、纹理特征等，建立适当的提取规则，进行局部修正及下垫面提取，提取结果包括三种土地覆盖类别：绿地、裸地、建设用地等，分布图如图5.2-2所示。其中，绿地占比为12.6%，裸地占比为14%，建设用地占比为73.4%。

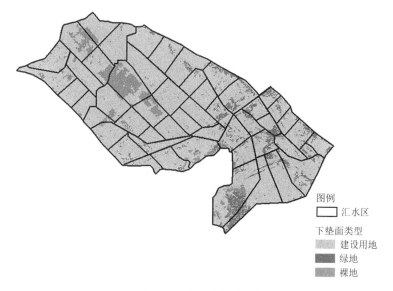

图 5.2-2 下垫面分布图

各汇水分区不同下垫面类型占比如图5.2-3所示。

(a)

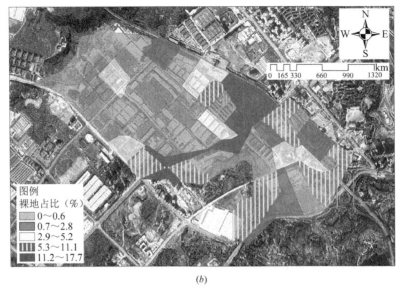

(b)

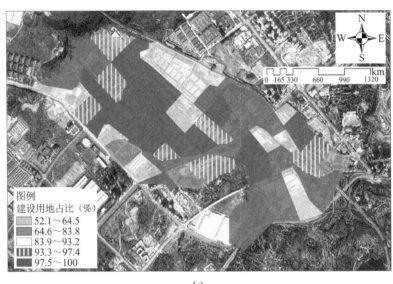

(c)

图 5.2-3　各汇水区下垫面类型占比

5.2.3.3　典型年降雨情况

污染负荷计算需考虑长期蒸发、下渗、设施存蓄等跨场次连续数值模拟，因此应用典型年连续降雨过程线模拟分析年径流量及污染负荷，可更接近实际降雨径流情况。

对已收集到的 1991—2011 年总计 20 年的年降水量系列资料先通过排频计算，利用皮尔逊Ⅲ型曲线进行配线，通过配线得到各个频率情况下所对应的降水量值。一般可以取 $P = 25\%$、50%、75% 所对应的降雨量值作为丰、平、枯水年的设计值。然后，在已有的实测系列中选取与设计值相等或接近的年份，作为典型的丰、平、枯年。如果有两个以上的年份实测值与设计值都比较接近，必须按照"年内分配最不利"的原则进一步选择确定，例如对于枯水年份就要选取年内连枯时段相对较长的年份。

通过分析，确定 2000 年降雨数据作为典型年枯水年降雨数据，2018 年降雨数据作为典型年平水年降雨数据。

2000、2018 年降雨过程线如图 5.2-4、图 5.2-5 所示。

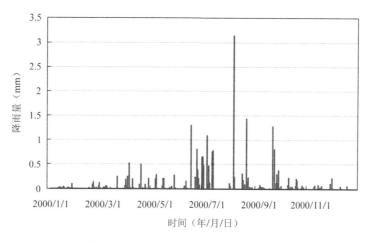

图 5.2-4　2000 年 1min 连续降雨过程线

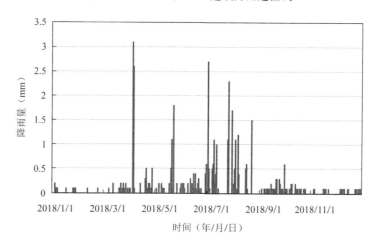

图 5.2-5　2018 年 1min 连续降雨过程线

5.2.3.4　场次降雨情况

对 2000 年枯水年、2018 年平水年分别进行降雨场次划分，划分标准为：

降雨间隔期为 2h；扣除小于等于 2mm 以下的场次降雨。利用上述标准进行场次划分，2000 年枯水年共划分了 61 场，2018 年平水年共划分了 83 场，并根据小雨、中雨、大雨的标准参考《降水量等级》GB/T 28592 定义各场次降雨的降雨量等级（表 5.2-4～表 5.2-6）。

不同时段的降雨量等级划分表　　　　　　　　　　表 5.2-4

等级	时段降雨量（mm）	
	12h 降雨量	24h 降雨量
微量降雨（零星小雨）	<0.1	<0.1
小雨	0.1～4.9	0.1～9.9
中雨	5.0～14.9	10.0～24.9
大雨	15.0～29.9	25.0～49.9
暴雨	30.0～69.9	50.0～99.9
大暴雨	70.0～139.9	100.0～249.9
特大暴雨	≥140.0	≥250.0

2000 年丰、平、枯水期场次降雨划分及降雨量等级定义　　　　表 5.2-5

分类	场次开始时间	场次结束时间	场次降雨量（mm）	降雨历时（h）	降雨等级
丰水期	2000/6/12 1:33	2000/6/12 13:25	16.3	12	大雨
	2000/6/18 2:23	2000/6/18 13:56	82.63	12	大暴雨
	2000/6/23 8:39	2000/6/23 11:58	7.07	3	中雨
	2000/6/25 0:08	2000/6/25 1:56	6.79	2	中雨
	2000/6/26 16:41	2000/6/26 20:07	2.33	3	小雨
	2000/6/26 23:19	2000/6/27 5:42	8.53	6	中雨
	2000/7/1 8:32	2000/7/1 14:09	12.11	6	中雨
	2000/7/1 19:39	2000/7/2 1:41	6.71	6	中雨
	2000/7/2 22:47	2000/7/3 14:46	27.19	16	大雨
	2000/7/7 8:08	2000/7/7 16:12	48	8	暴雨
	2000/7/9 15:51	2000/7/9 23:58	6.54	8	中雨
	2000/7/10 11:00	2000/7/10 14:00	7.87	3	中雨
	2000/7/13 15:23	2000/7/14 7:44	37.11	16	大雨
	2000/8/2 2:00	2000/8/3 5:51	16.05	28	中雨
	2000/8/7 3:32	2000/8/7 5:57	35.42	2	暴雨
	2000/8/8 4:24	2000/8/8 13:50	17.9	9	大雨
	2000/8/17 14:08	2000/8/17 18:56	3.01	5	小雨
	2000/8/17 21:29	2000/8/18 7:55	33.87	10	暴雨
	2000/8/22 21:08	2000/8/23 5:00	78.78	8	大暴雨
	2000/8/24 5:11	2000/8/24 7:52	6.56	3	中雨
	2000/8/26 11:59	2000/8/27 1:03	3.64	13	小雨
平水期	2000/3/2 3:30	2000/3/3 6:54	2.73	3	小雨
	2000/3/7 18:59	2000/3/8 16:46	7.37	22	小雨
	2000/3/8 19:41	2000/3/9 8:57	5.64	13	小雨
	2000/3/9 17:23	2000/3/10 6:00	2.65	14	小雨
	2000/3/10 21:02	2000/3/11 6:56	4.1	10	小雨
	2000/4/1 23:43	2000/4/2 7:56	6.19	8	中雨
	2000/4/2 12:02	2000/4/3 7:33	34.79	20	暴雨
	2000/4/4 13:43	2000/4/5 6:33	3.5	17	小雨
	2000/4/6 13:59	2000/4/7 6:57	7.11	17	中雨
	2000/4/10 1:59	2000/4/11 5:46	13.35	4	中雨
	2000/4/20 3:21	2000/4/20 7:59	11.71	5	中雨
	2000/5/8 11:04	2000/5/8 21:58	11.44	11	中雨
	2000/5/15 23:02	2000/5/16 9:14	7.51	10	中雨
	2000/5/26 2:56	2000/5/26 9:59	2.47	7	小雨

续表

分类	场次开始时间	场次结束时间	场次降雨量（mm）	降雨历时（h）	降雨等级
平水期	2000/5/29 1:33	2000/5/29 6:53	2.59	5	小雨
	2000/9/7 4:39	2000/9/7 9:20	2.55	5	小雨
	2000/9/9 18:15	2000/9/10 12:17	3.53	18	小雨
	2000/9/22 21:23	2000/9/22 23:56	8.13	3	小雨
	2000/9/24 0:11	2000/9/24 5:00	17.38	5	中雨
	2000/9/27 9:02	2000/9/27 10:50	2.27	2	小雨
	2000/9/28 22:33	2000/9/29 6:58	3.28	8	小雨
	2000/10/2 0:11	2000/10/2 5:02	2.48	5	小雨
	2000/10/10 14:58	2000/10/11 9:56	5.78	19	中雨
	2000/10/12 18:50	2000/10/13 9:58	3.34	15	小雨
	2000/10/14 0:42	2000/10/14 12:51	2.49	12	小雨
	2000/10/15 7:12	2000/10/15 14:00	4.59	7	小雨
	2000/10/15 18:07	2000/10/16 6:58	2.65	13	小雨
	2000/10/20 23:11	2000/10/21 2:58	6.02	4	中雨
	2000/10/26 21:45	2000/10/27 14:57	3.74	17	小雨
	2000/10/28 13:26	2000/10/28 23:04	2.76	10	小雨
枯水期	2000/1/16 21:56	2000/1/17 7:53	2.06	10	小雨
	2000/1/30 16:23	2000/1/31 5:59	2.75	14	小雨
	2000/2/24 18:44	2000/2/25 6:57	3.77	12	小雨
	2000/2/27 20:18	2000/2/28 7:47	2.87	11	小雨
	2000/11/10 0:19	2000/11/10 14:56	4	15	小雨
	2000/11/10 17:16	2000/11/11 5:49	8.09	13	小雨
	2000/11/15 3:52	2000/11/15 6:58	2.28	3	小雨
	2000/11/17 23:16	2000/11/19 5:57	9.27	31	小雨
	2000/11/29 12:03	2000/11/29 23:59	3.21	12	小雨
	2000/12/11 12:45	2000/12/12 6:29	6.22	17	小雨

2018年丰、平、枯水期场次降雨划分及降雨量等级定义　　表5.2-6

分类	场次开始时间	场次结束时间	场次降雨量（mm）	降雨历时（h）	降雨等级
丰水期	2018/4/4 21:11	2018/4/5 1:37	56.3	4	暴雨
	2018/4/5 4:53	2018/4/5 11:07	22.8	6	大雨
	2018/4/6 3:10	2018/4/6 5:32	3.6	2	小雨
	2018/4/13 8:19	2018/4/13 15:02	4.2	7	小雨
	2018/4/19 22:16	2018/4/20 1:52	8.1	4	中雨
	2018/4/23 2:30	2018/4/23 4:03	2.4	2	小雨
	2018/4/23 6:16	2018/4/23 17:08	15.3	11	大雨

分类	场次开始时间	场次结束时间	场次降雨量（mm）	降雨历时（h）	降雨等级
	2018/4/23 19:28	2018/4/23 22:34	4.8	3	小雨
	2018/4/24 2:02	2018/4/24 7:40	5.1	6	中雨
	2018/4/27 16:54	2018/4/27 20:01	9.3	3	中雨
	2018/5/5 19:38	2018/5/5 20:18	2.6	1	小雨
	2018/5/8 21:48	2018/5/9 17:34	9.2	20	小雨
	2018/5/19 3:12	2018/5/19 3:42	2.6	1	小雨
	2018/5/20 22:05	2018/5/21 3:41	9.3	6	中雨
	2018/5/21 23:21	2018/5/22 11:08	79.1	12	大暴雨
	2018/5/26 7:27	2018/5/26 11:09	4.2	4	小雨
	2018/5/30 17:34	2018/5/31 1:49	3.1	8	小雨
	2018/6/3 22:58	2018/6/4 2:06	2.5	3	小雨
	2018/6/8 8:49	2018/6/8 13:41	6.8	5	中雨
	2018/6/11 10:47	2018/6/12 4:03	23.6	17	中雨
	2018/6/13 3:25	2018/6/13 9:24	3	6	小雨
	2018/6/15 17:47	2018/6/16 10:49	8.6	17	小雨
	2018/6/16 20:22	2018/6/17 8:57	2.9	13	小雨
	2018/6/17 21:12	2018/6/18 3:54	5.2	7	中雨
丰水期	2018/6/20 3:33	2018/6/20 4:18	2.1	1	小雨
	2018/6/21 2:12	2018/6/21 6:50	2.7	5	小雨
	2018/6/21 11:38	2018/6/21 19:51	9.5	8	中雨
	2018/6/29 22:44	2018/6/29 23:05	2.3	0	小雨
	2018/6/30 5:59	2018/6/30 13:20	20.3	7	大雨
	2018/7/2 16:04	2018/7/3 9:49	105.9	18	大暴雨
	2018/7/7 8:24	2018/7/7 10:26	2.4	2	小雨
	2018/7/7 21:05	2018/7/8 5:49	36.4	9	暴雨
	2018/7/9 2:27	2018/7/9 3:39	13	1	中雨
	2018/7/11 22:43	2018/7/12 4:14	13.4	6	中雨
	2018/7/25 7:08	2018/7/25 10:46	24.8	4	大雨
	2018/7/26 3:13	2018/7/26 5:05	74.4	2	大暴雨
	2018/7/30 9:13	2018/7/30 13:05	26.9	4	大雨
	2018/8/1 2:57	2018/8/1 6:02	6.9	3	中雨
	2018/8/2 22:57	2018/8/3 1:50	10.2	3	中雨
	2018/8/3 5:44	2018/8/3 8:13	9.1	2	中雨
	2018/8/6 18:45	2018/8/6 19:43	12	1	中雨
	2018/8/7 15:12	2018/8/7 15:35	2.6	0	小雨

续表

分类	场次开始时间	场次结束时间	场次降雨量（mm）	降雨历时（h）	降雨等级
丰水期	2018/8/15 17:19	2018/8/15 17:32	2	0	小雨
	2018/8/16 4:28	2018/8/16 4:37	2.6	0	小雨
	2018/8/22 4:39	2018/8/22 7:57	70.1	3	大暴雨
	2018/9/9 14:02	2018/9/9 23:00	6.1	9	中雨
	2018/9/11 6:34	2018/9/11 10:50	8.2	4	中雨
	2018/9/14 7:18	2018/9/14 8:35	2.8	1	小雨
	2018/9/16 1:47	2018/9/16 5:56	3.6	4	小雨
	2018/9/17 20:59	2018/9/18 15:57	18.2	19	中雨
	2018/9/19 23:39	2018/9/20 2:04	2.3	2	小雨
	2018/9/21 0:21	2018/9/21 3:01	2.9	3	小雨
	2018/9/24 4:12	2018/9/24 10:02	17.8	6	大雨
	2018/9/24 23:37	2018/9/25 8:35	4.2	9	小雨
	2018/9/27 4:42	2018/9/28 4:27	9.1	24	小雨
	2018/9/28 8:30	2018/9/28 11:19	4.7	3	小雨
	2018/9/30 9:07	2018/9/30 15:54	4.8	7	小雨
	2018/9/30 21:07	2018/10/1 3:34	6.1	6	中雨
	2018/10/1 7:31	2018/10/1 16:01	4.1	9	小雨
	2018/10/2 2:54	2018/10/2 10:46	4.4	8	小雨
	2018/10/2 13:07	2018/10/3 10:02	24.8	21	中雨
	2018/10/7 1:49	2018/10/7 4:31	4.4	3	小雨
	2018/10/7 21:49	2018/10/8 16:12	7.3	18	小雨
	2018/10/8 20:48	2018/10/9 5:43	25.3	9	大雨
	2018/10/13 0:09	2018/10/13 7:16	3.4	7	小雨
	2018/10/16 0:40	2018/10/16 5:48	2.2	5	小雨
	2018/10/18 5:16	2018/10/18 9:35	2.8	4	小雨
	2018/10/18 23:58	2018/10/19 10:09	4.5	10	小雨
	2018/10/20 0:11	2018/10/20 2:55	4.8	3	小雨
平水期	2018/3/12 4:03	2018/3/12 5:38	2.1	2	小雨
	2018/3/20 23:53	2018/3/21 5:07	18.9	5	大雨
	2018/3/23 23:24	2018/3/24 1:34	7.2	2	中雨
枯水期	2018/1/3 21:33	2018/1/4 8:49	2.6	11	小雨
	2018/1/24 18:27	2018/1/25 10:59	4.4	17	小雨
	2018/1/25 23:41	2018/1/26 11:17	2	12	小雨
	2018/1/26 15:31	2018/1/27 1:00	2.2	9	小雨
	2018/11/15 21:40	2018/11/16 8:59	3.8	11	小雨

分类	场次开始时间	场次结束时间	场次降雨量（mm）	降雨历时（h）	降雨等级
	2018/11/16 19:09	2018/11/17 2:55	2.4	8	小雨
	2018/12/6 21:18	2018/12/7 7:53	2.1	11	小雨
枯水期	2018/12/9 2:14	2018/12/9 9:06	2.2	7	小雨
	2018/12/23 23:05	2018/12/24 11:58	2.5	13	小雨
	2018/12/27 17:59	2018/12/28 6:58	3.4	13	小雨
	2018/12/28 9:02	2018/12/29 11:02	7.7	26	小雨

经分析，在 2000 年，全市平均降水量 703mm，折合降水总量 377310 万 m^3，比多年平均减少 28%，属枯水年。在 2000 年的 61 场降雨场次中，小雨 33 场、中雨 18 场、大雨 4 场、暴雨 4 场、大暴雨 2 场，降雨以小雨居多，且多为长历时降雨。在 2018 年，全市平均降水量 986.5mm，折合降水总量 529469 万 m^3，比多年平均增加 0.4%，属平水年。在 2018 年的 83 场降雨场次中，小雨 49 场、中雨 20 场、大雨 8 场、暴雨 2 场、大暴雨 4 场，降雨以小雨居多，且多为长历时降雨。

5.2.4 模型构建

5.2.4.1 管网模型构建

1. 汇水区划分

考虑模拟区域水文参数的空间差异性，需将研究区域划分为若干子汇水区，由于汇水区作为管网系统输入量，子汇水区的划分合理与否直接影响最终降雨径流表现，通常子汇水区划分有如下两种方法。

1）DEM 流域划分

根据下载的 DEM，通过 ArcGIS 水文分析，按照"地表径流在流域空间内从地势高处向地势低处流动，最后经流域的水流出口排出流域"的原理，确定水流方向。根据"流域中地势较高的区域可能为流域的分水岭"等原则，确定集水区汇水范围，划分成具有分水岭边界的汇水分区，本方法适用于未开发自然流域划分（图 5.2-6）。

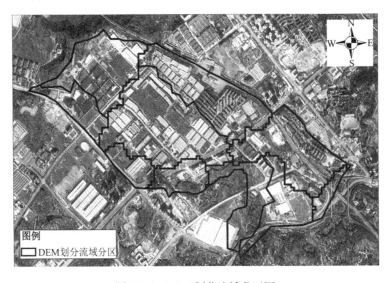

图 5.2-6　DEM 划分流域分区图

2）人工划分汇水分区

参照排水管网（雨水管道、合流制管道）走向、道路、河道及排水/排涝规划等矢量数据，按照道路分隔带，小区、厂区围墙及管网服务范围等原则，进行手工划分，这种方法适用于管网系统状况良好的城市区域，工作量最大。

由于模拟区域通常可能有城市及未开发自然同时存在、区域管网完善程度不一及地形高程数据尺度精度不一等情况，实际子汇水区划分会由上述两种方法组合应用，以保证子汇水区划分在当前掌握的资料的基础上尽可能科学、合理（图 5.2-7）。

图 5.2-7　子汇水区划分

2. 汇水区参数识别

利用下垫面解析及 GIS 表面分析，通过 GIS 空间统计及叠加分析提取子汇水区面积、流长等物理数据。其他不确定性参数，如：汇水区的曼宁系数、最大入渗率和最小入渗率等，通过模型率定确定，率定取值详见 5.1.5 率定验证小节相关内容。

3. 管网拓扑关系构建

1）管网系统结构数据库构建

在系统模型构建之前，需要对地形数据、卫星遥感数据、土地利用数据、排水管网系统数据等进行收集整理、格式转换、分析汇总并建立数据库，便于查阅分析，数据检索。将收集整理的地形、高程、影像图、排水管网系统等地理空间数据进行格式转换、地图配准，生成可进行 GIS 数据查询、显示、分析的数据库，以进行数据的统一管理、协调分析，模型数据采集，数据前期处理及后期表达。

2）管网系统拓扑检查与概化

利用收集整理的排水管网系统及河道水系的 GIS 数据，构建排水管网的拓扑关系及空间数据，并根据测绘资料录入长度、管径、起点、终点位置及高程等属性数据，并作合理而必要的简化，删除雨水箅子及管径、管长较小（管长小于 0.3m）的管段，提高模型软件运算效率，降低流量演算误差。

通过模型的上下游分析及断面识别功能，检查并修正管网系统拓扑关系，一般主要问题包括下面几类：

（1）孤立管段/节点：部分管段/节点与管网系统无连接，需核查下游有无关联，若无，则删除；

（2）参数缺失：数据库中部分管道及检查井的尺寸及高程数据存在缺失，有条件的进行补勘，无条件或暂时无法补测的进行一定的简化处理；

（3）连接管缺乏：管段与管段之间由于数据库录入等原因造成的连接管缺失，需根据上下游关系补充；

（4）管道反向：管道 GIS 数据库中管道与实际流向相反，可通过上下游分析进行查询，并修改；

（5）管道逆坡：排水管道参数由于施工质量、测量误差等原因不可避免产生管道逆坡，要排除实际存在的逆坡，需纠正因数据录入等数据管理而产生的管道逆坡。

经过程序检查及人工修订，管勘数据质量复核统计表及管勘数据参数缺失修补统计表如表5.2-7、表5.2-8所示。以玉带溪为例，结果如表5.2-9所示，排水管网系统地理空间数据构建及模型结构构建如图5.2-8所示。

管网数据质量复核表 表5.2-7

拓扑修复	孤立管线	孤立节点	重复节点	断头管	逆坡管线	备注
原始管勘数据	2	6	20	11	107	通过程序拓扑检查，人工修订，循环处理
处理后	0	0	0	0	43	

管勘数据参数缺失修补统计表 表5.2-8

参数修复	检查井		管段				备注
	井底标高缺失数量	井顶标高缺失数量	上游管底标高缺失数量	下游管底标高缺失数量	埋深缺失数量	管径缺失数量	
原始管勘数据	363	3	334	223	1	0	缺失的管底标高＝管径＋埋深 缺失的井底标高＝管底标高 井深＝井顶标高－井底标高
处理后	0	0	0	0	0	0	

玉带溪管网建模情况说明表 表5.2-9

方案模型	汇水区个数及总面积	管线	检查井	截流设施
方案前管网模型	53个，面积2.44km²	圆形681条，23.78km；方形45条，1.4km	725座	无
一期管网模型	53个，面积2.44km²	圆形701条，24.23km；方形45条，1.4km	746座	截流槽1座
二期管网模型	53个，面积2.44km²	圆形681条，25.73km；方形45条，1.4km	820座	截流井19座

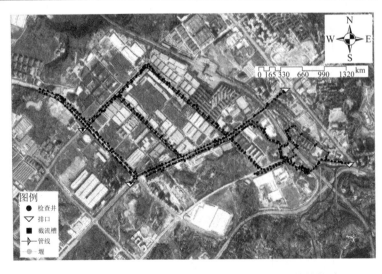

图5.2-8 排水管网系统地理空间数据构建及模型结构构建

4. 污染分析参数设置

1）面源参数

城市面源污染来自降雨对城市地表的冲刷，所以地表沉积物是城市地表径流中污染物的主要来源。地表沉积物的组成决定地表径流污染的性质。不同土地利用性质的城市地表，其沉积物的来源也不同，同时也决定着污染物的性质及累积速率。地表沉积物成分复杂，包含许多污染物质，有固体废物碎屑（城市垃圾、动物粪便、城市建筑施工场地堆积物）、化学药品（草坪施用的化肥农药）、空气沉降物和车辆排放物等，本项目采用常规降雨径流污染指标用于面源污染分析，包括 TSS、COD、NH_3-N、NO_3-N、Org-N、TP。在水质评估中，氮污染物采用 NH_3-N 和 TN 作用评估指标（TN = NH_3-N + Org-N + NO_3-N，NO_2-N 通常很低，可以忽略）。确定面源污染负荷应按照污染源土地覆盖贡献的负荷类型对区域进行分类，由于每个汇水分区涉及的污染物负荷是不一样的，需要每个汇水分区按不同的覆盖类型进行分类。累计冲刷参数为率定参数，率定取值详见 5.1.5 率定验证小节。

2）污水参数设置

研究范围内的污水量按照 3300m^3/(km^2·d)的产污量来计算，模型模拟上游暗涵排口处旱季污水量过程线与监测数据（源自玉带溪管网动态监测数据及报告）对比如图 5.2-9 所示，结果吻合较好。

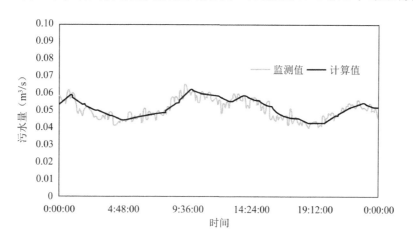

图 5.2-9　污水量计算值与监测值对比图

污水水质采用城区污水处理厂 2018 年全年进水水质浓度的平均值，如表 5.2-10 所示。

BOD$_5$、COD、NH_3-N、TN、TP 和 TSS 的设置浓度　　　　表 5.2-10

主要污染指标	BOD$_5$	COD	NH_3-N	TN	TP	TSS
进水水质（mg/L）	75.13	169.27	32.12	42.99	2.31	1140.21

5.2.4.2　河道模型构建

构建玉带溪河道水动力水质模型，模拟不同点源污染、面源污染等各种情况下的河道水质状况，评价水环境工程能否满足水质要求。本项目选用 MIKE 模型搭建河道水动力水质模型，搭建过程如图 5.2-10 所示。

1. 搭建河网文件

根据玉带溪的矢量信息，确定河道中心线、交汇点、拓扑关系等信息，构建河网文件，主要包括河道名称、河道长度、河道连接信息等。玉带溪河道河网文件如图 5.2-11 所示。

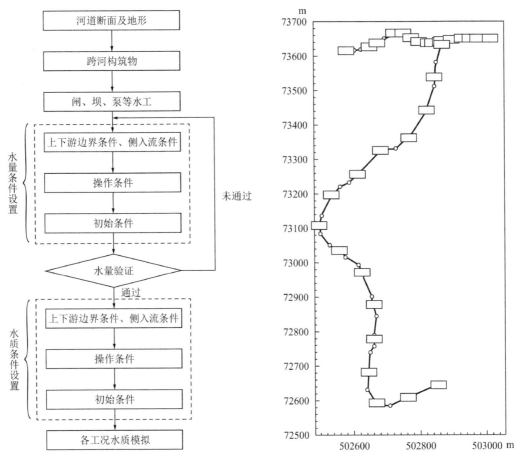

图 5.2-10　玉带溪河道水动力水质模型构建流程　　图 5.2-11　玉带溪河道河网文件

2. 搭建断面文件

通过实地测量或者断面数据图纸获取计算范围内河道沿程断面形状的数值化描述。断面间距控制在100m 以内，另外，在河道形状急剧变化或拐弯转折处，断面间距需要酌情减小，加大数据密度。断面文件主要内容包括横断面的位置与高程、闸坝位置与高程、与下游断面的距离，以及主槽护岸位置等。

玉带溪河道断面文件示意图如图 5.2-12 所示。

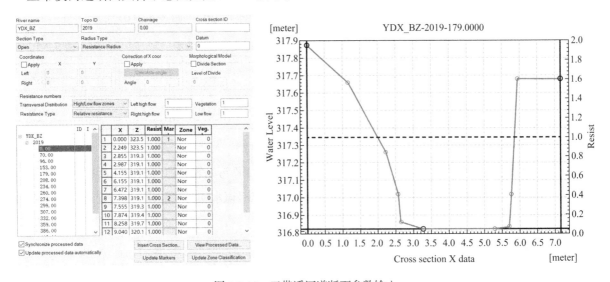

图 5.2-12　玉带溪河道断面参数输入

3. 搭建边界文件

根据实测水位、流量、水质数据,以及陆域污染源数据制作时间序列文件,给定河道边界条件。

水动力学模型的边界条件可分为外部边界条件和内部边界条件。外部边界是指所有的河道端点处的水力要素的变化情况,内部边界是指模型河网内部节点处可能存在的对计算水力条件产生较大影响的人为干预情况。外部边界条件是模型计算必须设置的条件,一般情况下采用实测水文数据作为模型输入条件;内部边界条件不是模型计算的必要条件,但是其对模型计算结果会产生较大影响,因此需要合理地进行内部边界的概化和设置。

水质模型边界主要涉及外部点源边界和面源边界,如降雨径流污染、污水处理厂尾水、工业废水等。玉带溪河道边界输入参数示例如图 5.2-13 所示。

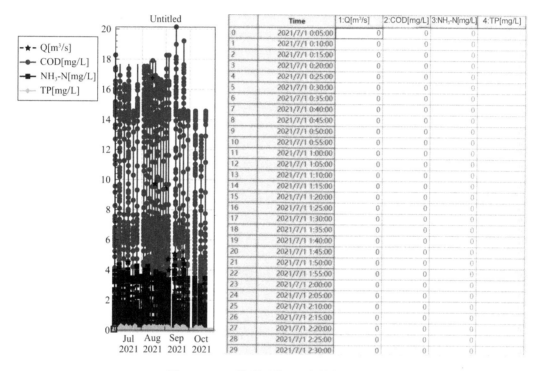

图 5.2-13　玉带溪河道边界条件参数输入

4. 搭建参数文件

设置河道糙率、初始条件等参数(图 5.2-14)。河道糙率为模型的率定参数,一般设为模型默认值: $n = 0.03$,在模型参数率定时给出准确的糙率值,初始条件包括初始水位或初始水深以及初始流量。

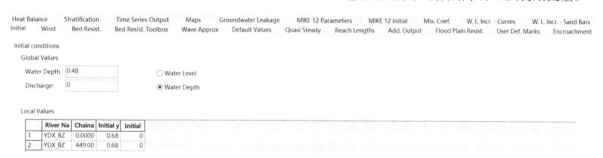

图 5.2-14　水动力参数设置

5. 搭建水质参数文件

本项目选用 MIKE11 AD 模块模拟一维对流扩散运动,主要包括初始条件、扩散系数、综合衰减系数、水质边界条件等参数设置(图 5.2-15)。

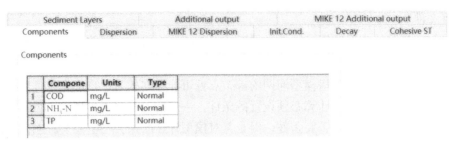

图 5.2-15　水质参数设置

6. 设置模拟文件编辑器

设置模型模拟起止时间、模拟时间步长、输入输出的文件名称等（图 5.2-16）。

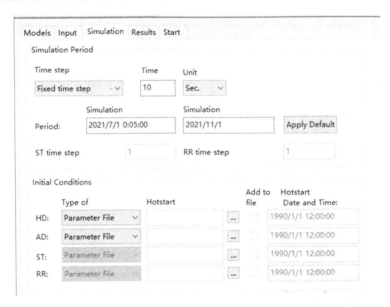

图 5.2-16　模拟编辑器界面

5.2.5　率定验证

5.2.5.1　管网模型率定

搭建好流域污染模型后，需要对模型的经验参数进行率定，使模型的模拟值与实测值接近，保证误差在合理的允许范围内。选择径流洪峰量和污染物峰值浓度的相对误差作为模型率定评价标准，其中径流洪峰量的误差允许范围为−25%～＋15%，模型仿真模拟的误差允许范围为−20%～10%。

1. 水动力模型率定

本项目选取 2021 年 8 月 22 日实测降雨过程对水动力模型的不透水地表曼宁系数（N-Imperv）、透水地表曼宁系数（N-Perv）、不透水洼地蓄水深度（Dstore-Imperv）、透水洼地蓄水深度（Dstore-Perv）、最大下渗率（Max.Infil.Rater）、最小下渗率（Min.Infil.Rater）、不透水率（Imperv）、管道糙率（Conduit Roughness）等八项参数进行优化率定，率定点位为暗涵出口处，率定值如表 5.2-11 所示。

水力参数率定结果　　　　　　　　　　　　　　　　　　　　表 5.2-11

率定参数	率定值
不透水地表曼宁系数	0.015
透水地表曼宁系数	0.15

续表

率定参数	率定值
不透水洼地蓄水深度	0.05
透水洼地蓄水深度	0.05
最大下渗率	25
最小下渗率	3.18
管道糙率	0.01
不透水率	15%～95%

径流量模拟值与实测值对比结果如图5.2-17所示。经分析，洪峰流量的相对误差为2.4%，在允许范围内，此外，峰现时间完全吻合，因此水动力模型合理、可靠。

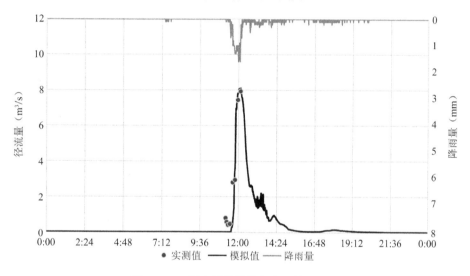

图5.2-17 径流量模拟值与实测值对比图

2. 水质模型率定

本项目选取2021年8月22日实测降雨过程对水质模型的累积、冲刷参数进行率定，率定点位为暗涵出口处，率定值如表5.2-12所示。

累积、冲刷参数率定结果 表5.2-12

下垫面类型	污染指标	计算方法	累积参数率定值		计算方法	冲刷参数率定值	
			最大累积	速率常数		冲刷系数	冲刷指数
裸地	COD	EXP	55	0.1	EMC	16	1
	NH$_3$-N	EXP	0.6	0.5	EMC	3.6	1
	Org-P	EXP	0.3	0.5	EXP	0.004	1
	PO$_4$-P	EXP	0.6	0.5	EXP	0.004	1
绿地	COD	EXP	25	0.5	EMC	14	1

下垫面类型	污染指标	计算方法	累积参数率定值		计算方法	冲刷参数率定值	
			最大累积	速率常数		冲刷系数	冲刷指数
绿地	NH₃-N	EXP	1	0.5	EMC	2.5	1
	Org-P	EXP	0.2	0.5	EXP	0.002	1
	PO₄-P	EXP	0.4	0.5	EXP	0.002	1
建设用地	COD	EXP	30	0.5	EXP	0.005	1.05
	NH₃-N	EXP	0.8	0.5	EMC	3.8	1
	Org-P	EXP	0.16	0.5	EXP	0.01	1
	PO₄-P	EXP	0.32	0.5	EXP	0.002	1

各污染物浓度模拟值与实测值对比结果如图 5.2-18～图 5.2-20 所示，经分析，COD 浓度峰值误差为 6.7%，NH₃-N 浓度峰值误差为 2.8%，TP 浓度峰值误差为 2.3%，在允许范围内，此外，峰现时间差异较小，因此水质模型合理、可靠。

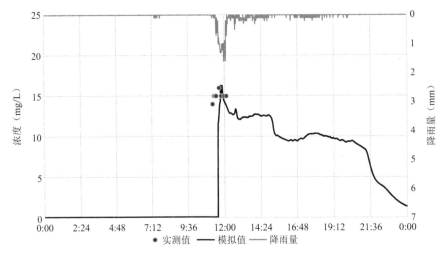

图 5.2-18　COD 浓度模拟值与实测值对比图

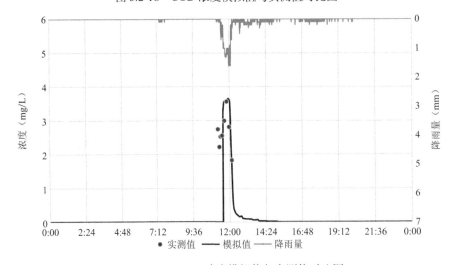

图 5.2-19　NH₃-N 浓度模拟值与实测值对比图

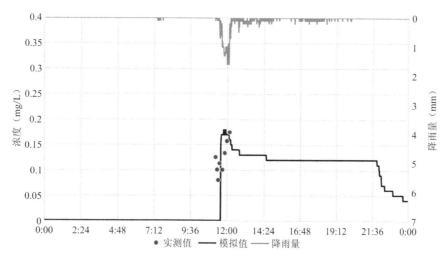

图 5.2-20　TP 浓度模拟值与实测值对比图

5.2.5.2　河道模型率定

1. 水动力模型率定

在搭建好的水动力模型中，模拟河道的水位、水量、流速数据，通过模拟结果与实测值的对比分析，进行水动力模型率定。率定时，要求河道水位的绝对误差不超过 0.2m。

本项目采用 2021 年 3 月 5 日旱季河道水深监测数据进行模型率定，河道糙率的率定值为 0.03。经分析可知，实测值和模拟值的水深误差在允许范围内，水动力模型合理、可信。结果对比如表 5.2-13 所示。

河道水深模拟值与实测值对比　　　　　　　　　　　表 5.2-13

率定点位	水深实测值（m）	水深模拟值（m）	水深绝对误差（m）
玉带溪北支下游出口附近	313.87	314.00	0.13

2. 水质模型率定

在水动力验证可靠的基础上搭建水质模型，并通过实测数据与模拟数据的对比分析、参数调整等，进行水质模型率定。

本项目采用雨季的 8 场水质监测数据进行水质模型率定，模拟时间段为 2021 年 7 月 1 日—2021 年 10 月 31 日，率定点位为玉带溪北支K0 + 307位置（玉带溪南支汇入前）。对污染物的一级降解速率进行调参，确定率定值为：COD0.072d-1，NH$_3$-N0.36d-1，TP0.072d-1。模拟值与实测值对比结果如图 5.2-21～图 5.2-23 所示，可见模拟结果与监测数据拟合度较高。

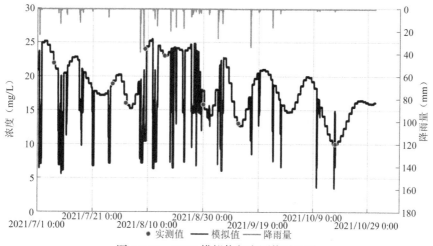

图 5.2-21　COD 模拟值与实测值对比图

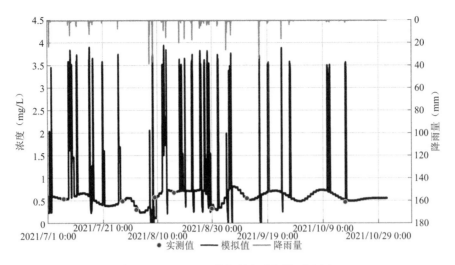

图 5.2-22 NH₃-N 模拟值与实测值对比图

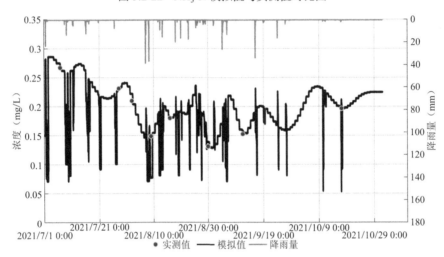

图 5.2-23 TP 模拟值与实测值对比图

对比管网暗涵出口和河道内的污染物监测数据，管网暗涵出口的 NH₃-N 浓度较河道内 NH₃-N 浓度高，管网暗涵出口的 KTN 浓度较河道内 KTN 浓度低，管网暗涵出口的 TN 浓度与河道内 TN 浓度相近。由监测数据可知，管网暗涵出口的污染物进入河道后，使 NH₃-N 大量转化成了 KTN。NH₃-N 降解速率快的原因主要有以下三点：①玉带溪河道流速较低，平均流速为 0.1m/s，类似于生态塘类型，适合对 N、P 等污染物进行高效降解。②玉带溪河道水力停留时间相对较长，硝化细菌有充足的时间进行反应，使硝化反应进行得更彻底，明显提高 NH₃-N 的去除率。③河道下游曝气设施在曝气时间足够的情况下，充足的溶解氧有利于 NH₃-N 的生物降解，而且 NH₃-N 浓度越高，降解速率越快。

5.2.6 模拟分析

5.2.6.1 枯水年（2000 年）溢流模拟结果分析

1. 不同方案的溢流频次分析

模拟玉带溪截污工程方案前、一期截污工程方案后、二期截污工程方案后三种工况，分析评估不同方案的溢流频次。

枯水年降雨条件下，玉带溪截污工程方案前，排水系统为合流制，溢流频次为 61 次，玉带溪一期截污工程方案后，采取了末端截污措施，溢流频次减小至 28 次，玉带溪二期截污工程方案后，实现了雨污分流，溢流频次减小至 20 次。溢流风险得到了较大程度控制。

2.暗涵出口处不同方案下入河水量及入河污染物情况分析

模拟玉带溪截污工程方案前、一期截污工程方案后、二期截污工程方案后三种工况，分析评估暗涵出口处的入河水量及入河污染物总量，并评估方案削减效果。

1）玉带溪截污工程方案前

北支上游暗涵出口处年出流总量为 234.09 万 m³，年 COD 污染负荷总量为 303.73t，年 NH₃-N 污染负荷总量为 57.28t，年 TP 污染负荷总量为 4.16t。

2）玉带溪一期截污工程方案后

北支上游暗涵出口处年出流总量为 13.87 万 m³，年 COD 污染负荷总量为 3.13t，年 NH₃-N 污染负荷总量为 0.47t，年 TP 污染负荷总量为 0.04t。

3）玉带溪二期截污工程方案后

北支上游暗涵出口处年出流总量为 18.82 万 m³，年 COD 污染负荷总量为 2.98t，年 NH₃-N 污染负荷总量为 0.34t，年 TP 污染负荷总量为 0.036t。

不同工况下暗涵出口处总水量及污染物统计结果如表 5.2-14 所示。经分析可知：枯水年时，一期方案较方案前，出流总量及污染负荷总量有明显削减，削减率达 90%以上，但污染负荷总量仍然较高，水质接近劣 V 类，不满足雨天作为补水水源补给玉带溪河道的条件；二期方案后，暗涵出口处总水量增大，污染负荷总量较小，出口处水质有所提升，COD 浓度<20mg/L，NH₃-N 浓度<4mg/L，TP 浓度<0.25mg/L，该水质略高于 III 类水质（除 NH₃-N），较适合作为玉带溪河道雨天的补水水源。

枯水年玉带溪暗涵出口处水量及污染负荷　　　　表 5.2-14

方案	流量（万 m³/a）	COD 污染负荷（t/a）	NH₃-N 污染负荷（t/a）	TP 污染负荷（t/a）
方案前	234.09	303.73	57.28	4.16
一期方案	13.87	3.13	0.47	0.04
一期方案削减率（%）	94.08	98.97	99.17	99.03
二期方案	18.82	2.98	0.34	0.036
二期方案削减率（%）	91.96	99.02	99.40	99.13

不同方案北支上游暗涵出口流量过程线和污染物浓度过程线，如图 5.2-24～图 5.2-27 所示。

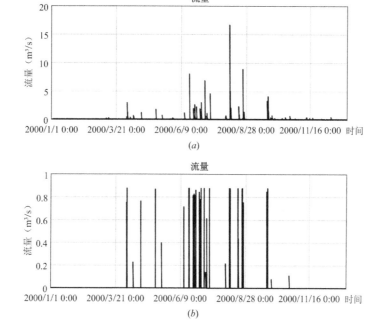

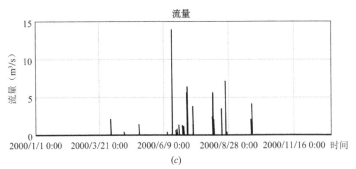

(c)

图 5.2-24　枯水年不同方案暗涵出口流量过程线图

(a)方案前；(b)一期方案；(c)二期方案

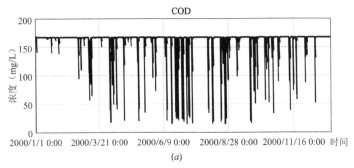

(a)

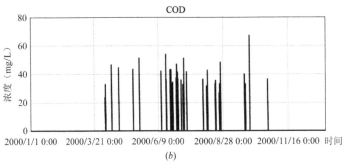

(b)

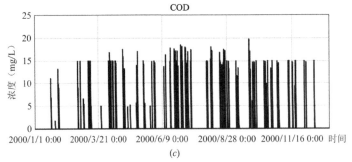

(c)

图 5.2-25　枯水年不同方案暗涵出口 COD 浓度过程线图

(a)方案前；(b)一期方案；(c)二期方案

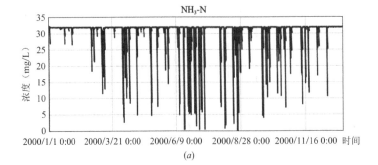

(a)

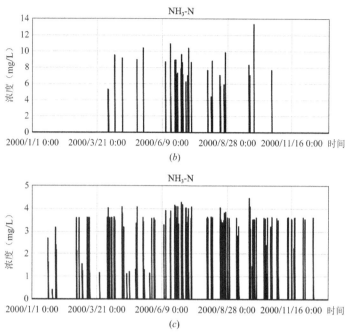

图 5.2-26 枯水年不同方案暗涵出口 NH$_3$-N 浓度过程线图

(*a*)方案前；(*b*)一期方案；(*c*)二期方案

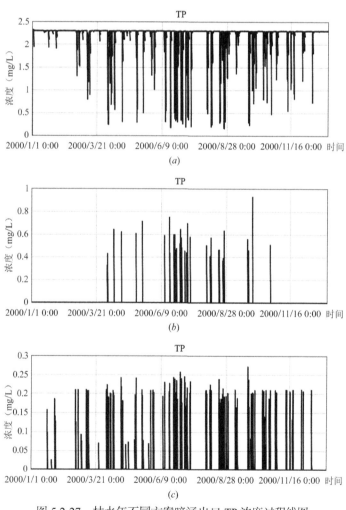

图 5.2-27 枯水年不同方案暗涵出口 TP 浓度过程线图

(*a*)方案前；(*b*)一期方案；(*c*)二期方案

5.2.6.2 平水年（2018年）溢流模拟结果分析

1. 不同方案的溢流频次分析

模拟玉带溪截污工程方案前、一期截污工程方案后、二期截污工程方案后三种工况，分析评估不同方案的溢流频次。

平水年降雨条件下，玉带溪截污工程方案前，排水系统为合流制，溢流频次为83次，玉带溪一期截污工程方案后，采取了末端截污措施，溢流频次减小至39次，玉带溪二期截污工程方案后，实现了雨污分流，溢流频次减小至23次。溢流风险得到了较大程度控制。

2. 暗涵出口处不同方案下入河水量及入河污染物情况分析

模拟玉带溪截污工程方案前、一期截污工程方案后、二期截污工程方案后三种工况，分析评估暗涵出口处的入河水量及入河污染物总量，并评估方案削减效果。

1) 玉带溪截污工程方案前

北支上游暗涵出口处年出流总量为258.08万m³，年COD污染负荷总量为309.3t，年NH₃-N污染负荷总量为58.11t，年TP污染负荷总量为4.22t。

2) 玉带溪一期截污工程方案后

北支上游暗涵出口处年出流总量为19.06万m³，年COD污染负荷总量为4.28t，年NH₃-N污染负荷总量为0.62t，年TP污染负荷总量为0.054t。

3) 玉带溪二期截污工程方案后

北支上游暗涵出口处年出流总量为27.6万m³，年COD污染负荷总量为4.06t，年NH₃-N污染负荷总量为0.45t，年TP污染负荷总量为0.051t。

不同工况下暗涵出口处总水量及污染物统计结果如表5.2-15所示。经分析可知：平水年时，一期方案较方案前，出流总量及污染负荷总量有明显削减，削减率达90%以上，但污染负荷总量仍然较高，不满足雨天作为补水水源补给玉带溪河道的条件；二期方案后，暗涵出口处总水量增大，污染负荷总量较小，出口处水质有所提升，可作为玉带溪河道雨天的补水水源。

平水年玉带溪暗涵出口处水量及污染负荷　　　　　　　　表5.2-15

方案	流量（万m³/a）	COD污染负荷（t/a）	NH₃-N污染负荷（t/a）	TP污染负荷（t/a）
方案前	258.08	309.3	58.11	4.22
一期方案	19.06	4.28	0.62	0.054
一期方案削减率（%）	92.61	98.62	98.93	98.73
二期方案	27.6	4.06	0.45	0.051
二期方案削减率（%）	89.31	98.69	99.23	98.79

不同方案北支上游暗涵出口流量过程线和污染物浓度过程线，如图5.2-28～图5.2-31所示。

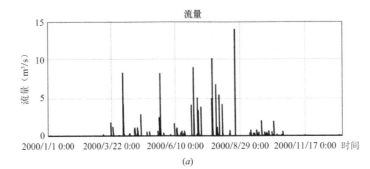

(a)

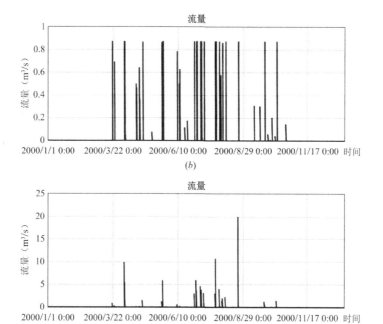

图 5.2-28 平水年不同方案暗涵出口流量过程线图

(a)方案前；(b)一期方案；(c)二期方案

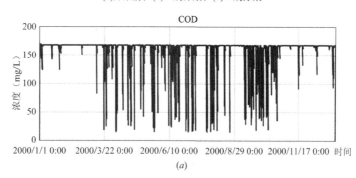

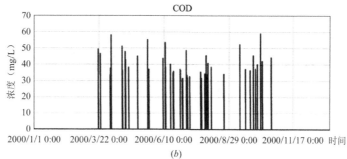

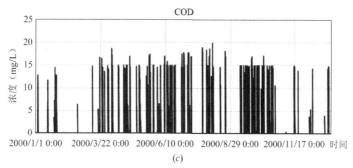

图 5.2-29 平水年不同方案暗涵出口 COD 浓度过程线图

(a)方案前；(b)一期方案；(c)二期方案

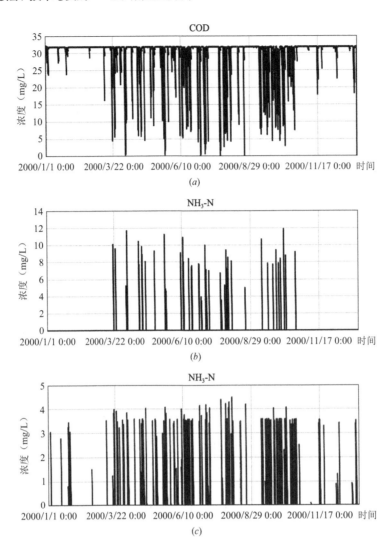

图 5.2-30　平水年不同方案暗涵出口 NH₃-N 浓度过程线图

(a)方案前；(b)一期方案；(c)二期方案

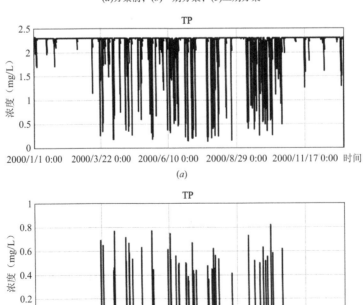

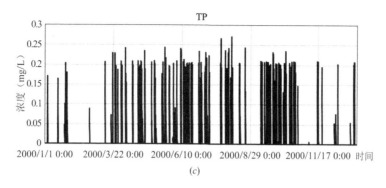

图 5.2-31 平水年不同方案暗涵出口 TP 浓度过程线图

(a)方案前；(b)一期方案；(c)二期方案

5.2.6.3 河道水质结果分析

目前，玉带溪北支水质已基本稳定达到准Ⅲ标准，考虑根据内江当地水功能区划，玉带溪应属于Ⅲ类水体，故本案例中玉带溪北支水质达标以Ⅲ类标准计，即应满足 COD 浓度≤20mg/L、NH_3-N 浓度≤1.0mg/L、TP 浓度≤0.2mg/L。

对于河道水质变化情况的分析，选择大、中、小雨三类典型场次降雨，分析典型溢流污染情况下河道水质变化情况；选择典型年降雨工况，分析全年河道水质达标情况。其中，场次降雨选取内江地区 3.28mm（降雨时长 8h 25min）、23.6mm（降雨时长 17h 16min）、25.3mm（降雨时长 8h 55min）三场小、中、大雨作为模拟工况；典型年降雨，选取平水年 2018 年、枯水年 2000 年全年降雨作为年降雨模拟工况。

1. 小雨后河道水质变化情况

选取 2000 年 9 月 28 日降雨，持续时间为 8h 25min，降雨量为 3.28mm 的小雨工况。

小雨后玉带溪河道下游位置处水质变化情况如图 5.2-32～图 5.2-34 所示。由模拟结果可知，玉带溪河道小雨工况一期方案下 COD 浓度在降雨初始不达标，在降雨中和降雨后一直达标；NH_3-N 浓度在降雨结束后 2.8d 达标；TP 浓度一直达标。小雨工况二期方案下 COD 浓度在降雨初始不达标，在降雨中和降雨后一直达标；NH_3-N 浓度在降雨结束后 2.76d 达标；TP 浓度一直达标。

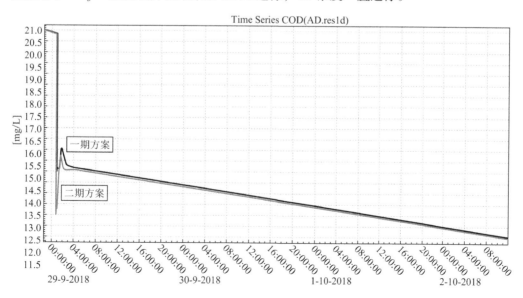

图 5.2-32 小雨后 COD 河道水质变化图

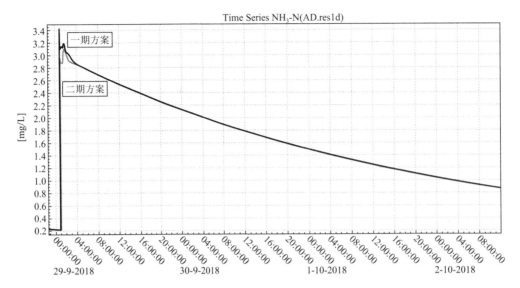

图 5.2-33　小雨后 NH₃-N 河道水质变化图

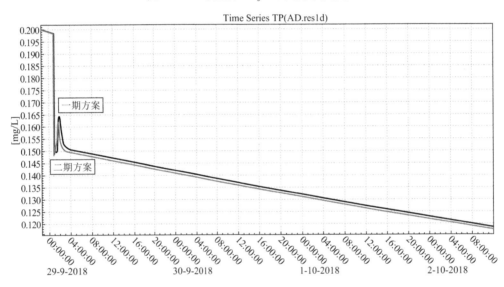

图 5.2-34　小雨后 TP 河道水质变化图

2. 中雨后河道水质变化情况

选取 2018 年 6 月 11 日降雨，持续时间为 17h 16min，降雨量为 23.6mm 的中雨工况。

中雨后玉带溪河道下游位置处水质变化情况如图 5.2-35～图 5.2-37 所示。由模拟结果可知，玉带溪河道中雨工况一期方案下 COD 浓度在降雨时刻存在不达标情况，降雨结束后一直达标；NH₃-N 浓度在降雨结束后 2.9d 达标；TP 浓度在降雨时刻存在不达标情况，降雨结束后一直达标。中雨工况二期方案下 COD 浓度在降雨初始不达标，在降雨中和降雨后一直达标；NH₃-N 浓度在降雨结束后 2.83d 达标；TP 浓度一直达标。

3. 大雨后河道水质变化情况

选取 2018 年 10 月 8 日降雨，持续时间为 8h 55min，降雨量为 25.3mm 的大雨工况。

大雨后玉带溪河道下游位置处水质变化情况如图 5.2-38～图 5.2-40 所示。由模拟结果可知，玉带溪河道大雨工况一期方案下 COD 浓度在降雨时刻存在不达标情况，降雨结束后一直达标；NH₃-N 浓度在降雨结束后 3d 达标；TP 浓度在降雨时刻存在不达标情况，降雨结束后一直达标。大雨工况二期方案下 COD 浓度在降雨初始不达标，在降雨中和降雨后一直达标；NH₃-N 浓度在降雨结束后 2.95d 达标；TP 浓度一直达标。

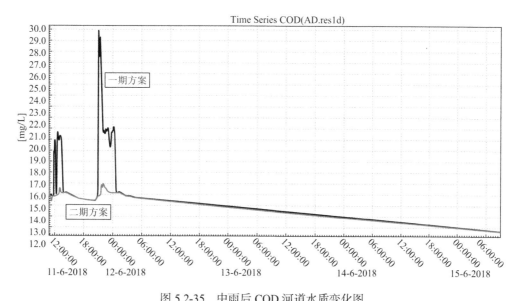

图 5.2-35　中雨后 COD 河道水质变化图

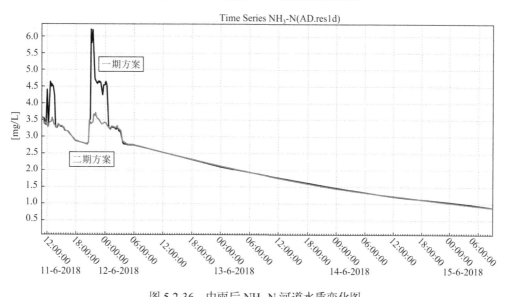

图 5.2-36　中雨后 NH$_3$-N 河道水质变化图

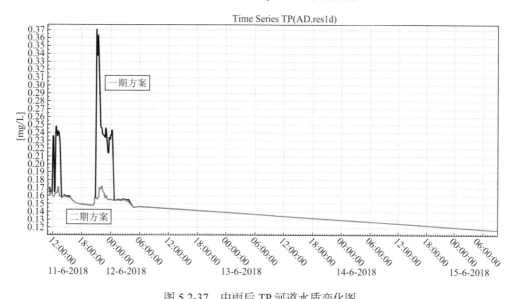

图 5.2-37　中雨后 TP 河道水质变化图

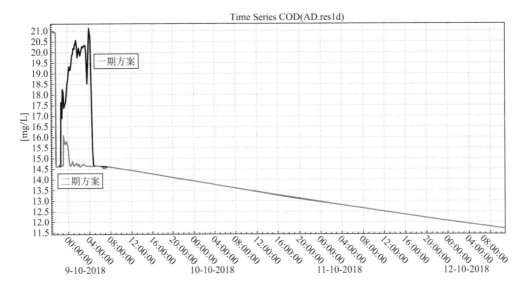

图 5.2-38　大雨后 COD 河道水质变化图

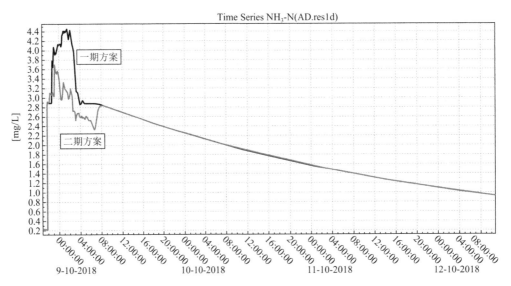

图 5.2-39　大雨后 NH₃-N 河道水质变化图

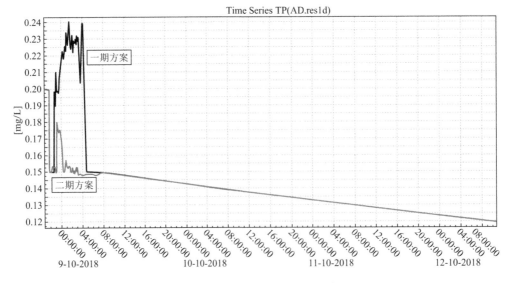

图 5.2-40　大雨后 TP 河道水质变化图

4. 枯水年全年降雨工况下河道水质变化情况

选取 2000 年枯水年全年降雨，模拟一期方案和二期方案下全年河道水质变化情况，统计河道各污染物的全年达标天数，如表 5.2-16 所示。由模拟结果可知，玉带溪河道 2018 年全年一期方案和二期方案的 COD 和 TP 三类水达标天数均在 300d 以上，NH₃-N 三类水达标天数在 200d 以上；二期方案比一期方案全年达标率略有提高。此外，二期方案与一期方案相比，各污染物的浓度值明显降低。

各污染物不同工况下枯水年全年达标天数及达标率统计表　　　表 5.2-16

污染物类别	一期方案全年达标天数（d）	二期方案全年达标天数（d）	一期方案全年达标保证率（%）	二期方案全年达标保证率（%）
COD	357	360	97.8	98.6
NH₃-N	212	225	58.1	61.6
TP	355	359	97.3	98.4

5. 平水年全年降雨工况下河道水质变化情况

选取 2018 年平水年全年降雨，模拟一期方案和二期方案下全年河道水质变化情况，统计河道各污染物的全年达标天数，如表 5.2-17 所示。由模拟结果可知，玉带溪河道 2018 年全年一期方案和二期方案的 COD 和 TP 三类水达标天数均在 300d 以上，NH₃-N 三类水达标天数在 200d 以上；二期方案比一期方案全年达标率略有提高。此外，二期方案与一期方案相比，各污染物的浓度值明显降低。

各污染物不同工况下平水年全年达标天数及达标率统计表　　　表 5.2-17

污染物类别	一期方案全年达标天数（d）	二期方案全年达标天数（d）	一期方案全年达标保证率（%）	二期方案全年达标保证率（%）
COD	353	358	96.7	98.1
NH₃-N	201	214	55.1	58.6
TP	348	356	95.3	97.5

第6章

污染源控制与治理技术

城市水系是承载城市生态系统服务功能的重要载体。城市因水而生，因水而兴，因水而美，因水而亡。它不仅具有改善生态环境的功能，还能促进城市经济发展，提升居民生活质量；同时，大部分水系具有行洪排涝以及调蓄功能。但随着经济的快速发展，城市化和工业化进程的不断加快，城市河道水环境遭到了严重的污染和破坏，大量污染物质的排放造成水生态系统的损害，水体黑臭问题普遍存在。

国家《水污染防治行动计划》明确提出黑臭水体治理目标要求：到 2020 年，地级及以上城市建成区黑臭水体均控制在 10% 以内；到 2030 年，城市建成区黑臭水体总体得到消除。2015 年，住房和城乡建设部与环境保护部联合发布了《城市黑臭水体整治工作指南》，溶解氧（DO）、氨氮（NH_3-N）、透明度和氧化还原电位（ORP）是黑臭水体分类评价的重要指标。

目前，黑臭水体治理遵循适用性、综合性、经济性、长效性和安全性的原则，采用源污染控制、垃圾清除、淤泥疏浚和生态修复等措施[10]。人们将点源污染截留、非点源污染排放、多层净化、内源还原、内源调控、生态保护和多点监测相结合，对黑臭水体进行系统治理。在治理黑臭水体时，首先应考察污染源、特征污染物和水文条件等，评价水体透明度、溶解氧、氧化还原电位和氨氮等水质指标。此外，污染负荷还应通过水环境容量核算和污染负荷核算进行分析。最后，对黑臭水体进行分类评价。通过一系列的调查和评价，人们可以确定各个黑臭水体的具体情况，优化治理方案。治理结束后，应进行水质评价并制订监测方案。城市黑臭水体治理应遵循"控制源污染、控制水污染、加强水流作用、用清水补充水源、水净化和生态修复"的基本技术路线，其中，控制源污染和控制水污染是选择黑臭水体治理技术的基础。

6.1 污染源形式

内江沱江流域黑臭水体污染源控制主要包括点源污染、面源污染和内源污染三种形式。

6.1.1 点源污染

点污染源是指集中由排污口排入水体的污染源，常见的主要包括污水直排口、禽畜养殖、分散鱼塘养殖、工业污废水排放、餐饮污水、各种固废垃圾等形式，其中污废水直排进入水体是引起河道变黑变臭的主要原因。所以，截污控制技术是污水收集最直接、最有效的黑臭水体治理工程措施，也是采取其他技术措施的前提。城市可以沿河湖铺设污水截流管道，合理设置提升泵站，将污水截流并纳入市政污水收集处理系统。在靠近城市污水管网的地区，污水应集中收集在排污管道中。

6.1.2 面源污染

面源污染又称非点源污染，是相对点源污染而言的，指溶解态或颗粒态的污染物从非特定的地点，经降水（或融雪）冲刷作用，通过径流过程而汇入受纳水体（包括河流、湖泊、水库和海湾等）并引起的水体污染。常见的主要包括农业面源污染、城市面源污染、初雨径流污染等形式。面源污染物浓度通常较点源污染低，但污染的总负荷却非常巨大。除了城市地表径流外，城市周边地区的非点源污染、村镇雨水和生活污水也是导致城市黑臭水体的重要因素。当前，人们要合理运用环境友好开发模式（EOD）、低影响开发技术、初期雨水控制和净化技术、地表固体废物收集技术、生态护岸和隔离（封闭）技术，融入到城市建设中去。对于短时间内不能接入排污管道的污水以及不更换或补充水源的黑臭水体，人们可以采用物理、化学或生物处理方法，并选用占地面积小、操作简便、运行费用低的污水处理装置，快速去除水中的污染物。

6.1.3 内源污染

内源控制主要是利用底泥清淤、底泥原位修复与生态修复技术来治理黑臭水体。底泥清淤常用的有机械方式、人工方式或者两者相结合的方式。底泥原位修复技术多采用生物原位修复技术，即利用培育的植物或培养、接种的微生物的生命活动，对底泥中的污染物进行转移、转化及降解；化学原位修复技术是向底泥中投加化学药剂与底泥中的污染物发生化学反应，使污染物易降解或毒性降低，该技术对水环境危害较大，多为应急措施。生态修复技术常采用生态护岸、海绵措施、水体植物种植及人工曝气等技术对原硬化河岸（湖岸）进行生态改造、初雨径流污染控制、水体溶解氧含量提升，恢复岸线和水体的自然净化功能，提升水体污染治理效果。研究发现，生态护坡对地表径流具有延缓作用，在控制地表径流污染方面具有良好的生态效益。

6.2 污染物控制与治理技术

6.2.1 控制原则

一般来说，黑臭水体污染控制技术主要通过控源截污来实现，也是黑臭水体防治的长效措施，遵循以下原则：

（1）通过沿河沿湖铺设污水截流管线，并合理设置提升（输运）泵房，将污水截流并纳入城市污水收集和处理系统。

（2）对老旧城区的雨污合流制管网，首先进行雨污分流；无法分流的区域，应沿河岸或湖岸布置溢流控制装置。

（3）无法沿河沿湖截流污染源的，可考虑就地处理等工程措施。

（4）结合海绵城市的建设，采用各种低影响开发（LID）技术、初期雨水控制与净化技术、地表固体废弃物收集技术等，从源头控制污染物的排放。

（5）加强污染物排放立法、监管、行政处罚工作，从制度上减少污染物的排放。

6.2.2 治理目标

全面实施控源截污，强化排水口、截污管和检查井的系统治理，开展水体清淤与生态修复，到2020年年底，内江市完成黑臭水体治理工作，全面消除黑臭水体，60%的河段实现"清水绿岸，鱼翔浅底"的目标。

6.2.3 治理思路

以解决内江沱江流域市区及下辖县市乡镇水系面临的水环境、水生态、水安全和水资源等方面的重要问题为基本导向，结合建设的控制目标与指标，黑臭水体治理的总体思路如下：

（1）坚持"清污分流，提质增效"的原则，依托现有管网资源，完善、恢复管网功能，于源头解决污染物入河问题。

（2）消除建成区雨污管涵的混、错接，增加管涵清淤及修复力度，确保管涵排水通畅，规避沿河截污管网失效的风险。

（3）科学规划畜禽养殖场的布局，加强对畜禽粪便的处理措施以及终端资源化利用。

（4）与海绵城市建设有机融合，通过海绵城市削减雨水径流污染负荷，降低雨水对污水处理系统的冲击和影响，降低水体入河污染负荷。

6.2.4 点源污染控制与治理

根据《城镇排水统计年鉴》的数据，截至 2017 年年底，我国共有城镇污水处理厂 4205 座，总处理能力为 1.87 亿 t/d，全年污水处理总量约 562 亿 t，城市污水处理率已达到 94.54%。但纵观整个污水收集处理系统，仍存在诸多问题：一方面，污水管网建设严重滞后于城市发展，城中村、老旧城区和城乡接合部存在大量管网空白区，造成部分生活污水直排和水体黑臭多发；另一方面，精细化管理不到位，污水管网的管理和运维机制碎片化，存在管网破损错位、错接混接、淤积严重等问题，地下水、雨水入渗，导致污水收集处理设施效益不高，难以发挥应有的作用。

住房和城乡建设部、生态环境部和国家发改委三部委日前联合发布《城镇污水处理提质增效三年行动方案（2019—2021 年）》，四川省结合实际，制定本省实施方案，从 2019 年起，用三年时间持续推进城市市政污水管网新建和改造修复，推进污水处理设施建设和提标升级，加快推进城市建成区黑臭水体治理工作。结合《深入打好长江保护修复攻坚战行动方案》要求，到 2020 年年底，全省地级及以上城市建成区实现基本无生活污水直排口，基本消除城中村、老旧城区和城乡接合部生活污水收集处理设施空白区，基本消除黑臭水体（即"三个基本"），城市生活污水集中收集效能显著提高（表 6.2-1）。

无论是生活污水、工业企业污废水、较大规模的餐饮及汽修区域的污废水排放，还是分散的禽畜、渔业养殖废水的排放，都属于典型的点源污染，而控源截污也是解决污染物入河的主要手段，具体任务如下。

1）建立健全城市排水管网排查和定期检测制度

各地要制定市政排水管网排查与检测方案，委托专业机构全面排查城市建成区市政污水管网以及居民小区、公共建筑和企事业单位内部排水管网，查清排水管网、排水口、检查井及雨污错接混接点结构性和功能性缺陷，形成排查报告和管道检测评估报告，建设完善市政排水管网地理信息系统。

2）加快推进城市建成区排水管网改造

各地要根据建成区排水管网排查报告和管道检测评估报告，制定排水管网雨污错接混接点治理、破旧管网修复改造和雨污分流改造等工作计划，建立工作清单，全面组织实施。

3）加快城市生活污水管网建设

新建城区污水管网应按照雨污分流制，与市政道路同步规划建设。持续推进城中村、老旧城区、城乡接合部的污水管网建设，基本消除生活污水收集处理设施空白区。鼓励和支持再生水管网建设。推进建成区污水管网全覆盖和生活污水全收集、全处理，努力提高污水处理厂的进水浓度。城市污水处理厂进水生化需氧量（BOD）浓度长期低于 100mg/L 的，要围绕服务片区管网规划与建设制定"一厂一策"系统化治理方案，明确治理目标和具体措施。到 2021 年年底，全省设市城市污水收集率达到 50% 或三年提高 5 个百分点，全省设市城市进水生化需氧量（BOD）浓度达到 100mg/L 以上或三年提高 10 个百分点，污水处理厂进水生化需氧量（BOD）浓度超过 100mg/L 的保持稳定运行。其中，地级及以上城市污水集中收集率达到 70% 或三年提高 10 个百分点，地级及以上城市进水生化需氧量（BOD）浓度低于 100mg/L 的污水处理厂提升至大于或等于 100mg/L 的规模占比不低于 30%；县级城市污水集中收集率达到 40% 或三年提高 5 个百分点[11]。

4）持续推进城市污水处理厂建设与提标改造

严格落实城市污水处理设施及再生利用设施建设中长期规划和城市排水专项规划，科学确定生活污水收集处理设施总体规模和布局，生活污水集中收集处理能力要与服务片区人口、经济社会发展、水环境质量改善要求相匹配。现有城镇污水处理厂处理能力不能满足城市发展需求的，加快实施污水处理厂新（改、扩）建工程。加快实施长江干流、岷沱江流域等主要支流、重点敏感区域城镇污水处理厂提标改造，确保出水水质达到排放标准。人口相对分散或市政管网未覆盖的地区，因地制宜建设分散式污水收集处理设施。推进城市污泥处理处置设施建设，鼓励污泥处置新技术、新工艺应用，按规范、规程处理、处置污泥，确保处理、处置后的污泥符合国家标准。因地制宜推进城市污水再生利用设施建设，逐步提高再生水的利用率，鼓励单体建筑面积超过 2 万 m² 的新建公共建筑配套建设雨水利用或中水回用设施。

5）健全市政管网建设质量管控机制

加强排水管材市场监管，严厉打击假冒伪劣管材产品，积极推广使用绿色新型管材。严把排水设施工程质量关，工程设计、建设单位应严格执行工程建设相关标准、规范，严格进行隐蔽工程验收、竣工验收和工程移交，确保工程施工质量。

6）健全污水接入服务和管理制度

认真落实国务院《城镇排水与污水处理条例》，规范雨水、污水排放管理。城市市政污水管网覆盖范围内的生活污水应当依法规范接入市政污水管网，严禁雨污错接混接和污水直排。

7）规范工业企业排水管理

地方各级人民政府或工业园区管理机构要组织对进入市政污水管网的工业企业进行排查、评估，经评估认定污染物不能被城镇生活污水处理厂有效处理或可能影响城市生活污水处理厂出水稳定达标的，要限期退出；经评估可继续接入市政污水管网的，工业企业应当依法取得污水排入排水管网许可。

8）完善河湖水位与市政排口协调制度

各地要合理控制河湖水体水位，根据河湖防洪标准确定的设计水位、岸线规划和航运等技术要求，合理设置市政排口，加强河湖水体水位监管控制，防止河湖水倒灌。工程施工排水排入市政管网，应纳入污水排入排水管网许可管理，明确排水接口位置和去向，避免违规排入城镇污水处理厂的现象。

9）建立健全专业运行维护管理机制

各地要根据实际情况选择具有相应资质和技术能力的排水管网运行维护单位，根据排水管网特点、规模、服务范围等因素合理落实人员和经费保障。积极推行污水处理厂、管网与河湖水体联动的"厂—网—河（湖）"一体专业化运行维护机制，保障生活污水收集处理设施的系统性和完整性。

四川省城镇污水处理提质增效三年行动工作目标分解表　　　　　表 6.2-1

序号	城市名称	行政级别	城市建成区生活污水集中收集率		生活污水处理厂进水生化需氧量（BOD）浓度目标	"三个基本"完成时限
			三年计划增加百分点	2021 年计划达到目标（%）	2021 年计划达到目标（mg/L）	
1	成都市	地级以上城市	10	70	100	2020
2	自贡市	地级市	18	39	100	2020
3	攀枝花市	地级市	10	43	100	2020
4	泸州市	地级市	15	47	100	2020
5	德阳市	地级市	10	30	100	2020
6	绵阳市	地级市	10	58	125	2020
7	广元市	地级市	10	49	91	2020
8	遂宁市	地级市	15	33	120	2020
9	内江市	地级市	18	41	110	2020
10	乐山市	地级市	14	29	100	2020
11	南充市	地级市	15	34	115	2020
12	宜宾市	地级市	10	47	100	2020

序号	城市名称	行政级别	城市建成区生活污水集中收集率		生活污水处理厂进水生化需氧量（BOD）浓度目标	"三个基本"完成时限
			三年计划增加百分点	2021年计划达到目标（%）	2021年计划达到目标（mg/L）	
13	广安市	地级市	10	43	115	2020
14	达州市	地级市	10	38	125	2020
15	巴中市	地级市	10	67	160	2020
16	雅安市	地级市	10	27	100	2020
17	眉山市	地级市	11	40	100	2020
18	资阳市	地级市	10	30	70	2020

污水处理提资增效的最终目标是实现污水管网全覆盖、全收集、全处理，其实质从定性角度，是基本消除建成区生活污水收集处理空白区；从定量角度，体现在污水收集率和污水浓度两个指标。对工作目标的考核紧紧围绕污水收集率和进水浓度，避免采用工程建设单一目标代替污水处理系统整体目标。以流域为对象，从水系出发，对全区的水情进行全面梳理，找出各镇街污水处理系统的突出矛盾。

具体措施为：

（1）抓源头

强力整治污染源，实现源头减污减量。重点开展排水达标单元划分及创建，逐个突破；实施合流箱渠清污分流，实现"污水入厂，清水入河"。

（2）补短板

着力污水管网建设，提高污水收集率。重点开展市政污水管网查漏补缺，实施城中村"进村入户"截污纳管工程。

（3）保通畅

排查现状管网隐患，疏通、梳理现状管网。重点开展现状管网修复、清淤工程。

（4）前瞻性布局

在提质增效项目实施中，全程贯彻"海绵城市"和"智慧水务"设计理念，为项目建成后开展智能化管理创造基础。

2019年7月，内江更是在四川省率先建成了市城镇生活污水处理运行监管中心，将全市已建成的城镇生活污水处理厂、11条城市水体的40个水质监测点全部纳入在线监管，城市水环境感知能力得到显著提升。此外，内江对城市排水管网（包括住宅小区和单位）分流域、分片区开展全面排查，确定排水单元，建立排水档案，开展管道清淤、病害治理和雨污混错接整治，实施清污分流，实施排水单元达标，实现源头减排，提升污水处理厂进厂污水浓度和运行效能，为黑臭水体治理实现"长治久清"做好保障。

6.2.4.1 直排口溯源

1.雨水工程规划

规划范围共划分为26个排水分区（表6.2-2、表6.2-3），其中沱江左岸13个，沱江右岸13个。

沱江左岸雨水排放分区情况一览表　　　　　　　　　　　　　　表6.2-2

序号	分区名	受纳水体	服务面积（hm²）	区域内雨水口
1	兰桂大道东	沱江	138.9	9

序号	分区名	受纳水体	服务面积（hm²）	区域内雨水口
2	谢家河西侧水体	谢家河西侧水体	123.2	4
3	谢家河流域	谢家河	548.5	31
4	师院	沱江	131.3	7
5	大千路	沱江	174.3	2
6	龙凼沟	龙凼沟	238.2	3
7	蟠龙冲	蟠龙冲	734.2	6
8	大冲山	沱江	400.3	7
9	小青龙河西侧	小青龙河	1944.3	46
10	小青龙河东侧	小青龙河	841	17
11	黑沱河北	沱江	377.4	9
12	椑木镇	黑沱河	755.5	26
13	黑沱河南	椑南河	1132.6	17

沱江右岸雨水排放分区情况一览表　　　　　　　　　表 6.2-3

序号	分区名	受纳水体	服务面积（hm²）	区域内雨水口
1	史家镇	沱江	205.8	—
2	邓家坝	沱江	349	9
3	寿溪河	寿溪河	1174	27
4	火车站	沱江	250	8
5	城西污水厂	跃进水库	1476	17
6	太子湖	太子湖	119	2
7	玉带溪	玉带溪	768	—
8	东站	沱江	283	2
9	城南乐贤	龙凼沟	1355	27
10	古原溪	古原溪	449	1
11	茂市糖厂	沱江	99	1
12	关圣殿	沱江	211	3
13	益民溪	益民溪	515	13

2. 污水系统规划

1）规划排水体制

（1）新建区：采用雨污分流制。

（2）已建区：尽力缩小合流制存在区域范围，适度包容合流制存在形式。

2）规划目标

缩减合流制排水覆盖区域面积；减少合流制溢流口溢流次数；提高合流制溢流口截流倍数。

3）合流制改造方案

（1）合流制保留区域主要分布在市中区老城、东兴区蟠龙冲下游区域、古堰溪下游区域和高桥镇。

（2）合流制改造区主要分布在蟠龙冲上游区域、龙凼沟下游区域、火车站区域、史家镇、白马镇、乐贤镇和椑木镇。

（3）外围分流制转输区主要分布在蟠龙冲上游区域、龙凼沟流域、蟠龙冲下游部分区域、玉带溪西侧区域和乐贤镇中部区域。

4）合流制溢流（CSO）管控措施

（1）消除合流制直排口：对甜城湖沿岸、史家镇、高桥镇、椑木镇、乐贤城南组团以及白马组团内的污水直排口采取接顺措施，通过新建截污干管和溢流井，将污水全部收纳至污水管网系统，转输至下游污水处理厂统一处理。

（2）提高溢流井截流倍数：对于现状截流倍数过低的溢流井，采取增大截流管径、提升泵站规模等措施提高截流倍数。各溢流井提高倍数情况如表 6.2-4 所示。

溢流井规划一览表　　　　　　　　　　　　　　表 6.2-4

序号	溢流井名称	旱季污水流量（万 m³/d）	对应泵站规模（万 m³/d）	原截流倍数	规划截流倍数	工程措施
1	大千路泵站溢流井	—	0.7	−0.34	消除溢流井	对节点进行彻底雨污分流改造
2	西林泵站溢流井	—	0.5	1.99	作为雨水溢流井	对节点进行彻底雨污分流改造
3	大佛寺泵站溢流井	0.33	3.0	0.50	3	提高溢流井截流倍数
4	罗家咀泵站溢流井	—	0.3	−0.06	消除溢流井	对节点进行彻底雨污分流改造
5	大洲泵站溢流井	1.68	5	0.90	3	提高溢流井截流倍数
6	宜宾商业银行溢流井	0.02	—	1~2	>3	提高溢流井截流倍数
7	兴隆村镇银行溢流井	0.05	—	1~2	>3	提高溢流井截流倍数
8	水上派出所溢流井	0.06	—	1~2	>3	提高溢流井截流倍数
9	鹭湾半岛溢流井	0.02	—	1~2	>3	设置高截流倍数溢流井
10	二小外溢流井	0.02	—	1~2	>3	设置高截流倍数溢流井
11	古堰溪溢流井	0.04	—	1~2	>3	设置高截流倍数溢流井

（3）新建污水调蓄池：城区内对甜城湖造成溢流污染的主要污染源来自蟠龙冲及玉带溪，规划在大洲泵站和大佛寺泵站附近分别新建 1 座调蓄池，通过降雨时收集污水，待流量较小时经污水泵站提升至截污干管，来管控合流制溢流污染。大洲广场调蓄池容积 26340m³，调蓄池规模确定为 $L \times B \times H = 85m \times 40m \times 8m$，可实现溢流年均有效管控次数 31 次，将年均 69 次溢流降至年均 39 次溢流；大千广场调蓄池容积 20700m³，调蓄池规模确定为 $L \times B \times H = 100m \times 20m \times 10m$，可实现溢流年均有效管控次数 12 次，将年均 37 次溢流降至年均 25 次溢流。

（4）下游污水厂应对方案：经过修建调蓄池以及提高溢流井截流倍数，下游污水处理厂处理规模应考虑降雨后截流增加量，建议规划污水处理应增加雨水收集处理及相应配套设施。

为分析沱江流域水环境情况，对沱江干流市区段现状排口进行分析，同时考虑到内江市现状黑臭水体问题较为突出，对11条黑臭水体沿线排口进行分析（表6.2-5），分布如图6.2-1所示。

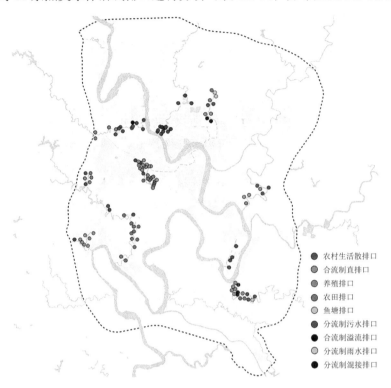

农村生活散排口
合流制直排口
养殖排口
农田排口
鱼塘排口
分流制污水排口
合流制溢流排口
分流制雨水排口
分流制混接排口

图 6.2-1　现状排水口分布图

根据收集资料和实地调研情况，内江市区黑臭河道共有9类排口共计119个，其中合流制直排口26个，合流制溢流排口3个，分流制污水排口20个，分流制雨水排口12个，分流制混接排口3个，农村生活散排口24个，农田排口20个，养殖排口6个，鱼塘排口5个。

各黑臭河道排水口分布一览表　　　　　　　　　　　　　　表 6.2-5

序号	河道名称	合流制直排口	合流制溢流排口	分流制污水排口	分流制雨水排口	分流制混接排口	农村生活散排口	农田排口	养殖排口	鱼塘排口	合计
1	古堰溪	7	—	1	—	—	—	—	—	—	8
2	玉带溪	5	—	2	7	—	1	2	—	2	19
3	太子湖	2	—	—	4	—	—	—	—	1	7
4	蟠龙冲	2	—	—	—	2	2	1	1	2	10
5	黑沱河	6	3	—	1	—	2	2	—	—	14
6	寿溪河	—	—	1	—	1	8	—	4	—	14
7	益民溪	—	—	—	—	—	3	11	—	—	14
8	小青龙河	4	—	—	—	—	2	—	1	—	7
9	包谷湾	—	—	—	—	—	2	4	—	—	6
10	龙函沟	—	—	—	—	—	4	—	—	—	4
11	谢家河	—	—	16	—	—	—	—	—	—	16
合计	—	26	3	20	12	3	24	20	6	5	119

6.2.4.2 排污口改造

1.河湖直排口一般采取截污纳管方式

截污纳管是一项水污染处理工程,通过建设和改造位于河道两侧的工厂、企事业单位、国家机关、宾馆、餐饮店、居住小区等污水产生单位内部的污水管道(简称三级管网),并将其就近接入敷设在城镇道路下的污水管道系统中(简称二级管网),并转输至城镇污水处理厂进行集中处理。污染在水里,根源在岸上,截污纳管是水生态修复中重中之重的一项任务。《城市黑臭水体整治工作指南》明确指出"截污纳管是黑臭水体整治最直接有效的工程措施,也是采取其他技术措施的前提",截污纳管是消除黑臭水体的根本,需要科学系统设计和建设。截污纳管存在大截污、大截流、套用调蓄措施等简单化做法,解决措施是对沿线排水口逐一排查,按《城市黑臭水体整治——排水口、管道及检查井治理技术指南(试行)》进行分类,结合周边市政雨污水管网情况,属于分流污水直排排水口的,优先考虑进行改造并接入现状市政污水管道,否则考虑接入新建污水管道或截污管道;属于分流雨污混接雨水排水口的,优先考虑源头雨污分流,否则考虑在排水口设截流井截流;合流制排水口考虑设截流井截流;分流制雨水管排水口可结合溢流污染情况,设雨水调蓄或排水口净化设施。选择截流倍数时,应结合城镇的降雨特征、设计重现期、截流区域特征、污水管网和污水处理厂负荷,并根据受纳水体的环境容量和 CSO 的污染控制要求,合理地选择截流倍数,并不一定是越高越好。若局部区域应 CSO 的污染控制要求,截流倍数选择较高,而下游污水管道或污水处理厂难以接纳,则可考虑采取就地截污调蓄和就地处理措施。合流制排水管网系统 CSO 污染控制的调蓄池主要是对合流制截污系统的补充,首先应确保现状合流制截污系统可靠运行,若现状合流制截污系统存在问题,应改造到位;其次是对现状截污系统 CSO 污染情况进行评估,在 CSO 频次较低和污染程度较小的情况下亦可不设置调蓄池。服务范围较大的分流制雨水管道原则上需考虑初雨调蓄,合理确定溢流量削减率和溢流污染物削减率,调蓄宜采用数学模型进行模拟后再确定调蓄容积。初期雨水的截流可考虑对桥下排水口上游较近的检查井进行截流井改造,减少桥下河道内截流井实施难度,并避免在河道中设置截流井影响行洪。

2.建设和提升排水系统信息化平台

目前,我国很多城镇的排水系统信息化水平低,存在排水系统监测能力有限、管网系统运行调度能力差等问题,造成排水设施运行效果差。因此,需通过排水系统信息化建设和提升,建立数字化排水管网、管网监测系统和管网调度模型,实现在线动态监测、分析和模拟,加强对重要截流溢流点和调蓄设施的监测,实现截流系统有效调控,提高截污系统运行管理决策的科学性和系统性。

3.加强排水管网系统的维护管理

加强维护管理是排水管网系统可靠运行和发挥作用的重要保障。排水管道存在淤积严重而致排水不畅、淤积污染物多时雨天管网水污染严重、运行水位高时晴天溢流、混接、破损等问题,主要是维护管理不到位所致。管道沉积物是 CSO 污染的重要来源,常态化管道清淤或冲洗是削减 CSO 污染负荷的重要措施,同时必须保证清淤污泥得到有效处理、处置,如建设清淤污泥处理、处置站。应通过泵站管理调控,降低排水管网运行水位,避免晴天溢流,发挥截流设施的作用。采用 CCTV 等检测技术,加强排水系统巡查,对雨污混接进行治理,对管道、检查井等缺陷进行修复。

4.进行合流管道源头改造

面对我国不一样的"合流制",唐建国总工曾经谈到,在改造的同时,不但要解决雨天雨水排水标准提高的问题,还要解决溢流污染问题,甚至要将溢流污染控制到比雨水排水标准提高改造前的现状还要小;不但要修复好现有合流管的结构性缺陷,减少外水入渗、杜绝河水倒灌,解决旱天满管流的问题,还要优化调度、增强养护管理,减少管道积泥;不但要建设灰色设施,还要绿色应对,减少径流污染。所以,合流制不是简单地将现状合流制废除了,改成分流制,而是要多措并举,因地施策。

1)改造前必须做的事

针对一个城市合流制系统,或者所谓的"合流制"系统,改造前必须做的工作是:第一,尽可能收集原有的合流系统的资料，了解现状合流制当初是按照什么标准设计的，调查现状排水户和地表状况，了解现状与当初设计时服务范围的差异；第二，结合收集的资料，深入现场调查现有排水系统真实的构成，了解现状合流制系统与后建排水系统的关系；第三，收集相关排水规划、海绵城市建设规划和地区发展规划资料，理解地区的发展要求；第四，要按照现状条件，对合流系统进行必要的验算，掌握其在目前情况下的排水能力情况，并结合规划要求，验算现有设施与规划目标的差距，确定改造的排水标准目标；第五，在旱天打开井盖看看，现状合流管道系统水位情况，判断合流管的运行状态，初步判断管道质量状况及外水来源和量的情况；第六，调查了解当地排水管道的养护情况，初步判断合流管网总的积泥情况；第七，实测合流制排水口在雨天的溢流污染和所属污水处理厂雨天进水、溢流等情况，掌握溢流污染物的构成、随降雨历时的溢流污染物变化情况。

2）主要改造的对策

（1）与雨水排水标准提升相结合

现有合流制排水系统普遍面临不能够满足雨水排水规划标准的问题，甚至由于后期的发展，都不满足原来设计标准要求，那么合流制改造就要与雨水排水标准提升相结合。改造时要考虑到：第一，原有合流管怎么办？最好是将现有合流管作为污水管，按照新的雨水排水标准敷设道路雨水排水管，这样做的优点是可先不涉及排水户污水的纳管问题，逐步进行排水户内部的分流改造和现有合流管结构性缺陷的修复，道路雨水排水管也只是先与道路雨水口衔接。第二，现有道路没有管位，这是制约敷设道路雨水排水管的难题。王盈盈等在《现状道路下空间集约型排水系统设计》(《给水排水》，2021年7月）一文中提出的"雨水口一体沟"的做法不失为一种解决道路雨水管管位问题的方法。目前，与雨水排水口相结合的沟渠产品也很多，这种占用雨水口位置做法的优点为：一是在充分利用道路雨水口位置，解决管位的同时，可与雨水口的改造进行有效的结合；二是可最大限度地降低原有合流管雨天的合流水量，大大减少雨天原合流排水口的溢流，减少污水处理厂的入厂水量；三是新建道路雨水排水管为现有合流管的缺陷修复的分段调水提供了转输通道。

（2）与"海绵措施"实施相结合

合流制改造最大的目的是减少雨天的溢流污染。溢流污染主要来自管道积泥和污水，管道积泥又主要来自于地表径流。减少了径流污染就减少了积泥，而减少径流污染最有效的措施就是"海绵措施"。"海绵措施"不但可以减少径流水量（减少了径流水量，就减少了道路雨水排水管的规模，让新建雨水管道更加容易实施），而且更可以有效减少径流污染，这就是"海绵措施"的两大功能。"海绵城市"不能够当工程建，但是城市工程可以海绵化，这就是"全域海绵"的对策。

（3）与综合施策相结合

合流制，或者所谓"合流制"的改造还需要综合施策。第一，对于"一根管排水"，那只能够新建雨水排水管，新开雨水排水口；把现有的排水口封堵掉，污水截流到污水处理厂。第二，对于沿河"整整齐齐的溢流口"，必须首先进行小区、企事业单位内部排水单元的雨污分流，若这个"截流管"还能够使用，就得将溢流口统统封堵掉；学习广州"排水单元达标"的先进经验，不但实现排水单元内部污水、雨水各行其道，还要实现雨水排水达标，甚至"海绵化"改造，并落实管理责任主体；沿河的"排水单元"在实现内部分流改造后，其雨水就可以直接排放到水体中。第三，对于分流、合流系统交错在一起的，首先要理清楚这个"乱麻"，分流系统雨水不能够进入合流系统，合流系统也不能够与分流系统相接；其次是进行分流系统的混接改造、缺陷修复，合流管道该怎么改，就怎么改。第四，满管流的"合流管"，得作检测，找出导致满管流的问题原因，赶外水；不恢复旱天低水位，就不是合流制。第五，及时养护排水管道，把管道水位降下去，把积泥旱天赶到下游，进到污水处理厂，降雨前再有效清一次。第六，污水是"合流箱涵"的外水，那就毫不犹豫地将污水这个外水"赶出去"，恢复原来山水渠"走清水"的本来面目；在"合流箱涵"中加设截流管，戏称"三车道"的做法是恢复"走清水"最简单和有效的办法。

5. 总结

截污纳管应以实现"提高污水收集率，提高污水浓度，降低污水溢流，降低初雨污染"为目标，不能仅仅为增大污水收集量而采用大截污系统、大截流倍数方式，造成工程实施效果差，工程投资浪费。

在截污系统中，调蓄池的主要作用是合流制排水管网系统的 CSO 污染控制和分流制雨水管道的初期雨水调蓄两种，应功能定位清楚，合理设计。

截污纳管应结合海绵城市建设措施和优化雨污水管建设模式，实现源头减量，降低溢流频次，减少CSO 污染。同时，为了充分发挥排水及截流系统作用，需建设排水系统信息化平台，并加强排水管网系统的维护管理。

6.2.4.3 暗涵污染防治

随着城市黑臭水体治理的持续开展，小型河道的暗涵段落具有封闭混乱、结构复杂等特征，成为最棘手的问题之一。对暗涵实施简单截污或末端截流处理的方式无法满足河道水质持续稳定达标的需求，反而造成水体黑臭反复的现象。

1. 暗涵化河道形成原因

因暗涵化河道与市政排水暗涵形式上均为封闭空间，城镇规划和建设期间由于定位不同和认识不足等原因，容易造成混淆处理，加之河道管理重视程度不足，大量源头或小型河道裁弯取直、明渠加盖或被箱涵替代，从而形成常见的暗涵。暗涵化河道根据暗涵段河道的上下游位置分类为上游暗涵、中游暗涵、下游暗涵及组合暗涵。

天然河渠在转变为地下暗涵后，由于缺乏光照和充足的溶氧，河道的生态功能逐渐退化。为满足周边生产和生活需求，暗涵内普遍存在内部污水直排、合流制排口溢流排放、生活垃圾堆积及其他不利因素造成的涵内淤积和厌氧发酵，暗涵化河道逐渐由河流功能改变为雨污水排放功能，变化情况对比如表 6.2-6 所示。以上原因，造成的水质恶化和重度黑臭成为暗涵化河道的典型特征[12]。

暗涵化河道功能变化对比　　　　　　　　　　　　　　　　表 6.2-6

类别	核心属性	主要指标	主要功能	管理部门	共同特征
河流功能	地表水体受纳空间自净区域生态系统	水环境：水质指标；水安全：断面指标；水生态：健康指标	行洪排涝，水质净化，生态承载	河道管理部门	①封闭空间；②满足行涝排洪功能；③污水排放识别和监管难度大
排水功能	市政设施，承载空间，转输载体，排水单元	结构指标，功能指标，系统评价	雨水行洪排涝，污水收集转输	市政排水管理部门	

2. 暗涵化河道的动态形成过程

在无序的用地开发和排水系统建设情况下，以河道驳岸物理形态和污染源输入描述小型河道暗涵黑臭化过程：自然河道（驳岸成自然冲刷状态，仅少量面源污染）—轻干扰河道（驳岸受水利和农业改造影响，存在散居生活排水、小型工业企业排水和农业面源污染）—重干扰河道（两岸人口聚集，住宅、公共建筑、商业设施、过河桥涵等沿河而建，驳岸逐渐硬质化，坡率增大或成垂直驳岸状态，承接沿岸生活污染、工业污染及面源污染等）—暗涵化河道（通过垂直驳岸加盖、桩基础建筑或市政路桥覆盖、直接修建涵洞等形式变为暗涵，接纳并输出污染）。

3. 源头暗涵化河道的系统防治

源头暗涵化河道整治应积极遵循"预防为主"及"主动修复"的思路，首先宜结合城市综合规划和排水系统规划等上位条件，避免现状河道再走暗涵化的路子，为河道解决"存在"和"存续"问题。其次为现状暗涵在既定的空间条件下结合各类改造工程，寻求最佳的工程技术解决方案。

整治暗涵需首先解决生态红线管控问题，统筹生态保护与城镇发展之间的矛盾，对于小流域源头河道要注重保护，积极修复，控制污染，合理处置好河道与排水系统之间的相互关系（图 6.2-2）。

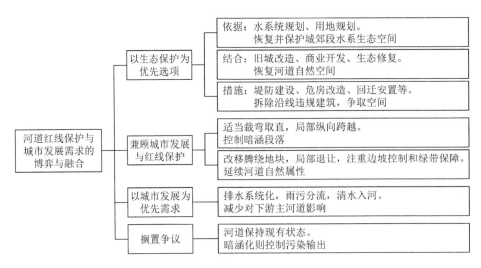

图 6.2-2 红线保护与城市发展关系图

4.暗涵化河道系统化治理思路

暗涵化河道治理是水环境综合治理，特别是黑臭水体治理的关键"黑箱"部分，国内外有很多暗涵治理实践的经验和教训。对于现状暗涵化河道，需按照调查分析、明确目标、确定原则及工程应用的系统治理思路进行最优化处置，具体内容如图 6.2-3 所示。

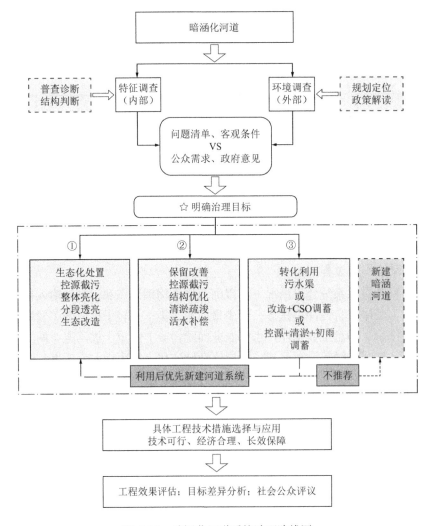

图 6.2-3 暗涵化河道系统治理路线图

5. 暗涵化河道治理原则

暗涵化河道治理可根据其内外部特征及目标情况确定不同的治理方式，在确定具体技术方案前需要选取适用的一般原则，具体如表 6.2-7 所示。

暗涵化河道治理选取原则

表 6.2-7

总体原则	①暗涵河道治理服务于整体水环境目标实现。 ②允许条件下，优先明渠亮化、生态化处理。 ③源头削减，过程控制的思路下，开展近期治理。 ④以控源截污为核心，重点控制污水直排和合流制排口溢流污染。 ⑤暗涵排口整治应以暗涵普查、排口溯源和源头改造为基本手段。 ⑥暗涵整治与排水系统改造灵活结合，注重近远期治理。 ⑦合理选择底泥清淤方式，优先资源化利用。 ⑧结构安全可靠，技术经济合理，运营维护方便

6. 暗涵治理措施

在适用的治理原则下，应以河道整体水环境质量为目标，并结合外部条件，选择相应的主体工程技术方案，主体工程主要介绍明渠化改造及控源截污治理的内容。

1）明渠化改造

暗涵化河道明渠化改造最有效的治理方式为借助城镇旧城改造、水系统综合治理、基础设施建设的契机，克服征地拆迁困难，打开暗涵顶部盖板，还原自然河道。

自然河道的还原在平面上宜充分利用腾退的空间，将调查的河床及历史上的河滩地纳入其中；纵断面上需形成交替的深潭和浅滩，引蓄水构筑物宜合理设置；横断面上应减少规则的矩形断面，让河床能够有一定的摆动幅度，尽量预留水陆生态过渡带。

2）控源截污治理

暗涵在控源截污后应实现其河道水质特征，与排水系统协同实现雨污水"各行其道"，在全面、准确的排口调查及溯源条件下，根据目标水质和水环境容量，对所有点源实施截污改造并有效控制初雨污染和合流制溢流污染。暗涵在不同排水体制下的改造方式如表 6.2-8 所示，不同条件下或不适宜时，应灵活选择。

暗涵控源截污治理

表 6.2-8

上游暗涵	分流制区域：雨污分流能分须分，全面保障出水水质。 合流制区域：沿线截污，尽量不设调蓄设施，以生态净化设施为主
中游暗涵	分流制区域：雨污分流能分尽分，若不能则河道择旁路或污水纳管。 合流制区域：沿线截污，近期适当增加截留倍数，合理设置调蓄设施或生态净化设施
下游暗涵	分流制区域：新城区雨污分流能分则分。 合流制区域：沿线截污，老城区实施合流制溢流污染控制，合理设置调蓄设施
组合暗涵	采取组合方式，综合各类因素，凸出主要问题和矛盾，减少污染输出

3）灵活处置及改造利用

（1）在不影响行洪的条件下，通过增加智能控制设施，将盖板暗涵转换为隧道调蓄设施，控制中小降雨强度下的污染"零入河"，实现初期雨水和合流制溢流污染有效控制。

（2）利用暗涵化河道旁侧市政道路空间，结合河道断面进行横断面改造，将暗涵打开，塑造柔性护岸和开放空间，接纳透水路面的下渗雨水的同时，形成蓄滞空间和局部的雨水自净区域。

6.2.4.4 农村散排污水

根据四川省现行地方标准《农村生活污水处理设施水污染排放标准》DB 51/2626，农村生活污水处理应因地制宜，选择污染治理与资源利用相结合，集中与分散相结合的建设模式和处理工艺，有限选用生态处理技术。对靠近城镇且满足城镇污水管网要求的农村地区，应将农村生活污水纳入城镇污水处理厂进行集中处理，执行《污水排入城镇下水道水质标准》GB/T 31962。严格限制农村生活污水处理设施进水种类。屠宰、养殖、酿酒、泡菜、豆制品等行业和中型及以上规模餐馆产生的废水不得进入农村生活污水处理设施。

2020 年四川省生态环境厅印发《关于做好全市农村生活污水处理设施现状调查的通知》《关于开展农村生活污水情况排查通知》，对全市农村生活污水处理设施现状、污水排放情况进行全面排查，全市1642 个行政村，常住居民 63.8 万户、165.3 万人，年生活污水排放量 4801.49 万 t。组建农村黑臭水体排查技术指导组，按照"感官识别、问卷识别、监测识别"三个层级，对村民数量达 15 户或 50 人以上的主要集聚区 500m 公共范围内的黑臭水体进行排查，首次排查出农村黑臭水体 25 条。

编制完成《内江市农村生活污水治理行动方案》《内江市农村人居环境整治三年行动实施方案》，明确治理方式、治理措施和治理目标创新方式，结合内江实际，提出"一并两改三建"的农村生活污水治理模式。"一并"：将满足城镇污水收集管网接入要求的农户并入城镇污水处理管网。"两改"：对已有可利用的收纳和治污设施的农户，采取改建废弃沼气池、厕所粪污池的方式，实现旧物"资源利用"。"三建"：对集中居住 15 户或 50 人以上常住人口的区域，采用建设微动力生化处理的方式进行处置；对集中居住 10 户或 30 人以上常住人口的区域，采取建立生态湿地等模式进行处置；对集中居住 10 户 30 人以下的农村区域采用新建沼气池，简易一体化处理设施等方式进行处置。

农村生活污水处理设施运维管理坚持"政府主导、群众参与，属地为主、规范管理，因地制宜、注重实效"的原则，实现"设施完好、运行稳定、水质达标、效益持续"的目标。科学合理确定农村生活污水处理设施运维管理模式。鼓励以县（市、区）为单位委托有实力的专业企业作为运维单位，统一运维管理城镇和农村生活污水处理设施。对于规模较小、工艺相对简单、操作简便的农村生活污水处理设施，可根据当地实际，采用乡镇（街道）或村（社区）属地自行运维的模式，保障设施正常运行。委托专业企业运维的，委托方应与运维单位订立合同，明确双方权利、义务。合同应载明运维服务的范围、内容、目标效果、费用和违约责任等。对集中居住 10 户或 30 人以下的农村区域，采用新建沼气池、简易一体化处理设施等方式进行处置。同时，组建农村工作领导小组，对全市农村生活污水治理推进情况实行周调度、月通报、及时提醒、督促推进进度缓慢的地区，强化督查督办。以"先易后难，重点区域优先"为原则，分批次推进农村生活污水治理。开展自查自评，联合农业农村、城管执法等部门对全市20%以上农村整治项目成效进行核查，编制《2019 年度农村环境综合整治成效核查情况的报告》，确保整治成效。目前，全市约 55%的行政村已具备农村生活污水处理能力。

其中，内江市户厕改造方案，为全面提升市中区农村厕所建设水平，有效改善农村人居环境，内江市市中区大力推进"厕所革命"。内江市明确目标，制定《内江市市中区 2021 年度农村"厕所革命"实施方案》，明确全年工作任务。2021 年全区计划实施农村无害化卫生厕所新（改）建和部分户厕提档升级5545 户。以点带面，示范先行。坚持"典型示范、以点带面、先易后难、全面覆盖"原则，重点以"一边、一线、两村、三区"为推进区域，以点扩面、有序实施。2021 年率先实施完成 37 个部分实施改厕的涉改村（涉农社区）农村户厕建设，村内需改户厕应改尽改，实现村域无害化卫生厕所普及率达到 90%以上。

6.2.4.5 畜禽养殖污染物防治

沱江流域污染物排放总量中 COD 排放最多，各污染源污染物的排放也以 COD 为主，TN 和 TP 排放相对较少。对 COD 排放贡献率最高的污染源为畜禽养殖业源，其次为种植业源、农村生活源；TN 排放最多的也为畜禽养殖业源，其次为农村生活源。所以，禽畜养殖污染物的排放控制对消除黑臭水体起着至关重要的作用。畜禽养殖的污染物排放主要从以下几个方面进行控制与治理。

1.科学合理规划畜禽养殖产业布局

科学合理地规划畜禽养殖场的选址布局，是确保减轻畜禽养殖业对环境造成污染的首要条件，但是在选址布局时要注意做到，满足畜禽养殖户的生产需求以及生态环境发展的需求，控制合理的养殖规模。政府要对没有任何处理、防治措施的畜禽养殖场采取关停的手段，对不符合标准的畜禽养殖场严格审批，要求他们在定期内做好整改，争取从源头上确保畜禽养殖场减少对周围生态环境的污染。

2. 强化提高畜禽养殖户的环保意识

要想更好地减少畜禽养殖对生态环境造成的污染，就要不断加强畜禽养殖户的环保意识，这样才能让他们从自身做到对废物处理的规范化，切实地保护身边的生活环境。这也就需要政府的相关部门加强对畜禽养殖户环保意识的宣传，正确引导防治环境污染的措施，让畜禽养殖户充分认识到畜禽养殖污染的严重性，促使全民加入到保护环境的队伍中来。

3. 加强对畜禽粪便的处理技术措施

畜禽排泄废物是生态环境的主要污染物，必须加强对畜禽粪便的处理措施。一方面，实行高温堆肥，因为畜禽粪便中还含有很多元素是对农作物有利的，因此处理后的畜禽排泄物可以卖给农业种植户当肥料，还可以加工成有机化肥，不但可以提高畜禽养殖户的经济效益，还能促进我国农业发展的高效、稳定。但是，期间要注意对收集畜禽粪便的场地采取防渗透、防淋措施，以防止对周围环境和地下水资源的污染。另一方面，实行沼气发酵，利用沼气池对畜禽的排泄废物进行厌氧发酵，气体可以提供部分能量用于保温或制作燃料，剩余的部分可以制成肥料，这样就可以做到既减少了对环境的污染，又提高了我国的经济水平，同时也为我国的可持续发展提供有力的支持。

4. 畜禽废物的集中收集与综合利用

养殖场要综合提高粪污利用能力，对有条件的大中型养殖场积极引导和推进粪污再生利用，如大力发展建设沼气池，利用沼气池对粪污进行无害化处理，粪污经沼气池处理后，沼液、沼渣还田，产生的沼气可以作为能源利用来发电、照明。沼气池养鱼可以提高鱼苗的成活率，因此在畜禽废水的终端处理上，可以建立养鱼塘、生物塘等，避免污染的同时创造可观的经济效益，充分发挥资源的利用价值。并且，还可以利用干式清粪技术，减少畜禽排泄废物的排放量，有助于实现资源的循环再利用，进而在最大程度上减轻畜禽养殖业对生态环境造成的种种污染。根据以上的论述，我们不难发现，畜禽养殖业产生的污染不仅仅是对生态环境造成了影响，还对我国居民的身心健康产生威胁。因此，必须针对这些问题采取有效的防治措施，以确保将畜禽养殖业的污染程度降到最低，同时将畜禽产生的废物变废为宝，创造更高的资源价值和经济效益。

6.2.5 面源污染控制与治理

面源污染是指没有固定污染排放点，以面源形式分布、排放污染物造成水体污染，也即非点源污染。点源污染可以得到比较好的控制和治理，但面源污染涉及范围广、不确定性大，防治非常困难，已成为影响水环境治理质量的重要污染源。面源控制是通过控制雨水径流中的污染物含量从而减少水体的外源污染负荷。面源污染涉及的点多、面广，可结合海绵城市理念进行初期雨水污染的削减，落实地方制定的海绵规划实施方案及目标。海绵城市建设中采用各种低影响开发技术，对初期雨水面源污染的控制与黑臭水体中"控源纳污"的要求完全一致，小微黑臭水体整治可充分借鉴海绵城市理念，如在水体两侧或者地块中建设初雨的过滤净化设施、调蓄设施、雨水回用设施等。另外，应加强对菜市场、垃圾站、洗车场、餐饮街等面源污染严重区域的管理，督促商户建设隔油池、沉砂池等设施，通过工程加管理的措施削减源头污染负荷。

6.2.5.1 城区雨水污染控制与治理

城区雨水污染主要有两种方式，初期雨水径流污染与合流制排水系统溢流污染。

1. 初期雨水径流污染控制

降雨初期，雨水溶解了空气中大量的酸性气体、汽车尾气、工业废气等污染气体，雨水降落地面冲刷屋顶、沥青道路等建筑物和生产生活垃圾，又带走了大量污染物质，如氮、磷、有机物、盐分、重金属、有毒物质、杂物等，若直接排入自然水体，将造成地表水和地下水严重污染。针对雨水径流污染，非常有效的方法是植被控制，通过种植草皮沉淀、过滤污染物质，费用很低，并且能提高地表渗透能力。推荐分散型源头净化，减少绿色调蓄设施。

在不适宜种植草皮的区域，可建造滞留池调节水量和沉淀。其中，湿式滞留池应用更为普遍，去除TSS效果明显，能有效去除SS、TN、TP、BOD、重金属等污染物。

渗滤系统可用于处理暴雨径流，将地表径流雨水暂时存储，并渗透到地下。渗滤系统包括敞开式渗坑、渗渠和渗井等，适用于具有渗透性较好的土壤、地下水位低于渗滤系统低点至少3m、雨水中悬浮固体含量较少且渗滤过程中有足够的存储空间储存地表径流的区域。须注意，渗滤系统易被悬浮物堵塞，一般不独立使用。湿地也是一种高效控制地表径流污染的措施，主要是沉淀截留和植物吸附。湿地分为人工湿地（特指径流处理人工湿地，而非普遍意义的污水处理人工湿地）和天然湿地，适用于水层浅、水流缓慢的区域，去除效率受地理位置、气候、水力参数、湿地类型等多种因素影响，因而在很多地方可能不可行。

以上措施可结合使用，提高污染物去除效率，如植被控制作为径流的收集和输送系统，与渗滤系统结合，可在径流进入渗滤系统前滤除悬浮物，与滞留池或湿地结合，可在径流进入时减少对地表的侵蚀和冲刷。

2. 合流制排水系统溢流污染控制

合流制排水系统溢流（Combined Sewer Overflows，以下简称CSO）是指在暴雨或融雪期，由于大量雨水流入排水系统，使得水流量超出了污水处理厂或污水收集系统的设计能力，超出部分以溢流方式直接排出。CSO主要包括生活污水、工业废水和雨水，也包括雨水冲刷出的管道沉积污染物，随着雨水流量变化，污染物的浓度也可能大幅增加。可借鉴海绵城市"渗、滞、蓄、净、用、排"的思路治理溢流污染。CSO污染控制技术一般流程是在截留式合流制基础上，当降雨量超出污水处理负荷时，通过在合流干管与截留干管交接处前设置溢流井，夹带大量污染物的溢流，一部分排入贮水池中，待晴天进入污水处理系统处理，另一部分溢流经旋流分离器＋沉淀池＋消毒系统，再排入自然水体。

3. 调蓄池治理控制

地表冲刷效应导致初期雨水携带大量污染物，如不加控制，大量污染物即直接进入河道造成面源污染，因此利用雨水收集系统，在降雨期间将初期雨水滞留储存至初期雨水调蓄池，待降雨停止后，将这部分污水输送至排水管道、泵站或者污水处理厂，抑或就地处理后排放，是控制面源污染的重要的措施。对于分流制排水系统，调蓄池主要控制地表冲刷带来的初期雨水面源污染，对于合流制排水系统，调蓄池的主要功能是截留初期混合雨污水，提高合流制排水系统截留倍数。

初雨调蓄池的工作过程主要分为进水、放空、冲洗。

进水：降雨初期，当进水水位高于污水区集水池的最高水位时，初期雨水首先进入调蓄池的储水池，待储水池蓄满水后，水再从储水池上部溢出进入调蓄池各廊道（无论在何种进水量的情况下，进水总是先充满储水池，贮存一定的冲洗水量）。待调蓄池达到设定水位时，调蓄池进水箱涵闸门关闭。后续的雨水进入雨水泵室，通过雨水泵提升至出水井后排入管道或河道。

放空：根据外部污水管网运行情况，利用晴天污水量排放低谷时段（一般为夜间），人工控制调蓄池的放空。初期雨水经放空泵提升后，排入泵站内的污水管，最终接入市政污水管网。

冲洗：调蓄池放空后，根据出水收集渠内浮球开关的信号反馈，由控制系统触发，冲洗系统将工作。以门式冲洗为例，门式自冲洗系统将依次对各廊道进行自动冲洗。冲洗门瞬间将储水释放，门底部喷射出的动能形成强力、席卷式的射流。射流形成的波浪将池底的沉积物卷起＋冲流到调蓄池末端的收集渠，通过泵排出。第一条廊道冲洗完成后，由控制系统触发第二组冲洗程序，顺序操作。

4. 人工湿地技术

人工湿地是近年来迅速发展的生物—生态治污技术，可处理多种工业废水，包括化工、石油化工、纸浆、纺织印染、重金属冶炼等各类废水，后又推广应用为雨水处理。这种技术已经成为提高大型水体水质的有效方法。人工湿地的显著特点之一是其对有机污染物有较强的降解能力。废水中的不溶性有机物通过湿地的沉淀、过滤作用，可以很快地被截留进而被微生物利用；废水中可溶性有机物则可通过植物根系生物膜的吸附、吸收及生物代谢降解过程而被分解去除。采用人工生态湿地技术解决面源污染问题具有明显的生态优势和落地实施性，实施过程中应充分利用原有的地形、地势，按照人水和谐、尊重自然的设计理念进行设计；此外，可根据具体情况增加泵站循环补水设施。随着处理过程的不断进行，湿地床中的微生物也繁殖生长，通过对湿地床填料的定期更换及对湿地植物的收割而将新生的有机体从系统中去除。

1）人工湿地的分类

人工湿地按水流类型可分为四类：

（1）表流湿地。废水在填料表面漫流，与自然湿地最为接近。这种湿地不能充分利用填料与植物根系。

（2）潜流湿地。污水在湿地床的内部流动，一方面利用填料表面生长的生物膜、丰富根系及表层填料的截流等作用提供处理能力和效果；另一方面，由于水流在地表下流动，保温性能好，处理效果受气候影响小，卫生条件较好，是目前采用较多的一种类型。该工艺利用了植物根系的输氧作用，又称为污水处理的根系方法。

（3）垂直流湿地。结合了地表流湿地和潜流湿地的特点，对于有机物和氮具有更高的净化效果，但是建造要求高。

（4）潮汐流湿地系统。通过间歇性的进水和空气运动，氧的传递速率和消耗率大大提高。芦苇床交替被充满水和排干，极大地提高了处理效果。

2）人工湿地的工作原理

人工湿地的工作原理是利用自然生态系统中物理、化学和生物的三重共同作用来实现对污水的净化。这种湿地系统是在一定长宽比及底面有坡度的洼地中，由土壤和填料（如卵石等）混合组成填料床，污染水可以在床体的填料缝隙中曲折流动，或在床体表面流动。在不同材质、不同粒径配比的基质填料上种植特定的处理性能好、成活率高的净水植物，形成一个独特的动植物生态环境，对污染水进行处理，从而成为人工建造的、可控制的、工程化的湿地生态系统。当污水通过湿地系统时，其中的污染物质通过沉积、过滤、吸附和分解等作用得到净化。同时，人工湿地中的植物除了增加湿地基质的透水性，还能与周围环境的原生动物、微生物等形成各种小环境，通过氧的传递，形成特殊的根际微生态环境，这一微生态环境具有很强的净化废水的能力。研究表明，城市污水在 3～5h 内流过 200m 以上的沼泽湿地后，硝酸盐即可减少 63％，磷减少 57％。人工湿地对磷的去除是通过植物的吸收、微生物的积累和填料床的物理、化学等几方面的共同协调作用完成的。由于该系统出水质量好，适合于处理饮用水源，或结合景观设计，种植观赏植物，改善风景区的水质状况。其造价及运行费远低于常规处理技术。英、美、日、韩等国都已建成一批规模不等的人工湿地。

3）人工湿地的净化机理

人工湿地处理系统对污水净化的作用机理是多方面的，主要包括：物理的沉降作用，污水经过基质层及密集的植物茎叶和根系，使悬浮物颗粒得到过滤，并沉积在基质层中；植物根系的阻截作用；某些物质的化学沉淀作用；土壤及植物表面的吸附与吸收作用；微生物的代谢作用等。此外，植物根系的某些分泌物对细菌和病毒有灭活作用；细菌和病毒也可能在其不适宜的环境中自然死亡。

（1）基质及净化机理

基质在人工湿地的构造中占有较大面积，是人工湿地区别于自然湿地的重要方面。研究发现，在排除了植物因子的前提下，人工湿地土壤—微生物系统对污水成分仍具有良好的去除作用。基质为湿地植物、微生物提供了生境，自身也参与了湿地净化污水的物理、化学过程。自然泥土是人工湿地中经常使用的基质。为了特殊目的，如提供磷的吸附，促进对金属的吸收，研究者选用基质时会考虑某个方面的特性，在目前，砂、石混合仍是最常用的形式。基质的去污过程来自离子交换、专性与非专性吸附、螯合作用、沉降反应等。

（2）水生植物及净化机理

目前，对植物的废水处理重要性方面，还存有争议。一些研究人员认为植物是湿地的必要部分，人工湿地中的湿生植物，不仅在外观上引人注目，在湿地净化污水的过程中也起着重要作用；但其他研究人员则认为它们的价值主要是美学方面。现有的大部分研究都证实湿地植物是湿地系统中的重要组成部分，在污水净化方面发挥了重要作用。植物及其枯枝败叶层形成了一个自然生物过滤器，有助于控制臭味；它们还能阻止杂草的生长，并使昆虫不至于在水面繁殖过多；植物自身可以吸收同化污水中的营养物质和有毒有害物质，将它们转化为生物量；植物根系促进了悬浮物在基质中的物理过滤过程，可防止基质的堵塞；植物在冬季形成一个绝热层，有助于使地下的基质免受霜冻。除此以外，植物的根系还为细菌提供了多样的生境，并输送氧气至根区，有利于微生物的好氧作用。

（3）微生物、藻类及其净化机理

微生物对整个生态系统具有重要的影响。微生物不仅是自然界的分解者，而且有些微生物也是食物链中的初级生产者，同时在自然界的元素转化中微生物也是一个不可缺少的成员。人工湿地中的微生物是湿地净化污水的主要机制之一，其中，细菌是湿地微生物中数量最多的一个类群，在污水净化过程中起到巨大作用，它使复杂的含氮有机物转化成可供植物和微生物利用的无机氮化合物。它们共同组成了互利共生的有机系统，共同来完成污水净化的任务。

5.海绵城市措施

海绵城市将自然途径与人工措施相结合，在确保城市排水防涝安全的前提下，最大限度地实现雨水在城市区域的积存、渗透和净化，促进雨水资源的利用并减缓面源污染。海绵措施主要包括生态植草沟、雨水花园、生物滞留带、透水铺装、绿色屋顶等设施。

1）雨水花园

雨水花园是采用低于路面的小面积洼地，种植当地原生植物并培以腐土及护根覆盖物等，成为园林景观的一部分，雨天则可成为贮留雨水的浅水洼。一般建设在停车场或居民区附近，通过入水口导引不透水面产生的降雨径流进入雨水花园，由土壤、微生物、植物的一系列生物、物理、化学过程实现雨洪滞留和水质处理，视实地情况还可铺设底层导水设施和暗沟等。

2）透水铺装/可渗透铺装

可有效降低不透水面积，增加雨水渗透，同时对径流水质具有一定的处理效果。目前，有各种产品可替代传统沥青、水泥铺设路面，比如水泥孔砖或网格砖、塑料网格砖、透水沥青、透水水泥等。不同类型的透水砖和不同的铺设方法可产生不同的雨水滞留率和污染物去除率，包括对总石油类等污染物的生物降解。PPS 遇到的一些问题主要有路面的堵塞、冬季性能表现、下垫面土壤及地下水的污染等。透水路面最适合在交通流量较低（如停车场、便道等）的区域使用，而海岸带地区由于砂质土壤和平坦的坡度条件可最好地发挥透水路面性能。

其中，道路广场可采用缝隙式结构透水铺装。缝隙式可渗透铺装可有效降低不透水面积，增加雨水渗透，同时对径流水质具有一定的处理效果。它几乎可以替代所有传统铺装面，几乎可以适应所有空间并与不同场地布置结合，而且不易发生堵塞，透水性能强。

3）生态植草沟

生态植草沟是一种狭长的生态滞留设施。与雨水花园类似，但功能不同于雨水花园，主要不是进行雨水贮存，而是代替雨水口和雨水管网进行道路雨水的收集和输送，对来自于停车场、自行车道、街道以及其他不透水性表面的径流进行过滤和入渗。与传统的明沟的区别是其表面铺设有植被。生态植草沟适用于多种地形条件，在设计和铺设上具有很大的灵活性，而且其造价相对较低。一般的开放草地渠道系统适用于面积较小且坡度较缓的排泄区域、居民区的街道或者高速公路，在作为输送渠道的同时，可以增加对地下水的补给、过滤污染物、减缓水流速度，相对于传统的混凝土渠道而言，减少了不透水面积的比例。

与雨水花园一样，生态植草沟也是一种分布式的在源头对径流进行调控的 LID 措施，由于生态植草沟表面铺设有植被，因此，其曼宁系数较大，径流速度得以减缓，可有效增加地下水补给，过滤污染物，因此，生态植草沟相比传统管网系统，在设计上更加接近天然状态下的径流输送方式。

4）绿色屋顶

绿色屋顶通过在屋顶种植绿色植物实现滞留雨水，同时实现其他（如降低室温等）功能以节约能源，是 LID 管理策略中的主要措施之一。根据植物和介质层不同，绿色屋顶在夏天一般可滞留 70%～90% 的降雨量，冬季可滞留 25%～40% 的降雨量。降雨强度和绿色屋顶的结构对雨水滞留率有显著影响，且滞留率随降雨强度的增加而减少。同时，施肥、土壤、屋顶结构等原因造成绿色屋顶会释放 N、P 以及重金属等污染物。因此，安装绿色屋顶尽管能截流降雨，但要注意总氮、总磷的输出。大部分研究分析认为，截留的降雨量可以弥补这一点缺陷，最好选择不需要太多施肥的植物。针对绿色屋顶介质对污染物输出的效能以及重金属处理和输出方面的研究还很匮乏。

6.2.5.2 农业种植污染控制与治理

1. 污染控制

类似于点源污染的控制，农业面源污染控制也可以从源头、过程控制和末端治理三方面加以考虑。源头控制即是从农业生产环节入手，采取一系列的耕作技术、养分管理技术、农药管理技术以及灌溉排水管理技术等，从源头减少来自农业活动的污染物产生量；过程控制即从污染物迁移过程入手，采取相应的阻断技术，例如生态田埂技术、生态拦截带技术、生态拦截沟渠技术等；末端治理，即如何采取有效措施，降低农田径流污染物浓度，减少径流污染物入河量，例如前置库技术、人工湿地技术等，末端治理也是控制农业面源污染的关键环节之一。

2. 生态田埂治理技术

农田地表径流是氮磷养分损失的重要途径之一，也是残留农药等向水体迁移的重要途径。现有农田的田埂一般只有 20cm 左右，遇到较大的降雨时，很容易产生地表径流。将现有田埂加高 10～15cm，可有效防止 30～50mm 降雨时产生地表径流，或在稻田施肥初期减少灌水以降低表层水深度，从而可减少大部分的农田地表径流。在田埂的两侧可栽种植物，形成隔离带，在发生地表径流时可有效阻截氮、磷等养分损失和控制残留农药向水体迁移。例如，太湖地区将田埂高度增加 8cm，稻季径流量和氮素径流排放分别降低 73% 和 90%。

3. 河湖缓冲带技术

有关研究表明，河湖缓冲带技术是削减农业面源污染入河量的有效手段，合理布置的滨岸植被缓冲带能通过物理拦截、植物吸收、土壤吸附以及微生物作用等综合的物理、化学及生物过程截除农田径流中的污染物质。

农业面源污染控制河湖缓冲带技术 BMPs 体系主要包括四方面的内容：①缓冲带总体布局；②缓冲带细化设计；③缓冲带施工改造；④缓冲带的养护管理。

1）河湖缓冲带的总体布局

河湖缓冲带主要用于拦截来自农田、菜地的污染物，其布局与农田、受纳水体位置有关，缓冲带的形状轮廓直接影响面源污染的控制效果。根据美国华盛顿生态所建立的暴雨管理手册，针对河湖缓冲带 BMPs 规划与设计提出下列参考重点。

系统分析污染区域的地形、地貌、水文、地质、地表覆盖物组成，是否有环境敏感地区、毗邻地区状况、土地利用情况，以及人工构造物的类别与分布等因子。尤其应注意下列限制因子，包括：依据土质、坡度等条件，辨识可能造成大量悬浮物及侵蚀的潜在区域，筛选出这些需要重点考虑的区域；识别出原生植被带、陡坡等环境敏感区域。

2）河湖缓冲带的细化设计

缓冲带设计的主要内容是缓冲带宽度确定，缓冲带植被选择和搭配，以及河岸边坡处理等。同时，在进行设计时，还需要确定人工干扰区和非干扰区，合理控制人工干扰区和非干扰区的比例，尽量将原生植被区域设置成非干扰区，最大限度地减少对原生植被区的干扰。

（1）河湖缓冲带的宽度选择

为了在有限的土地资源条件下，达到控制面源污染的最佳效果，需要从缓冲带去除效果的环境效益方面和土地资源占用的社会经济效益方面综合确定缓冲带的最佳宽度。此外，还需考虑降雨量、植被类型、河岸坡度、土壤性质、水功能分区要求等变量对河湖缓冲带功能发挥的影响。

（2）缓冲带宽度选择依据

在进行具体的宽度设计前，需要设置针对特定因子（如氮、磷、SS 等）的去除率作为缓冲带的去除目标。以美国为例，通常设置径流总磷作为去除目标，当水样浓度在 0.1～0.5mg/L 之间时，能去除 50% 的总磷。然而，特定污染物因子的去除率，常因 BMPs 的选用、配套、设计等不同而有所差异。因此，主要去除因子的选择要根据所需河段的具体情况以及缓冲带所服务的农业区域的径流污染特征共同确定。可以选择 TN、TP 和 SS 三个因子作为缓冲带宽度设计的目标因子，当然不同因子计算所得的缓冲带宽度可能会不一样，甚至差别很大，这时就需要进行适当的综合考虑，确定最后的宽度。缓冲带最佳宽度的确定，需要综合考虑多变量的影响。为使问题简化，针对特定的区域对部分变量进行定量化处理。

（3）不同植被缓冲带最佳宽度选择

将缓冲带坡度固定为 2%，植被类型为可变因子，选取 SS 作为控制因子，利用 SPSS 统计分析软件，分别对百慕大、白花三叶草和高羊茅缓冲带的径流 SS 去除率和沿程距离进行曲线拟合，两者呈现显著对数相关关系。设定 SS 目标去除率为 80%，根据表 6.2-9 的拟合公式，计算得到不同植被缓冲带的最佳宽度。

不同植被类型缓冲带 SS 截留最佳宽度 表 6.2-9

植被类型	去除率与沿程距离拟合公式	相关系数R_2	最佳宽度（m）
百慕大	$y = 25.16 \ln x + 10.04$	0.90	16.1
白花三叶草	$y = 23.40 \ln x + 13.16$	0.92	17.4
高羊茅	$y = 27.48 \ln x - 2.81$	0.87	20.4

注：y 为 SS 去除率（%）；x 为沿程距离（m）。

（4）不同坡度缓冲带最佳宽度选择

同样，将植被类型固定为百慕大，缓冲带坡度为可变因子。用 SPSS 软件对 4 个不同坡度缓冲带径流 SS 去除率和沿程距离进行曲线拟合，两者呈现显著对数相关关系。设定 SS 目标去除率为 80%，根据表 6.2-10 的拟合公式，计算得到不同坡度缓冲带的最佳宽度。

不同坡度缓冲带 SS 截留最佳宽度 表 6.2-10

坡度（%）	去除率与沿程距离拟合公式	相关系数R_2	最佳宽度（m）
2	$y = 25.16 \ln x + 10.04$	0.90	16.1
3	$y = 21.10 \ln x + 4.55$	0.92	17.4
4	$y = 26.40 \ln x + 0.55$	0.87	20.4
5	$y = 26.40 \ln x + 0.55$	0.92	24.7

注：y 为 SS 去除率（%）；x 为沿程距离（m）。

（5）缓冲带的植物选择

植被体系是河湖缓冲带最重要的组成部分，按照构成类型，河湖缓冲带植物体系可分为陆生、湿生和水生植物等三部分。其中，陆生和湿生植物又可以分为草、灌和乔三类，水生植物也可分为挺水、浮叶、漂浮和沉水四类。植物体系的合理选择对河湖缓冲带功能的发挥起着关键作用。近河流区域：以灌、乔配置为主，主要利用其发达根系的固土作用，保持岸坡的稳定性，滞水消能，保护水生生境，不宜扰动。中间区域：以高大落叶及常绿乔木为主，同时考虑多种植物的组合，主要为满足水生食物链中重要的昆虫类对生境的需求。近农田区域：以草、灌配置为主，主要是用于阻滞地表径流中的沉积物并吸收氮、磷和降解农药等有害成分，可适时、适量收割。

（6）植物选取原则

缓冲带植被选取总的是按照"接近自然"的原则进行的，所有植物的引种都应在不破坏原生植被的基础上进行。此外，在缓冲带的植物选取上还必须遵循如下原则：多样性；适合当地生长环境；净化能力强；水土保持能力强；景观效果好；经济，易管理。

（7）缓冲带植物的种植方式

在不破坏原生植被的基础上，可以采取多样化的种植模式。譬如，草皮可以采取单纯种植和混种的模式，可以呈现不同的景观，如黑麦草和高羊茅混种，可以保持四季常绿。同样，灌木的种植也可以采取这种模式，但是乔木的种植则更倾向于局部区域内单一种植较好，能维持较好的景观效应和群落特征。

（8）不同坡度缓冲带的边坡处理

岸边缓坡的处理。对于那些岸边近水缓坡，如果是非通航河道，水流速度较缓慢，河岸受水力冲刷不强，可以考虑采用植物型的生态护岸。纯植物型护岸建议采用固土能力强的香根草或者杞柳等。如果属于中等水流的缓坡河岸，可考虑部分采用木排桩护岸，所使用的木桩、圆木条等木料须按规定进行防腐处理。打桩时宜由河道内侧向外侧作业，同时至少打入桩身一半长度，木桩打设角度以与地面垂直为原则。同时，进行草籽混播或直接铺种草皮以固土，或者种植选定的植物。

岸边陡坡的处理。对于有通航需求或水流速度较快的大型河流，考虑到防汛安全需要，则必须进行河岸加固，主要采取强化人工土石方加固。除非特别必要，都不宜过多地采用钢筋混凝土结构，应该尽量考虑采用生态的处理方法，推荐采用我国台湾地区应用较多的箱笼护岸。箱笼装石粒径以 22～35cm 为主，在其空隙内斟酌填以直径 10～22cm 的卵石。箱笼内的石料应以当地材料为主，但不宜破坏当地的生态平衡。箱笼应垂直于水流方向顺坡安放。根据实际情况，箱笼背面可铺设土工织物，以防止河岸土壤冲刷流失。箱笼在现场组装填充石料完毕后，即可进行植物种植，可采取如下三种方式：第一种方式为在箱笼形成的阶梯状坡面上直接铺以土壤，同时混播植物种子，略为夯实后，洒水使土壤湿润，并铺盖稻草席保护。第二种方式是放置混有植物种子的土壤袋于箱笼所形成的阶梯状坡面外端，再用客土整平为一斜坡面，适当夯实，并洒水保持湿润。第三种方式是可在箱笼中特定地点设置植物种植点，回填土壤后种植树木，或在箱笼间用可以发芽、生根的活枝条插入。

6.2.5.3 鱼塘养殖退水污染与治理

鱼塘因长期不清淤，滥用药物或清塘不彻底残饵过剩原因，造成池塘底部有机生物量过大，当池塘进水后，塘底会很快形成独立的生物层，其中的菌藻共生体会直接利用池塘底部的营养物质，严重影响池塘底部与水体的物质交换，使得水体中的特定营养元素缺乏，进而造成池底缺氧、培藻困难、藻相不稳定和水质指标不稳定等不良后果，造成鱼类直接发病甚至死亡。

1. 定时清淤

鱼塘至少 3 年清一次淤，一般在冬春清淤，清除多余的淤泥，让塘底接受风吹、日晒和冷冻，让塘底淤泥变得干燥、疏松，同时又可以杀死病原体和寄生虫，改善池塘生态环境，提高鱼塘肥力。

2. 及时消毒

将鱼塘水抽至 10cm 左右，每亩取 100kg 以上的生石灰用桶加水溶解后趁热洒遍全塘消毒，杀死鱼类的寄生虫、病菌和害虫等，增加水中的钙离子，提升水的肥度。

3. 转变模式

动员广大养殖户用自动投饵机投喂饵料，以饲料为主，野草、蔬菜叶等青饲料为辅，减少饲料的浪费，防止残料对水质的污染。充分、合理地利用养殖水体与饵料资源，采取混养的模式，在同一养殖塘内混养 7～10 种不同的鱼类，同一种养殖鱼类不同年龄、不同规格同池混养，多种鱼类及其不同年龄、不同规格同池混养，以达到共生互利的目的，降低成本，增加效益。

4. 正确用药

在全池泼洒鱼药时除按鱼药使用说明要求使用外，还应注意许多事项，以提高防治效果。要准确判断鱼类生病是由于水质原因引起，还是由于病菌引起，以确定用药种类，某些药物（如硫酸铜）的药量还应根据池水的肥瘦度、pH 值和水温等理化因子的实际情况增减，甚至决定是否改用其他药物，某些药物（如浮白粉、硫酸亚铁）的残渣不要倒入池塘。

5. 改善水质

在养殖生产中，利用水质改良机吸出过多的淤泥，或在晴天中午翻动塘泥，以减少耗氧分子，降低夜间下层水的实际耗氧量，防止鱼类浮头。在养殖的关键季节，根据鱼塘的具体情况，有针对性地施用光合细菌、芽孢杆菌、硝化细菌、EM 菌液等改善底质和水质，减少有毒物质和毒害作用，增加溶氧，促进鱼类的生长。

6.2.5.4 河道固废污染与治理

河道固废清理的原则是必须充分利用现有的场地空间和可利用的垃圾收运及处理、处置设施，同时保证垃圾的密闭化运输，最大限度地减少垃圾清运及运输过程中对环境的污染，在施工周期最短、工程投资最少和可操作性最佳的前提下，确保整改后的环境符合环保的要求，且为今后长期有效控制垃圾的面源污染提出建设性意见。同时，还需依据以下原则：

（1）执行国家关于环境保护的政策，符合国家的有关法规、规范和标准。

（2）坚持因地制宜，从实际出发。采取适宜的工程措施，既要有效地保护好环境，又能做到节省工程投资。

（3）依靠内江市现有的环卫设施条件，合理制定垃圾运输及处置路线。

（4）妥善解决垃圾处理过程中所产生的渗沥液、恶臭等，避免产生二次污染，确保环境容量不受破坏。

（5）工程技术水平先进、科学。

（6）治理技术路线成熟、合理、经济。

根据现场调查，本项目涉及区域内垃圾大多采用裸露堆放方式进行处理，垃圾自然暴露在环境中，经风吹或降水淋溶，成为新的污染源，使周围环境条件恶化，蚊蝇滋生，臭味难闻。垃圾中的大量有害物质，在雨水冲刷、河水浸泡的双重作用下直接进入水体，对水体造成严重污染，严重影响周围生态环境质量以及周围居民的正常生产生活。

沿岸垃圾清理是面源污染控制的重要措施，其中对于河道两侧驳岸垃圾的清理属于一次性工程措施，应一次清理到位。本次清理过程中，针对不同种类的垃圾应采取不同的清理方式。主要为：

（1）生活垃圾通过人工或者机械开挖，采用密闭式垃圾收集车就近运输至垃圾压缩转运站，经压缩后密闭运输至垃圾综合处理场进行处置。生活垃圾清理过程中产生的臭气采用喷洒植物液的方式进行控制。

（2）建筑垃圾经人工或者机械开挖后，采用工程车辆密闭化运输至建筑垃圾处理单位或者渣土场进行处置或者堆放，开挖过程中产生的扬尘应采取洒水降尘的方式进行控制。

垃圾清运完毕之后，对于建筑垃圾、生活垃圾以及其他河道固废，应加强环卫工程监督，禁止随意倾倒河流；同时，尽快完善环卫设施体系，加强环卫工程建设，设置垃圾收集点及垃圾收集站，为今后长期有效控制垃圾的面源污染起到关键性作用。

6.2.6 内源污染控制与治理

6.2.6.1 内源污染与防治机理

内源污染主要指进入河湖中的营养物质通过各种物理、化学和生物作用，逐渐沉降至河湖底质表层。

积累在底泥表层的氮、磷营养物质，一方面可被微生物直接摄入，进入食物链，参与水生生态系统的循环；另一方面，可在一定的物理、化学及环境条件下，从底泥中释放出来而重新进入水中，从而形成湖内的污染负荷。

沉积物对外源氮、磷的接纳有一个从汇到源的转化过程，即随着外源污染的不断累积，沉积物中的氮、磷开始向水中释放。在这种情况下，即使切断了外源污染，内源污染也会在相当长的时间内阻止水质的改善。这是在湖泊治理中需要考虑的。在浅水湖泊中，内源污染既是蓝藻水华形成的重要因素之一，蓝藻水华反过来又会促进内源磷（而非氮）的大量释放，导致氮磷比的下降。内源污染还会阻止湖泊从浊水到清水的稳态转化，给湖泊的生态修复带来困难。在河流湖泊污染治理过程中，底泥污染整治是主要的难点之一，也是较为普遍存在的环境问题。水体和底泥之间存在着吸收和释放的动态平衡，当水体存在较严重的污染时，一部分污染物能够通过沉淀、吸附等作用进入底泥中；当外源造成的污染得到控制后，累积于底泥中的各种有机和无机污染物通过与上覆水体间的物理、化学、生物交换作用，重新进入到上覆水体中，成为影响水体水质的二次污染源。

积极采取措施减少湖内污染负荷，如实施垃圾清理、控源截污、底泥清淤疏浚，是控制湖泊富营养化的对策。

6.2.6.2 内源污染治理技术路线

本项目结合内江气候、水体水文地质特点，对河湖底泥制定针对性的处置路线。

（1）通过水下地形水文测绘，本底采样调查，完成数据采集。

（2）根据风险评价模型，对底泥成分、河道宽窄程度、水位高低进行划分。

（3）经过风险评价，针对河道不同的底泥成分、宽窄程度、水位高低，提出不同的治理措施。

（4）对清理后的底泥根据不同的成分采取不同的处理、处置措施。

河道内源污染治理技术如图6.2-4所示。

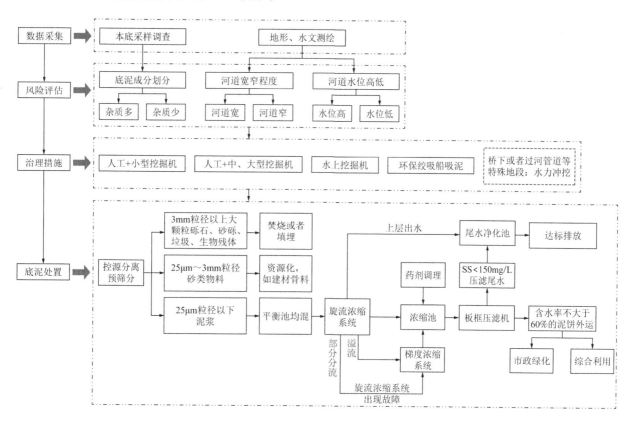

图 6.2-4　河道内源污染治理技术

6.2.6.3 内源污染治理技术

内源污染治理的重点主要是通过对黑臭水体，尤其是重度黑臭水体底泥污染物的清理，快速降低黑臭水体的内源污染负荷。

底泥淤积严重，不但造成水体受到污染，而且底泥中沉积了大量难降解有机质、动植物腐烂物以及氮、磷营养物等，因此，即使实施了截污工程使其他污染源得到控制，底泥仍会使水体受到二次污染，影响水质的改善，进而也影响水环境综合整治的整体效果。景观水系的全面改善，有赖于清淤、截留、补清水等各个环节的治理，才能逐步恢复水体良好的生态环境，缺一不可。因此，需要对河道进行清淤、疏浚，才能进一步改善河流水质，消除水体黑臭。河湖内源整治工程主要是清淤处理，清淤包括清淤技术和淤泥处理及处置技术两方面。

1. 清淤技术

我国中小河道淤积现象比较普遍，河道原有的调蓄洪水和防灾减灾的能力有所减弱。近几年，国家加强了中小河道和农村河道的治理力度，其中清淤工程作为主要措施被广泛实施。以江苏省为例，在2003—2014年期间，已投资超过40亿元进行河道清淤，累计清淤量超过35亿 m³。

目前，河道清淤已经从过去的仅以提高河道防洪、排涝和灌溉能力的传统水利工程目标向生态水利目标拓展，也就是说在很多河道清淤工程的目标中都含有减少河道内源污染，为河道水质改善提供保障的工程目的。

历史上，农村河道的清淤工程多是基于人工体力劳作的方式来完成，而大型清淤装备、清淤船只也基本上是为了港口、航道或大江大河的大规模疏浚工程而建造，无法进入中小河道进行施工，因此中小河流清淤工程一般没有非常合适的清淤装备进行施工。与农村河道清淤相关的另一个问题就是淤泥的处理问题。过去农村河道广泛存在"挖河泥"的冬季作业，并有将挖出来的河泥进行沤肥后作为肥料使用的习惯，这种习惯很自然地解决了淤泥的去向问题。而现在由于乡镇企业的发展导致一些农村河道遭受了工业污水排放的污染，而农村生活方式的变化也使得一些小型工业废弃物、生活垃圾被弃置于河道之中。由于这些原因，一些河泥成为"污泥"，其性质不再适宜直接还田或经过沤肥后作为肥料使用。另外，农业生产中化肥的使用越来越普遍，也使得原先用河泥沤制的肥料逐渐丧失了需求。

过去我国在航道、港口和大规模的内河疏浚工程较多，形成了相应的技术方法和机械设备。"十五"期间，围绕河湖治理时底泥中污染物的去除问题开展了较多的"环保清淤"工程，即将河湖底泥中聚集的污染物通过清淤方式移出湖泊、河流的工程。环保清淤与工程清淤的差异在于清淤的底泥厚度很薄，比如太湖环保清淤工程其底泥为 20~40cm 的居多。因此，对清淤设备本身的定位、操作系统的精度要求很高。太湖、滇池等富营养化湖泊都开展了围绕去除底泥中富含的氮、磷营养而实施大规模的环保清淤工程。

而城市河道也普遍展开环保清淤工作，广州在召开亚运会之前，为了改善河道水质，对城市河道进行了普遍清淤，上海的苏州河、南京的秦淮河等城市河道都普遍实施了清淤工程。相对于湖泊而言，城市河道的环保清淤工程可稍微粗放一些，因为河道本身的流动性和交换的特点，施工的精度和二次污染防治的要求都没有湖泊敏感。目前，环保清淤工程在淤泥的处理方面普遍采用了堆场堆放的模式，清淤产生的泥浆先进入堆场存放，在沉淀以后进行土地还原或者进行处理利用。针对内源污染治理，本方案梳理了河道的清淤方法，以及淤泥处理利用的技术和方法，对各种方法的优缺点及适用范围进行了分析，为内江市市内河湖的清淤工程提供技术支撑。

清淤技术有传统清淤和原位修复两种，清淤产生的污泥还需考虑合理的处理、处置措施。具体技术说明如下。

1）传统清淤

现在的清淤工程具有系统化施工的特点，在清淤之前应该进行初步的底泥调查。通过测量明确河道底床的形状特征，通过底泥采样分析明确底泥中污染物的特点和是否超过环境质量标准。在前期工作的基础上，根据淤积的数量、范围、底泥的性质和周围的条件确定包含清淤、运输、淤泥处置和尾水处理等主要工程环节的工艺方案，因地制宜地选择清淤技术和施工装备，妥善处理、处置清淤产生的淤泥并防止二次污染的发生。

由于近些年我国港口、航道、内河以及湖泊清淤工程众多，疏浚、清淤技术得到长足发展，装备能力也大大提升，但能够进入中小河道的专用船只和设备却并不常见。最常用的河道清淤技术分类如图 6.2-5 所示。

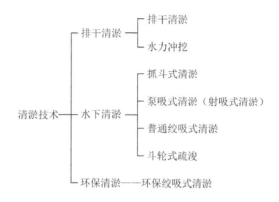

图 6.2-5　传统河道清淤技术方法分类图

（1）排干清淤

适用于流量小、水深不大的小河流，一般砂石类和泥土类底质的河床均可使用。通过施工围堰分期导流方式，将河道内河水基本排干，采用反铲或长臂反铲机械或人工在河床上直接挖掘，并用自卸汽车将清出的河道底泥运送至选定场址倾倒。排干后，又可分为干挖清淤和水力冲挖清淤两种工艺。

干挖清淤即作业区水排干后，大多数情况下都是采用挖掘机进行开挖，挖出的淤泥直接由渣土车外运或者放置于岸上的临时堆放点（图 6.2-6）。倘若河塘有一定宽度时，施工区域和储泥堆放点之间出现距离，需要有中转设备将淤泥转运到岸上的储存堆放点。一般采用挤压式泥浆泵，也就是混凝土输送泵将流塑性淤泥进行输送，输送距离可以达到 200～300m，利用皮带机进行短距离的输送也有工程实例。干挖清淤的优点是清淤彻底，质量易于保证而且对于设备、技术要求不高，产生的淤泥含水率低，易于后续处理。

图 6.2-6　排水干滩清淤

水力冲挖清淤即采用水力冲挖机组的高压水枪冲刷底泥，将底泥扰动成泥浆，流动的泥浆汇集到事先设置好的低洼区，由泥泵吸取、管道输送，将泥浆输送至岸上的堆场或集浆池内。水力冲挖具有机具简单、输送方便、施工成本低的优点，但是这种方法形成的泥浆浓度低，为后续处理增加了难度，施工环境也比较恶劣（图 6.2-7）。

一般而言，排干清淤具有施工状况直观、质量易于保证的优点，也容易应对清淤对象中含有大型、复杂垃圾的情况。其缺点是，由于要排干河道中的流水，增加了临时围堰施工的成本；同时，很多河道只能在非汛期进行施工，工期受到一定限制，施工过程易受天气影响，并容易对河道边坡和生态系统造成一定影响。

（2）水下清淤

水下清淤一般指将清淤机具装备在船上，由清淤船作为施工平台在水面上操作清淤设备将淤泥进行开挖，并通过管道输送系统输送到岸上堆场中。水下清淤有以下几种方法。

①抓斗式清淤

抓斗式清淤是利用抓斗式挖泥船开挖河底淤泥，通过抓斗式挖泥船前臂抓斗伸入河底，利用油压驱动抓斗插入底泥并闭斗抓取水下淤泥，之后提升回旋并开启抓斗，将淤泥直接卸入停泊在挖泥船舷旁的驳泥船中，开挖、回旋、卸泥循环作业（图 6.2-8）。清出的淤泥通过驳泥船运输至淤泥堆场，从驳泥船卸泥仍然需要使用岸边抓斗，将驳船上的淤泥移至岸上的淤泥堆场中。

图 6.2-7　水力冲挖清淤施工　　　　　图 6.2-8　抓斗式清淤

抓斗式清淤适用于开挖泥层厚度大、施工区域内障碍物多的中、小型河道，多用于扩大河道行洪断面的清淤工程。抓斗式挖泥船灵活机动，不受河道内垃圾、石块等障碍物影响，适合开挖较硬或夹带较多杂质、垃圾的土方；且施工工艺简单，设备容易组织，工程投资较省，施工过程不受天气影响。

但抓斗式挖泥船对极软弱的底泥敏感度差，开挖中容易产生"掏挖河床下部较硬的地层土方，从而泄露大量表层底泥，尤其是浮泥"的情况；容易造成表层浮泥经搅动后又重新回到水体之中。根据工程经验，抓斗式清淤的淤泥清除率只能达到 30% 左右，加上抓斗式清淤易产生浮泥遗漏、强烈扰动底泥，在以水质改善为目标的清淤工程中往往无法达到原有目的。

②泵吸式清淤（射吸式清淤）

泵吸式清淤也称为射吸式清淤，它将水力冲挖的水枪和吸泥泵同时装在一个圆筒状罩子里，由水枪射水将底泥搅成泥浆，通过另一侧的泥浆泵将泥浆吸出，再经管道送至岸上的堆场，整套机具都装备在船只上，一边移动一遍清除（图 6.2-9）。而另一种泵吸法是以压缩空气为动力吸排淤泥，将圆筒状下端有开口的泵筒在重力作用下沉入水底，陷入底泥后，在泵筒内施加负压，软泥在水的静压和泵筒的真空负压下被吸入泵筒。然后，通过压缩空气将筒内淤泥压入排泥管，淤泥经过排泥阀、输泥管而输送至运泥船上或岸上的堆场中。

泵吸式清淤的装备相对简单，可以配备小、中型的船只和设备，适合进入小型河道施工。一般情况下容易将大量河水吸出，造成后续泥浆处理工作量的增加。同时，我国河道内垃圾成分复杂、大小不一，容易发生吸泥口堵塞的情况。

图 6.2-9　泵吸式清淤

③普通绞吸式清淤

普通绞吸式清淤主要由绞吸式挖泥船完成。绞吸式挖泥船由浮体、绞刀、上吸管、下吸管泵、动力装置等组成。它利用装在船前的桥梁前缘绞刀的旋转运动，将河床底泥进行切割和搅动，并进行泥水混合，形成泥浆，通过船上离心泵产生的吸入真空，使泥浆沿着吸泥管进入泥泵吸入端，经全封闭管道输送（排距超出挖泥船额定排距后，中途串接接力泵船加压输送）至堆场中。普通绞吸式清淤船及绞刀如图 6.2-10 所示。

图 6.2-10　普通绞吸式清淤船及绞刀

普通绞吸式清淤适用于泥层厚度大的中、大型河道清淤。普通绞吸式清淤是一个挖、运、吹一体化施工的过程，采用全封闭管道输泥，不会产生泥浆散落或泄漏；在清淤过程中不会对河道通航产生影响，施工不受天气影响，同时采用 GPS 和回声探测仪进行施工控制，可提高施工精度。普通绞吸式清淤由于采用螺旋切片绞刀进行开放式开挖，容易造成底泥中污染物的扩散，同时也会出现较为严重的回淤现象。根据已有工程的经验，底泥清除率一般约为 70%。另外，吹淤泥浆浓度偏低，导致泥浆体积增加，会增大淤泥堆场占地面积。

④斗轮式清淤

利用装在斗轮式挖泥船上的专用斗轮挖掘机开挖水下淤泥，开挖后的淤泥通过挖泥船上的大功率泥泵吸入并进入输泥管道，经全封闭管道输送至指定卸泥区。斗轮式挖泥船及斗轮如图 6.2-11 所示。斗轮式清淤一般比较适合开挖泥层厚、工程量大的中、大型河道、湖泊和水库，是工程清淤常用的方法。清淤过程中不会对河道通航产生影响，施工不受天气影响，且施工精度较高。但斗轮式清淤在清淤工程中会产生大量污染物扩散，逃淤、回淤情况严重，淤泥清除率在 50% 左右，清淤不够彻底，容易造成大面积水体污染。

(a)　　　　　　　　　　　　　　(b)

图 6.2-11　斗轮式清淤

(a)斗轮式控泥船；(b)斗轮

（3）环保清淤

环保清淤包含两个方面的含义：一方面，指以水质改善为目标的清淤工程；另一方面，则是在清淤过程中能够尽可能避免对水体环境产生影响。环保清淤的特点有：

①清淤设备应具有较高的定位精度和挖掘精度，防止漏挖和超挖，不伤及原生土。

②在清淤过程中，防止扰动和扩散，不造成水体的二次污染，降低水体的混浊度，控制施工机械的噪声，不干扰居民正常生活。

③淤泥弃场要远离居民区，防止途中运输产生的二次污染。

环保清淤的关键和难点在于如何保证有效的清淤深度和位置，并进行有效的二次污染防治，为了达到这一目标一般使用专用的清淤设备，如使用常规清淤设备时必须进行相应改进（图 6.2-12）。专用设备包括日本的螺旋式挖泥装置和密闭旋转斗轮挖泥设备。这两种设备能够在挖泥时阻断水侵入土中，故可高浓度挖泥且极少发生污浊和扩散现象，几乎不污染周围水域。意大利研制的气动泵挖泥船用于疏浚水下污染底泥，它利用静水压力和压缩空气清除污染底泥，此装置疏浚质量分数高，可达 70% 左右，对湖底无扰动，清淤过程中不会污染周围水域。国内目前所使用的环保清淤设备多为在普通挖泥船上对某些挖泥机具进行环保改造，并配备先进的高精度定位和监控系统以提高疏浚精度、减少疏浚过程中的二次污染，满足环保清淤要求。

环保绞吸式清淤是目前最常用的环保清淤方式，适用于工程量较大的大、中、小型河道、湖泊和水库，多用于河道、湖泊和水库的环保清淤工程。环保绞吸式清淤是利用环保绞吸式清淤船进行清淤。环保绞吸式清淤船配备专用的环保绞刀头，清淤过程中，利用环保绞刀头实施封闭式低扰动清淤，开挖后的淤泥通过挖泥船上的大功率泥泵吸入并进入输泥管道，经全封闭管道输送至指定卸泥区。环保绞吸式清淤船如图 6.2-13 所示。

图 6.2-12　水上挖掘机　　　　　图 6.2-13　环保绞吸式清淤船

环保绞吸式清淤船配备专用的环保绞刀头，具有防止污染淤泥泄漏和扩散的功能，可以疏浚薄的污染底泥，而且对底泥扰动小，避免了污染淤泥的扩散和逃淤现象，底泥清除率可达到95％以上，清淤浓度高，清淤泥浆质量分数达70％以上，一次可挖泥厚度为20～110cm。同时，环保绞吸式清淤船具有高精度定位技术和现场监控系统，通过模拟动画可直观地观察清淤设备的挖掘轨迹，高程控制通过挖深指示仪和回声测深仪精确定位绞刀深度，挖掘精度高。环保绞吸船清淤方式比较适合附近有就地消耗底泥场地的水体，与土工管袋配合使用能达到较好的底泥清淤处置效果（图6.2-14）。

图 6.2-14　环保绞吸船清淤示意图

虽然环保绞吸式清淤船具备高精度，防止污染淤泥泄漏和扩散的功能，可以疏浚薄的污染底泥，而且对底泥扰动小等多方面优势，但在清理包含生活垃圾及植物残体等复杂成分的底泥时，容易造成绞刀头堵塞，导致工作效率降低。

2）底泥原位修复

（1）技术原理

淤泥原位修复是解决河道内源污染的重要途径。此技术将功能性土著环境微生物、淤泥、植物有效地结合在一起，包括淤泥改良和再利用两个部分。

①淤泥改良

淤泥改良是利用功能性土著环境微生物的降解功能和当地可利用载料的营养基作用对淤泥进行再生化处理（图6.2-15）。其中，功能性土著环境微生物一方面可通过生化作用分解、转化其中的有机物、氮、磷等污染物；另一方面，可短时间降解产生臭味的污染物，吸收氨气、硫化氢、吲哚等臭味气体，快速除臭，消除感官影响。

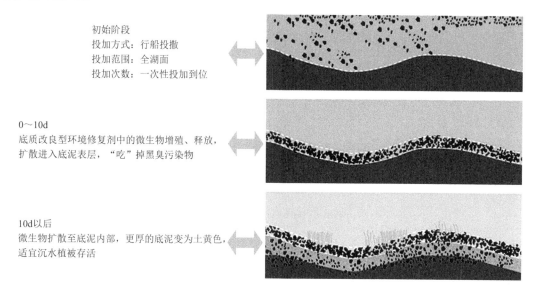

初始阶段
投加方式：行船投撒
投加范围：全湖面
投加次数：一次性投加到位

0～10d
底质改良型环境修复剂中的微生物增殖、释放，扩散进入底泥表层，"吃"掉黑臭污染物

10d以后
微生物扩散至底泥内部，更厚的底泥变为土黄色，适宜沉水植被存活

图 6.2-15　底泥改良过程示意图

②淤泥再利用

淤泥再利用可依据环境中淤泥量的大小选择不同的形式进行。在淤泥量较小的河段,直接利用功能性土著环境微生物的氧化作用、还原作用、水解作用等来降解河道淤泥中的有机污染物和腐殖质,淤泥被就地分解成为水和二氧化碳,可与水体治理同时进行,实现"水泥共治"。在淤泥量较大的河段,可在河道两边利用改良后的淤泥建立"净化植物带",一方面改良后淤泥不再是污染源,而成为具有吸附、分解、转化功能的活性净化带,可对从岸边流入河道的污染水体进行净化,形成水体净化屏障;另一方面,利用植物的生长、吸收作用及植物根系区微生物的降解、吸收、代谢作用持续去除污染物,进一步净化水质。

(2)技术优势

①避免二次污染,实现淤泥的原位修复及再利用

淤泥原位修复技术则完美克服了传统清淤的缺点,该技术可在原环境中进行原位改良,能够真正消除污染物,不会造成任何二次污染,且再利用过程中建立的净化植物带具有净水持续性强、美化环境等特点。

②本土化优势明显,安全性高

在淤泥改良过程中使用的功能性土著环境微生物自河道水体及淤泥中采筛培养而成,不引入外来微生物,生态安全性高。

③可形成河道水体保护屏障

河道的面源污染具有分散的特点,污水首先经过净化植物带过滤进入河道,利用植物和微生物的作用实现面源污染的初步净化,以减少污染物进入河道。

④保留了河道的生态系统

淤泥原位修复可以避免传统清淤的以上缺点,此技术不会破坏生态系统,而是修复原有恶化的生态系统,是水体恢复自净能力的关键。

2.淤泥处理及处置技术

河道清淤必然产生大量淤泥,这些淤泥一般含水率高、强度低,部分淤泥可能含有有毒有害物质,这些有毒有害物质被雨水冲刷后容易浸出,从而对周围水环境造成二次污染。因此,有必要对清淤后产生的淤泥进行合理的处理、处置。

淤泥的处理方法受到淤泥本身的基本物理和化学性质的影响,这些基本性质主要包括淤泥的初始含水率(水与干土质量比)、黏粒含量、有机质含量、黏土矿物种类及污染物类型和污染程度。在实际的淤泥处理工程中,可以根据待处理淤泥的基本性质和拥有的处理条件,选择合适的处理方案。

纵观国内外淤泥处理、处置技术,可以按照不同的划分标准进行如图6.2-16所示的分类,在实际的淤泥处理工程中,可以根据待处理淤泥的基本性质和拥有的处理条件,选择合适的处理方案。

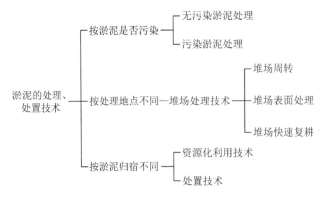

图6.2-16　淤泥的处理、处置技术分类

1)无污染淤泥与污染淤泥的处理

淤泥是否污染及含有的污染物种类不同,其相应的处理方法也不尽相同,某些水利工程中产生的淤

泥基本上没有污染物或污染物低于相关标准，例如南水北调东线工程淮安白马湖段疏浚淤泥无重金属污染，同时氮、磷等营养盐的含量也低，对于此类无污染或轻污染的淤泥可以进行资源化处理。这类淤泥主要产生于工业比较落后的农村地区。而对污染物超过相关标准的淤泥，则在处理时首先应考虑降低污染水平到相关标准之下，例如对重金属污染超标的淤泥可以采取钝化稳定化技术。淤泥处理技术的选择也要考虑到处理后的用途，比如对氮、磷营养盐含量高的淤泥，当处理后的淤泥拟用作路堤或普通填土而离水源地较远，氮、磷无法再次进入到水源地造成污染时，一般不再考虑氮、磷的污染问题。

（1）堆场处理与就地处理

堆场处理法是指将淤泥清淤出来后，输送到指定的淤泥堆场进行处理。我国河道清淤大多采用绞吸式挖泥船，造成淤泥中水与泥的体积比在5倍以上，而淤泥本身黏粒含量很高，透水性差，固结过程缓慢。因此，如何实现泥水快速分离，缩短淤泥沉降固结时间，从而加快堆场的周转使用或快速复耕，是堆场处理法中的关键性问题。就地处理法则不将底泥疏浚出来，而是直接在水下对底泥进行覆盖处理或者是排干上覆水体然后进行脱水、固化或物理淋洗处理，但也应根据实际情况选用处理方法。如对于浅水或水体流速较大的水域，不宜采用原位覆盖处理，对于大面积深水水域则不宜采用排干就地处理。

（2）资源化利用与常规处置

淤泥从本质上来讲属于工程废弃物，按照河道固废处理的减量化、无害化、资源化原则，应尽可能对淤泥考虑资源化利用。广义上讲，只要是能将废弃淤泥重新进行利用的方法都属于资源化利用，例如利用淤泥制砖瓦、陶粒以及固化、干化、土壤化等方法都属于淤泥再生资源化技术。而农村地带可将没有重金属污染但氮、磷含量比较丰富的淤泥进行还田，成为农田中的土壤。或者将这种淤泥在洼地堆放后作为农用土地进行利用。当然，在堆场堆放以后如果能够自然干化，满足人及轻型设备在表面作业所要求的承载力的话，作为公园、绿地甚至市政、建筑用地都是可以的。利用淤泥的资源化利用技术是国际上很多发达国家常采用的处理方法，如在日本，整个土建行业的废弃物利用率已经从1995年的58%提高到2016年的90%，淤泥等废弃土的利用率也达到了70%。

当淤泥中含有某些特殊污染物如重金属或某些高分子难降解有机污染物而无法去除时，进行资源化利用会造成二次污染。这时就需要对其进行一步到位的处置，即采用措施降低其生物毒性后进行安全填埋，并需相应做好填埋场的防渗设置。

2）污染淤泥的钝化处理技术

工业发达地区的河道淤泥中重金属污染物往往超标，通常意义上的污染淤泥多指淤泥中的重金属污染，例如上海苏州河的淤泥中重金属比当地背景值高出两倍以上，对此类重金属超标的淤泥，可以采用钝化处理技术。钝化处理是根据淤泥中的重金属在不同的环境中具有不同的活性状态，添加相应的化学材料，使淤泥中不稳定态的重金属转化为稳定态的重金属而减小重金属的活性，达到降低污染的目的。同时，添加的化学材料和淤泥发生化学反应会产生一些对重金属形成物理包裹的物质，可以降低重金属的浸出性，从而进一步降低重金属的释放和危害。钝化后重金属的浸出量小于相关标准要求之后，这种淤泥可以在低洼地处置，也可作为填土材料进行利用。

3）堆场淤泥处置技术

清淤工程中通常设置淤泥堆场，堆场处理技术就是从初始的吹填阶段开始，采用系列的处理措施快速促沉、快速固结，并结合表层处理技术，将淤泥堆场周转使用或者达到淤泥堆场的快速复耕。

堆场周转技术的目的是减小堆场数量和占地，堆场表层处理技术是为后续施工提供操作平台，而堆场的快速复耕技术则是通过系列技术的结合达到使淤泥堆场快速还原为耕地。

（1）堆场周转使用技术

堆场周转使用技术是指通过技术措施将堆场中的淤泥快速处理，清空以后重新吹淤使用，如此反复达到堆场循环利用的目的。堆场周转技术改变了以前的大堆场、大容量的设计方法，而提出采用小堆场、高效周转的理念，特别适合于土地资源紧缺的东部地区。堆场周转技术的设计主要考虑需要处理的淤泥总量、堆场的容量、周转周期和周转次数等，该技术通常可以和固化或者干化技术相结合，就地采用固化淤泥或干化淤泥作为堆场围堰，同时也可以对堆场内的淤泥进行快速资源化利用。

（2）堆场表层处理技术

清淤泥浆的初始含水率一般在80%以上，而淤泥的颗粒极细小，黏粒含量都在20%以上，这使得泥浆在堆场中沉积速度非常缓慢，固结时间很长。吹淤后的淤泥堆场在落淤后的两三年时间内只能在表面形成20cm左右厚的天然硬壳层，而下部仍然为流态的淤泥，含水率仍在1.5倍液限以上，进行普通的地基处理难度很大。堆场表层处理技术则是利用淤泥堆场原位固化处理技术，人为地在淤泥堆场表面快速形成一层人工硬壳层，人工硬壳层具有一定的强度和刚度，满足小型机械的施工要求，可以进行排水板铺设和堆载施工，从而方便对堆场进一步的处理。人工硬壳层的设计是表层处理技术的关键，主要考虑后续施工的要求，结合下部淤泥的性质，通过试验和模拟确定硬壳层的强度参数和设计厚度。人工硬壳层技术又往往和淤泥固化技术相结合形成固化淤泥人工硬壳层，也可以利用聚苯乙烯泡沫塑料（EPS）颗粒形成轻质人工硬壳层，则效果更佳。

（3）堆场快速复耕技术

堆场快速复耕技术主要包括泥水快速分离技术、人工硬壳层技术和透气真空快速固结技术。

泥水快速分离技术是指首先在吹淤过程中添加改良黏土颗粒胶体离子特性的促沉材料，促使固体土颗粒和水快速分离并增加沉降淤泥的密度，另一方面则是在堆场中设置具有截留和吸附作用的排水膜进一步提高疏浚泥浆沉降速度，同时可利用隔埝增加流程和改变流态，从而达到疏浚泥浆的快速、密实沉积的效果。透气真空快速固结技术则是通过人工硬壳层施工平台，在淤泥堆场中插设排水板或设置砂井，然后在硬壳层上面铺设砂垫层，砂垫层和排水板搭接，其上覆盖不透水的密封膜与大气隔绝，通过埋设于砂垫层中带有滤水管的分布管道，用射流泵抽气、抽水，孔隙水排出的过程使有效应力增大，从而提高了堆场淤泥的强度，达到快速固结的目的。透气真空固结技术和常规的堆载预压技术结合在一起进行可以达到更理想的效果。

对于部分淤泥堆场来说，由于堆存的淤泥深度较深，若将整个淤泥堆场的淤泥处理完成来满足复耕的目的，投资较大，同时对于堆场复耕来说，对承载力要求相对较低，因此基于堆场表层处理的复耕技术在堆放淤泥较深的堆场经常被使用。通过淤泥堆场原位固化处理技术，将淤泥堆场表层（80～120cm）淤泥进行固化处理，处理完成后再对表层的固化土进行土壤化改良，以满足植物种植的要求（图6.2-17）。

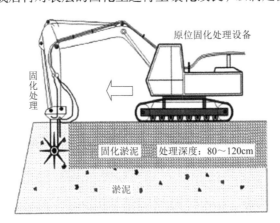

图6.2-17 淤泥原位固化处理技术

4）淤泥资源化利用技术

当今，疏浚底泥资源化应用主要有农业园林利用、用作垃圾填埋场覆土封场、用于填方材料、建筑材料利用等几个方面。

本项目淤泥主要污染来自河道底泥，淤泥脱水后，可达到现行《城镇污水处理厂污泥处置 土地改良用泥质》GB/T 24600、《城镇污水处理厂污泥处置 园林绿化用泥质》GB/T 23486、《城镇污水处理厂污泥处置 农用泥质》CJ/T 309标准要求，根据当地的土壤环境质量状况和农作物特点及《土壤环境质量 农用地土壤污染风险管控标准》GB 15618 要求，可作为种植土、工程用土、建筑材料等。

（1）应用于农业园林种植土

河道底泥主要为碳、氮、磷等污染，所以，经脱水固化处理后的淤泥，可作为园林绿化种植土。

（2）应用于垃圾填埋场覆土和工程填土

经过脱水固化处理后的底泥可以作为垃圾填埋场覆土及建筑填土等工程土。

（3）应用于建筑材料

淤泥的建材资源化利用在目前呈现出稳健发展的态势，是一种技术相对成熟、社会经济效益明显的淤泥处理的有效途径。河道底泥经过预处理后，如物理脱水、固化处理等，可用于烧制砖瓦、陶粒。以河道污泥为主要原料，加以一定的辅料、外加剂，经过脱碳和烧胀制成具有一定强度的陶粒，可以大量地消耗脱水污泥，变废为宝。在处理过程中，大量的病原菌被高温杀死，且重金属固结在陶粒中，而且可以避免二次污染，真正实现了固废处理无害化、减量化和资源化，环境效益显著。在海绵城市建设过程中，雨水花园、湿地、多级滤池、屋顶花园等 LID 设施均能应用陶粒作为功能介质。因此，将污泥烧结成陶粒，作为径流污染削减设施控制雨水径流污染，实现废物的循环利用。

5）淤泥脱水技术

淤泥脱水分自然干化脱水和机械脱水。水分自然干化脱水方式为在河岸选择临时污泥干化场堆放并进行自然脱水干化处理，分为土工管袋脱水干化和临时淤泥干化场脱水干化两种方式。机械脱水工艺又分为离心脱水和板框脱水。

（1）土工管袋脱水干化

土工管袋自然干化脱水是采用土工管袋法对淤泥进行脱水固化（图 6.2-18）。土工管袋的材质编织形成的等效孔径具有的过滤结构和袋内液体压力两个动力因素，通过添加净水药剂促进泥和水分离，水渗出管袋外，污泥存留在管袋内。渗出水完全达到相关排放标准且可以收集循环利用。土工管袋比较适合含水量超高的水下清淤方式。目前，土工管袋在国外污染底泥脱水工程中应用广泛，国内如滇池淤泥疏浚工程、武汉外沙河污泥清除工程、太湖无锡段污泥处理工程等中有应用且效果良好，其脱水工艺经济、简便、高效，非常适于国内对江河、湖泊、水库的底泥处置工程。

图 6.2-18　土工管袋淤泥脱水工程图

（2）临时淤泥干化场脱水干化

临时淤泥干化场脱水干化需要在河岸边有合适的干化场地，并分区设置淤泥存储单元（采用草袋围堤），在干化场内设置排水沟排水和临时道路运输。该方式适用于排水干滩清淤后的淤泥干化。

（3）高压板框压滤脱水固结一体化工艺干化

利用垃圾分拣机及砂石分离机对污泥进行预处理，去除垃圾后的泥水混合物进入浓缩平台的搅拌反应系统，与调理固结剂迅速发生反应，继而进入板框压滤机进行深度脱水。处理的核心是通过工程设施和手段，将污泥和调理固结剂快速、有效地混合均匀，混合物泵入板框压滤机，经压滤深度脱水，使出料污泥达到改性要求，便于最终处置或后续资源化利用（图 6.2-19）。

图 6.2-19　高压板框压滤脱水机工程图

（4）离心脱水工艺干化

经预处理的污泥可进入离心脱水机进行脱水处理（图 6.2-20）。离心脱水机的优点是可连续工作，效率高，自动化程度高，占地面积小，并可提供一个干净、清洁的工作环境，使操作者暴露在有害气体中的机会降低到最小程度。但缺点是脱水机受污泥负荷的波动影响较大，对运行人员的操作水平要求较高，能耗和运行费用较高，噪声大。由于对设备材质和制作工艺要求高，国内只有为数不多的几个厂家可以生产。如果选择进口设备，则投资较高。

图 6.2-20　离心脱水机工程照片

6.3　工程案例说明1——以谢家河地下污水处理厂为例

6.3.1　项目概况

谢家河片区地处新城核心区域，区域内用地类型主要是行政、文化、体育及商业商务功能区，居住区多为高档小区。未来谢家河片区将会是市级行政、文化、体育及商业商务中心。

片区内绝大多数区域已实现雨污分流，但现状污水需要通过提升泵站接入东兴城区的排水主管远距离过沱江送往城区污水厂，导致下游污水主干管长期带压运行，部分排水户污水排放不畅，加上内江市城区污水处理厂处理能力不足，污水通过雨水连通管溢流下河，造成了较严重的未处理污水溢流问题，对内江市水环境造成较大危害。由此，为了改善内江市沱江流域，尤其是谢家河流域的水环境现状，谢家河地下污水处理厂项目的实施迫在眉睫。

谢家河地下污水处理厂属于内江沱江流域水环境综合治理项目中的一个子项目，位于内江市东兴区谢家河东侧、北环路北侧及五星路西侧。该工程为新建地下式污水处理厂，近期规模 1.0 万 m^3/d，远期总规模 3.0 万 m^3/d，土建一次建成，设备分期安装。

6.3.2 污染源调查

本次污染源调查从入沱江口沿河道向上游开展，包括入沱江口、谢家河湿地公园、汉安大道以北至五星水库段、五星水库两侧以及 321 国道以北几公里范围。

1. 点源污染

谢家河点源污染主要包括污水排放类、垃圾倾倒类和畜禽养殖类（表 6.3-1）。

污水排放类主要来自汉安大道以北部分小区、五星水库两侧、谢家河湿地公园两侧雨水排放口（存在雨污错接）、汉安大道北侧汉安天地及邦泰·国际公馆小区等所排污水。

垃圾倾倒类包括：五星水库沿岸 3 处垃圾堆放站点，降雨时，垃圾极易被冲刷至水体中。

畜禽养殖类包括：区内农家乐鱼塘，五星水库南岸 2 处养猪厂（养殖规模分别达 30～50 头）、西侧养猪厂（规模较大，超 100 头）。

谢家河主要点源污染一览表 表 6.3-1

污染类型	污染物来源	规模	污染物排放情况
污水排放类	谢家河湿地公园沿岸 12 处排水口	—	大（BOD，氨氮）
	五星水库沿线 4 处集中排放口	—	大（BOD，氨氮）
	五星水库沿堤灌站西北侧排放沟	—	大（BOD，氨氮）
	沿岸 4 家农家乐	—	大（BOD，氨氮）
	廖刚洗车	—	中（浊度，COD）
	中建一局项目部	—	大
	双安天地	—	中
	邦泰·国际公馆	—	中
垃圾倾倒类	五星水库沿岸 3 处垃圾站	—	大（COD）
畜禽养殖类	东南角农家乐鱼塘	—	大（BOD，抗生素）
	水库南岸 2 处养猪厂	30～50 头	大（BOD，氨氮，浊度）
	西侧养猪厂	超过 100 头	大（BOD，氨氮，浊度）

2. 面源污染

谢家河面源污染主要包括：降雨冲刷径流污染、畜禽养殖类污染、沿线农业污染。

降雨冲刷径流污染主要是城市建成区内的道路经降雨冲刷地面后，部分污染物进入水体。

畜禽养殖类污染主要来自沿线零星养鸡厂。

沿线农业污染包括谢家河上游两岸散布的 21 处居民组团（10～35 户，共 380 户）生活污水污染，13 处养鱼塘和农田耕地渗透污染（图 6.3-1）。

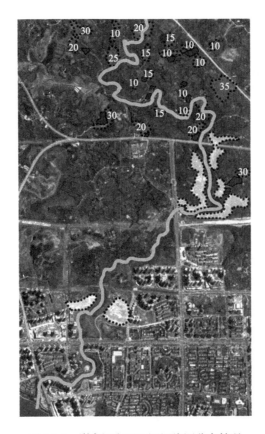

图 6.3-1 谢家河主要面源污染源分布情况

▓▓▓—居民组团（数字表示户数）——城市建成区▓▓▓—鱼塘

3. 内源污染

谢家河内源污染包括：水库底泥、沿线岸带内垃圾和大量水生植物。

水库底泥：五星水库污染时间较长，底部淤泥较多，水体更新缓慢，容易二次污染水体。

水体沿线垃圾：五星水库周边散落水体中垃圾较多（图 6.3-2）。

水生植物：321 国道谢家河上游存在多处水葫芦生长点，覆盖整个水面。

图 6.3-2 五星水库水生植物生长情况

4. 其他污染

谢家河城市建成区流域内存在多处荒地，水土流失现象严重，雨季时会有大量沿线土壤进入水体，堵塞河道，污染水质。

6.3.3 工艺路线

6.3.3.1 进水水质

影响污水水质的主要因素有排水体制、污水管网的完善程度、城市化程度和生活水平的高低、排入城市污水管道系统的工业废水的种类与数量、工业废水处理率和处理程度等。

1. 内江市已运行污水处理厂

内江市城区已建成的污水处理厂只有内江城区(牌楼坝)污水厂,现对现状内江第一污水处理厂2017年1月至2018年12月的实际进水水质进行分析,具体分析见表6.3-2。

内江一污进水水质分析表　　　　　　表6.3-2

覆盖率	BOD₅（mg/L）	COD_cr（mg/L）	SS（mg/L）	TN（mg/L）	TP（mg/L）	NH₃-N（mg/L）	备注
80%	114.50	258.98	2083.87	51.15	3.22	42.14	
85%	121.50	274.85	2249.21	53.35	3.35	44.13	跟内江一污管理人员了解,SS监测点位有问题,其监测数据不能代表其实际进水水质值
90%	133.50	288.18	2529.97	57.75	3.49	47.32	
95%	153.50	322.40	2864.75	63.60	3.77	50.77	
参考调整值	160	350	280	55	4	45	

2. 临近地区同类型污水厂

参考其他同等级别已建污水处理厂设计进水水质,详见表6.3-3。从表6.3-3中可以看出,四川及重庆地区污水处理厂设计进水水质 BOD₅ 浓度在 150~200mg/L 之间,SS 浓度在 200~280mg/L 之间,COD_cr 浓度在 350~400mg/L 之间,NH₃-N 浓度在 25~30mg/L 之间,TP 浓度在 3~4mg/L 之间,本项目服务范围内已实现管道雨污分流,所以设计指标可适当取高值。

已建污水处理厂污水设计进水水质表　　　　　　表6.3-3

名称	BOD₅（mg/L）	SS（mg/L）	COD_cr（mg/L）	NH₃-N（mg/L）	TP（mg/L）
武隆污水处理厂	200	250	350	30	4
黔江污水处理厂	180	280	380	30	3
奉节潭家沟污水处理厂	150	216	350	30	4
开县污水处理厂	150	250	350	30	4
绵阳市塔子坝污水处理厂	200	260	400	25	4
德阳污水处理厂	150	200	300	25	3~4
绵阳市七星坝污水处理厂	200	260	400	30	4

3. 设计进水水质确定

综合上述分析,并结合谢家河服务范围内已实现雨污分流的情况,确定本工程污水设计进水水质,如表6.3-4所示。

污水处理厂设计进水水质　　　　　　表6.3-4

污染物名称	BOD₅	COD_cr	SS	TN	TP	NH₃-N
设计值（mg/L）	160	350	280	57	4	47

6.3.3.2 出水水质

污水处理厂设计出水水质根据受纳水体和尾水用途几个方面确定，谢家河再生水厂出水近期暂考虑仅作为河道景观补水。远期根据规划本项目再生水拟回用至体育中心、档案馆、文化馆、青少年儿童中心、博物馆作为冲厕及绿化路面浇洒杂用水。

1.受纳水体和排放标准

污水处理厂厂址紧邻谢家河，根据《四川省岷江、沱江流域水污染物排放标准》DB 51/2311—2016规定，谢家河再生水厂位于沱江重点控制区域范围内，其出水指标执行该规定中关于城镇污水处理厂的主要水污染物排放浓度限值（表6.3-5）。

《四川省岷江、沱江流域水污染物排放标准》基本控制值　　　　表 6.3-5

排污单位	COD_{cr}（mg/L）	BOD_5（mg/L）	氨氮（以N计）（mg/L）	总氮（以N计）（mg/L）	总磷（以P计）（mg/L）	粪大肠菌群（个/L）
城镇污水处理厂	≤30	≤6	≤1.5（3）	≤10	≤0.3	≤1000

注：括号外的数值为水温>12℃时的控制指标，括号内的数值为水温≤12℃时的控制指标。

2.污水处理厂出水回用水质标准

1）近期出水

污水处理厂的尾水近期排入谢家河作为景观补水用途，出水水质应按照景观水标准执行。当再生水作为观赏性景观环境用水（河道类）时，满足《城市污水再生利用 景观环境用水水质》GB/T 18921—2019要求（表6.3-6）。

景观环境用水的再生水水质　　　　表 6.3-6

序号	项目	观赏性景观			娱乐性景观环境用水			景观湿地环境用水
		河道类	湖泊类	水景类	河道类	湖泊类	水景类	
1	基本要求	无漂浮物，无令人不愉快的嗅和味						
2	pH值（无量纲）	6.0～9.0						
3	五日生化需氧量（BOD_5）/（mg/L）	≤10	≤6	≤10	≤6			≤10
4	浊度/NTU	≤10	≤5	≤10	≤5			≤10
5	总磷（以P计）/（mg/L）	≤0.5	≤0.3	≤0.5	≤0.3			≤0.5
6	总氮（以N计）/（mg/L）	≤15.0	≤10	≤15	≤10			≤15
7	氨氮（以N计）/（mg/L）	≤5.0	≤3	≤5	≤3			≤5
8	粪大肠菌群/（个/L）	≤1000			≤1000		≤3	≤1000
9	余氯/（mg/L）	—					0.05～0.1	—
10	色度（度）	≤20.0						

注：1. 未采用加氯消毒方式的再生水，其补水点无余氯要求。
　　2. "—"表示对此项无要求。

2）远期出水

远期污水处理厂出水作为城市区域再生水，再生水部分水质满足《城市污水再生利用城市杂用水质》GB 18920—2020要求，根据目前与业主对接，远期中水回用主要作为城市景观绿化用水及市政道路冲洗用途。其出水水质指标如表 6.3-7 所示。

由表 6.3-8 可以看出，污水处理厂出水既可以作为河道补水，又可以满足城市杂用水中绿化及道路冲洗的要求。本设计综合考虑各水质需求，选择水质要求最严的标准，确定本工程出水水质。

城市杂用水水质基本控制项目及限值   表 6.3-7

序号	项目	冲厕、车辆冲洗	城市绿化、道路清扫、消防、建筑施工
1	pH	6.0～9.0	6.0～9.0
2	色度，铂钴色度单位	≤15	≤30
3	嗅	无不快感	无不快感
4	浊度/NTU	≤5	≤10
5	五日生化需氧量（BOD_5）/（mg/L）	≤10	≤10
6	氨氮（以 N 计）/（mg/L）	≤5	≤8
7	阴离子表面活性剂/（mg/L）	≤0.5	≤0.5
8	铁/（mg/L）	≤0.3	—
9	锰/（mg/L）	≤0.1	—
10	溶解性总固体/（mg/L）	1000(2000)[a]	1000(2000)[a]
11	溶解氧/（mg/L）	≥2.0	≥2.0
12	总氮/（mg/L）	1.0（出厂），0.2（管网末端）	1.0（出厂），0.2[b]（管网末端）
13	大肠埃希氏菌/（MPN/100mL 或 CFU/100mL）	无[c]	无[c]

注："—"表示对此项无要求。

[a] 括号内指标值为沿海及本地水源中溶解性固体含量较高的区域的指标。

[b] 用于城市绿化时，不应超过 2.5mg/L。

[c] 大肠埃希氏菌不应检出。

不同用途用水水质标准   表 6.3-8

序号	国家标准基本控制项目	《城市污水再生利用 景观环境用水水质》（河道类）GB/T 18921—2019	《城市污水再生利用 城市杂用水水质》GB/T 18920—2020（道路清扫、城市绿化）
1	化学需氧量（COD）（mg/L）	—	—
2	生化需氧量（BOD_5）（mg/L）	10	10
3	悬浮物（SS）（mg/L）	20	—
4	动植物油（mg/L）		
5	石油类（mg/L）	1	
6	阴离子表面活性剂（mg/L）	0.5	1
7	总氮（以 N 计）（mg/L）	15	—
8	氨氮（以 N 计）（mg/L）	5	10
9	总磷（以 P 计）（mg/L）	1	
10	色度（稀释倍数）（mg/L）	30	30
11	pH 值	6～9	6～9
12	粪大肠菌群数（个/L）	2000	3

3. 设计出水水质确定

通过上述出水水质论证分析，谢家河再生水厂设计出水水质具体如表 6.3-9 所示。

谢家河再生水厂设计出水水质表 表 6.3-9

项目	BOD$_5$（mg/L）	COD$_{cr}$（mg/L）	SS（mg/L）	NH$_3$-N（mg/L）	TN（mg/L）	TP（mg/L）	pH 值	粪大肠菌群数（个/L）
出水指标	≤6	≤30	≤10	≤1.5（3）	≤10	≤0.3	6～9	≤1000

注：1. 括号外数值为水温>12℃时的控制指标，括号内数值为水温≤12℃时的控制指标。
　　2. 当作为市政杂用水时，细菌指标——粪大肠菌群数≤3 个/L。

6.3.3.3 工艺路线确定

1. 污染物处理程度

污水处理的目的是去除水中的污染物，使污水得到净化，污水中的主要污染物有 BOD$_5$、COD$_{cr}$、SS、N 和 P 等，污水处理工艺的选用与要求达到的处理效率密切相关，因此，首先需要分析各种污染物所能达到的去除程度。根据本工程设计进出水水质，主要污染物去除率见表 6.3-10。

主要污染物去除率表 表 6.3-10

水质指标类别	COD$_{cr}$（mg/L）	BOD$_5$（mg/L）	SS（mg/L）	NH$_3$-N（mg/L）	TN（mg/L）	TP（mg/L）
设计进水水质（mg/L）	350	160	280	47	57	4
设计出水水质（mg/L）	30	6	10	1.5（3）	10	0.3
处理程度（%）	91.4	96.3	96.4	96.8（93.6）	82.5	92.5

2. 总体工艺路线选择

日本指南和我国现行《室外排水设计标准》GB 50014—2021 中对处理工艺或各种常用处理单元有推荐的处理效率，如表 6.3-11 所示。

常用处理单元处理效率表 表 6.3-11

指南、规范	一级处理效率（%）		SS、BOD$_5$ 去除率				比较结果
来源	BOD$_5$	SS	BOD$_5$	SS	TN	TP	—
日本指南	25～35	30～40	65～85	65～80	—	—	生物过滤法
			85～95	80～90	—	—	活性污泥法
中国规范	20～30	40～50	65～90	60～90	—	—	生物膜法
			65～95	70～90	55～80	50～75	活性污泥法

对比表 6.3-10、表 6.3-11 可知，要达到本工程要求的出水水质，本工程处理工艺必须采用二级强化和深度处理工艺。常规二级处理工艺仅能有效地去除 BOD$_5$、COD$_{cr}$ 和 SS，但对氮和磷的去除是有一定限度的，仅从剩余污泥中排除氮和磷，氮的去除率约为 10%～20%，磷的去除率约为 12%～19%，达不到本工程对氮和磷去除率的要求。因此，要达到本工程的各项去除指标，必须采用污水脱氮除磷及深度处理工艺。

因此，结合国内目前污水处理普遍采用的工艺，经各处理单元比选，本工程总体工艺路线如图 6.3-3 所示。

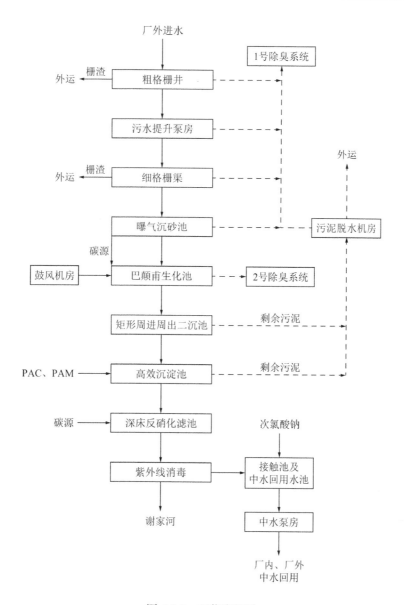

图 6.3-3　工艺流程图

6.3.4　工程特点

6.3.4.1　布置形式确定

污水处理厂的布置形式分为地上式、半地下式和地下式三种，随着我国经济的不断发展，人们对环境的要求越来越高，为改善水环境污染现状，优化生活与投资环境，近年来我国投资建设了一大批污水处理厂，其工艺组成和建设规模各异，但在建设模式上，绝大多数的污水处理厂均采用地上式。但由于地面式污水处理厂存在环境污染大、噪声污染大、占用土地资源、与自然景观不协调等缺点，近年来由于地下式污水处理厂占用空间少、噪声污染小、环境污染小、节省土地资源、温度较恒定、美观性好等优点得到业内人士的认可。

综合各方面原因，谢家河再生水厂最终确定建成园林式高标准污水处理厂，通过谢家河再生水厂的建设，上部形成一片开放的景观公园绿地，与河道景观带有机结合在一起。不仅能够极大地改善地面环境条件，将对周边环境和建筑整体视觉效果的影响降至最低，而且能起到美化区域景观效果、提升周边地价的作用。因此，本工程将建设成为全地下式污水处理厂。

为了降低后期全地埋的土建扩建的难度，降低工程投资费用，本次工程采用土建一次性建成，设备分期安装的原则进行实施。

6.3.4.2 厂区平面功能分区及设计

1.平面设计原则

（1）结合系统进厂管网、尾水排放水系的方向，布局合理，水流顺畅，布置紧凑，尽量减少占地。

（2）厂区地下层平面功能分区根据工艺流程，设置预处理区、生化处理区、深度处理区、尾水排放及再生水处理区、污泥处理区、车行道等。

（3）本工程工艺生产线布置做到水流通畅，虽然采用了先进的除臭工艺和隔声降噪措施，但传统上对产生臭味较大的较敏感构筑物和噪声较大的鼓风机房等尽量远离生产调度中心。

（4）在满足出水水质要求的前提下，通过对工艺构筑物及总体布置的进一步优化，减少污水提升泵扬程，从而可减少工程总投资和常年运行费用。

（5）充分考虑水流、人流、物流、信息流，保证交通顺畅，便于维护和管理。

（6）满足规划控制和消防安全要求。

2.影响地下平面布置的因素

（1）污水处理厂进、出水方向及高程已经基本确定，因此处理工艺流程方向也大体确定。

（2）构筑物的布置受柱网的影响，应避免柱子布置在构筑物内部，减少对水流条件的影响，充分利用现状地形。结合竖向布置，利用现状地形，减小土石方量，节省工程投资。

（3）根据用地情况，结合周边市政道路，考虑污泥及药剂的运输便利性。

（4）考虑污水处理厂运行过程中的废水排放及事故时的临时排放。

（5）构建筑物的组合、叠放对总图布置的影响极大，应合理组合，达到充分利用空间、减少占地、减少构筑物之间的连接管道（相应减少水头损失）的目的。

3.平面功能分区

厂区地面层平面功能分区根据景观设计，设置管理区、休闲健身区、水景区、公园区、文化主题区等。污水处理厂交通通道出入口、消防通道、通风口等造型结合景观设计，与景观融为一体。

厂区地下层平面功能分区根据工艺流程，设置预处理区、二级处理区、深度处理区、污泥处理区、公用建筑区、车行道及管廊区。

4.厂区平面设计

本工程位于谢家河东侧，北环路北侧及五星路西侧，地势平整、开阔，现状为绿地及居民用地。厂区现状地势呈缓坡，坡向谢家河，地形标高在311.64～329.13m。

1）流程简捷、顺畅

由于进水管在污水处理厂的北侧进厂，因此将预处理单元布置于北侧。顶部休闲公园景观、绿化与北侧办工区结合在一起，使得工艺流程顺畅；避免管线的迂回，并减少水头损失。

2）各处理单元功能分区明确

平面布置上，预处理区、二级处理区、深度处理区、污泥处理区各分区具有相对独立性和完整性。

3）厂区人流通道和物流通道设计合理

道路运输分为地下及地上两部分。厂区地上部分的路网主要通向生产调度中心及与地下通道的连接，并保证地上路网满足消防的要求。本污水处理厂地面部分主干道宽6.0m，转弯半径12.0m；地下部分通道宽6.0m，转弯半径9.0m。地下为贯通式运输通道，主要运输污泥、栅渣及药剂。此外，厂区地上部分道路与周边市政道路相衔接，为沥青混凝土路面。

6.3.4.3 厂区竖向功能分区及设计

1.影响竖向布置的因素

由于本工程属于地下式污水处理厂，根据工程经验，为便于污水处理厂的运行管理及美观，污水处理厂宜主要分为两层：上部为操作层，下部为水处理构筑物及管廊。

本工程进水为重力流，尾水通过提升排放，排放至受纳水体谢家河。

为使污水处理厂操作层显得整洁、美观，操作层没有过多地凸起而影响地下的交通运输，需要力求各处理构筑物的顶标高基本一致。因此，应合理布置中间提升的位置及提升高度。

2. 竖向功能分区

地下式污水处理厂竖向分为四个部分，分别为休闲公园层、覆土层、操作层（负一层）及池体层（负二层）。

池体层（负二层）以水工构筑物为主，操作机房为辅，一般情况下无人员活动。

操作层（负一层）以辅助公用建筑为主，整个地下空间承担污水处理厂的正常巡视和设备检修功能。

覆土层根据景观设计及植被对土层厚度的要求，确定覆土厚度。

休闲公园层根据景观设计，分为管理区、休闲健身区、水景区、公园区、文化主题区等。

3. 地下式主体构筑物竖向设计

污水处理厂进厂前管内底标高为 310.50m，进水水面最大标高按 311.00m 控制，故需设进水提升泵房。在尽量减少挖土方的基础上，尽可能减少构（建）筑物的基础处理、挖填方量和土方外运。主要构（建）筑物基础放在基岩上，避免回填土层，减少人工基础，保证安全，节约投资。

厂区顶层标高 322.15～323.30m（不含覆土）作为休闲公园地坪设计标高，设备检修层标高 316.15～318.20m，生化池底标高 309.95m。

6.3.4.4 设备选用原则

（1）鉴于地下式污水处理厂的特殊性，设备应充分考虑运输通道狭窄、安装空间有限、吊装困难等特点，设计成可拆装式（由设备厂家到现场进行组装）。

（2）设备应进行特殊订制，以方便日后的维护、修理。

（3）鉴于本工程部分池体水深达 6～7m，对设备运行的可靠性、稳定性要求更高，因此对设备材质、机架强度、板材厚度等均应作特殊强化设计。

（4）关键设备核心部件须选用高可靠性产品，如：减速机采用 SEW、NORD 等国际知名品牌，轴承采用 SKF、NSK 等国际知名品牌，机械密封采用 Burgmann、John Crane 等国际知名品牌。

（5）控制柜及电控箱应选用高可靠性产品，IP 防护等级适应在实际安装环境中长期使用，控制柜及电控箱主要电气元件选用 ABB、施耐德、西门子等国际知名品牌或国内一线品牌；执行器的品牌应为国内一线品牌或合资品牌；仪表应采用进口品牌。

（6）非标类设备的材质，除叠梁闸（铝合金）、铸铁闸门外，都应为 304 不锈钢；所有水下连接件、紧固件材质应为 304 不锈钢；现场控制箱/柜应使用 304 不锈钢材质。

6.3.5 工程效益分析

由于本工程项目为城市基础设施，以服务于社会为主要目的，它既是生产部门必不可少的生产条件，又是居民生活的必要条件，对国民经济的贡献主要表现为外部效果，所产生的效益除部分经济效益可以定量计算外，大部分则表现为难以用货币量化的社会效益和环境效益。因此，应从系统观点出发，与居民生活水准的提高和健康条件的改善、与工农业生产的加速发展等宏观效果结合在一起评价。

6.3.5.1 环境效益

环境效益是本工程实施和完成后所能体现的最直接的工程效益。其主要表现在以下几个方面。

1. 水污染状况

本工程的实施对缓解内江水环境污染状况有积极的促进作用，预计该建设项目建成投产运行后对减排的贡献以近期工程规模 1.0 万 m³/d 计，如表 6.3-12 所示。

每年污染物去除量一览　　　　　　　　　　　　　　　表 6.3-12

水质指标类别	COD$_{cr}$（mg/L）	BOD$_5$（mg/L）	SS（mg/L）	NH$_3$-N（mg/L）	TN（mg/L）	TP（mg/L）
设计进水水质（mg/L）	350	160	280	47	57	4
设计出水水质（mg/L）	30	6	10	1.5	10	0.3
污染物总去除量（t/a）	1168	562.1	985.5	166.1	171.6	13.5

2. 居民环境条件

作为一项重要的城市基础设施，污水处理工程的建设将有效地改善城市的环境条件，对改善居民生活条件、提高市民健康水平有十分重要的作用。

3. 水环境方面

本项目实施后，污水处理出水执行《四川省岷江、沱江流域水污染物排放标准》DB 51/2311—2016，达到基本的再生水回用水质要求，可以作为河道补充水，对于节约水资源、改善水环境起到重要作用。

6.3.5.2　经济效益

本工程并无显著的直接投资效益，但根据住房和城乡建设部关于《征收排水设施有偿使用费的暂行规定》中的有关条例，参照有关城市的经验，结合本工程的实际情况，通过收取排污费，使本工程具有一定的经济效益。项目建成投产后将本着"保本微利"的原则向用户收取适当的污水治理费，维持自身正常运转，但更主要的是产生间接经济效益。

项目的建设将改善内江谢家河流域的水质，保证工农业的正常生产，避免污水排放对水环境的污染以及由此产生的经济损失，减轻污水对地下水源的污染，使城市生活环境和城市生态环境都得以大幅改观，这些都将对改善内江的投资环境，吸引外资，开发旅游资源，发展工业经济，提高农副产品和工业产品质量等起到积极、有效的作用。因此，本项目所产生的间接经济效益将是巨大的。

6.3.5.3　社会效益

城市污水处理工程是一项保护环境、建设文明卫生城市，为子孙后代造福的公用事业工程，其社会效益明显。本工程的实施，对内江市的城市发展战略，具有深远的意义。

6.4　工程案例说明2——以西南循环经济产业园区污水处理厂为例

6.4.1　项目概况

西南循环经济产业园位于内江市东兴区椑木镇，其前身是 2008 年启动建设的内江市东兴区椑木工业集中区。根据内江市西南循环经济产业园控制性规划，本次内江市西南循环经济产业园区污水处理厂主要服务范围为规划内江市西南循环经济产业园区，规划服务总面积约 11.33km²，其中居住用地 0.06km²，公共服务用地 0.41km²，工业用地 4.78km²，仓储用地 0.46km²，市政道路交通用地 2.54km²，绿化用地 3.08km²，主要收集园区的工业废水，进行集中处理。

本工程污水处理按近期（5000m³/d）规模设计，占地面积 19261.97m²（28.92 亩），由于目前园区内污水量较小，故采用分期建设的模式。具体为：

（1）粗格栅提升泵房土建按照中期 10000m³/d 规模设计，设备按照 5000m³/d 规模配置。

（2）细格栅曝气沉砂池、调节池及事故池预处理及消毒、计量、回用水池、回用泵房等部分土建和设备均按照 5000m³/d 规模设计。

（3）生化段及深度处理部分土建和设备均按照 2500m³/d 规模设计。

（4）污泥脱水机房及加药间、鼓风机房及变配电室、臭氧制备间等附属用房土建按照 5000m³/d 规模设计，设备按照 2500m³/d 规模配置。

（5）机修间及仓库、进出水在线监测土建和设备均按照中期 10000m³/d 规模设计。

6.4.2　工艺路线

6.4.2.1　设计进水水质

本工程中进水由园区内工业废水及生活污水组成，其中工业废水占比约为 90%，生活污水约为 10%。园区内主要的工业企业类型为废旧塑料、橡胶、电线电缆回收处理中心，废弃电器电子产品回收处理中心，报废汽车和机电设备处理拆解中心，以及废纸废油等其他物资回收处理中心等。废水主要为塑料清洗回收、改性造粒及深加工所产生的废水，废旧塑料在再生过程中主要排放的污染物为物料清洗水、熔融过程中产生的少量有机废气，破碎过程中产生的粉尘、噪声以及标签纸屑、沉淀池沉渣等。根据可行性研究报告，污水厂设计进水水质如表 6.4-1 所示。

污水厂进水水质表　　　　　　　　表 6.4-1

水质指标	COD$_{cr}$	BOD$_5$	SS	TN	NH$_3$-N	TP	石油类	色度	氟化物	氯化物
设计进水水质（mg/L）	500	150	400	70	45	8	15	60	20	300

6.4.2.2　设计出水水质

根据内江市东兴区人民政府出具的《关于研究西南循环经济产业园区污水处理厂设计进水水质水量标准等有关问题的纪要》，总磷执行《地表水环境质量标准》GB 3838—2002 Ⅲ类标准要求；氟化物执行《四川省水污染物排放标准》DB 51/190—1993 中的排放限值要求（10mg/L），其他指标执行《四川省岷江、沱江流域水污染物排放标准》DB 51/2311—2016 中工业园区集中式污水处理厂排放标准，未列入的污染物按《城镇污水处理厂污染物排放标准》GB 18918—2002 中的一级 A 标准执行。设计出水水质指标如表 6.4-2 所示。

污水厂出水水质表（mg/L）　　　　　　　表 6.4-2

水质指标	COD$_{cr}$	BOD$_5$	SS	NH$_3$-N	TN	TP	石油类	色度	氟化物
设计出水水质（mg/L）	≤40	≤10	≤10	≤3(5)	≤15	≤0.5	≤1	≤30	≤10

注：pH 值 6~9，粪大肠菌群数≤10³ 个/L，括号里的数据为冬季控制的数据，因汞、镉、铬、铅、砷、氯化物进水水质即出水水质，故本项目污水处理厂不考虑汞、镉、铬、铅、砷、氯化物的去除。

6.4.2.3　工艺路线确定

本工程污水处理采用"预处理＋混合反应沉淀＋水解酸化＋五段巴颠甫＋磁混凝反应池＋两级（臭氧催化氧化＋生物炭滤池）"的处理工艺。

原污水依靠重力流入进水泵站的格栅渠，由粗格栅去除粗大漂浮物和悬浮物后进入提升泵站。经提升泵站内潜污泵提升进入细格栅曝气沉砂池进一步去除悬浮物和砂，再进入调节池调节水质水量。污水由调节池提升进入混合反应沉淀池，降低进水中的氟化物浓度。然后经水解酸化池提升废水的可生化性后，在五段巴颠甫池内一方面对污水中的污染物进行去除，另一方面脱氮除磷。然后进入到二沉池进行固液分离。二沉池出水经磁混凝反应池将进水中的 SS 和 TP 进行去除，然后通过重力流进入两级臭氧催化氧化和生物炭滤池对进水中难以用生化降解的 COD$_{cr}$ 进行去除，同时保证出水的指标经消毒后即可达标排放。

污泥处理由污泥池、污泥浓缩脱水机、污泥脱水机组成，污泥经脱水且含水率达到80%后，要求对本项目污泥进行浸出毒性鉴别，若经鉴定后不属于危险废物，则运往内江市污泥处置中心进行焚烧处置；若经鉴定后属于危险废物，则应委托有资质的危废处置单位进行处置。

具体工艺流程如图6.4-1所示。

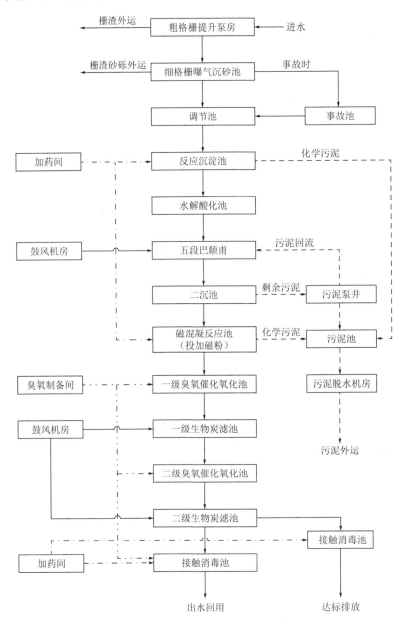

图 6.4-1　污水处理厂工艺流程图

6.4.3　可达性分析

各类水质指标的去除率分析如表 6.4-3 所示。

1. COD/BOD$_5$

大部分经过生化处理（水解酸化 + 五段巴颠甫 + 二沉池）去除，难降解的经过深度处理（臭氧催化氧化 + 生物炭滤池）去除，COD 出水小于 40mg/L，实现达标排放。

2. SS

主要通过生化处理（水解酸化 + 五段巴颠甫 + 二沉池）的二沉池及磁混凝反应池去除，使出水 SS

小于10mg/L，实现达标排放。

3. NH₃-N

主要经过五段巴颠甫去除，实现达标排放。

4. TN

通过五段巴颠甫中缺氧区的反硝化作用去除，实现总氮达标排放。

5. TP

主要通过五段巴颠甫中厌氧池聚磷菌的过量摄磷，以及通过磁混凝反应池化学除磷，实现达标排放。

6. 氟化物

主要是通过化学加药方法在混合反应沉淀池去除。

7. 石油类

主要通过磁混凝反应沉淀池及深度处理（臭氧催化氧化＋生物炭滤池）去除。

去除率分析表　　　　　　　　　　表 6.4-3

序号	处理单元	参数	COD$_{cr}$（mg/L）	BOD$_5$（mg/L）	SS（mg/L）	NH₃-N（mg/L）	TP（mg/L）	TN（mg/L）	氟化物（mg/L）	石油类（mg/L）
1	粗格栅提升泵房	进水	500	150	400	45	8	70	20	15
		出水	500	150	400	45	8	70	20	15
		去除率	—	—	—	—	—	—	—	—
2	细格栅曝气沉砂池	进水	500	150	400	45	8	70	20	15
		出水	450	142.5	361	45	8	70	20	13.5
		去除率	10%	5%	9%	—	—	—	—	10%
3	混合反应沉淀池	进水	450	142.5	361	45	8	70	20	13.5
		出水	420	142.5	324.9	45	8	70	10	13.5
		去除率	7%	—	10%	—	—	—	50%	—
4	水解酸化池	进水	420	142.5	324.9	45	8	70	10	13.5
		出水	335.6	131.3	227.43	45	8	70	10	13.5
		去除率	20%	10%	30%	—	—	—	—	—
5	五段巴颠甫—二沉池	进水	335.6	131.3	227.43	45	8	70	10	13.5
		出水	100.68	11.1	34.1	2.7	3.2	14	10	13.5
		去除率	70%	91.6%	85%	94%	60%	80%	—	—
6	磁混凝反应池	进水	100.68	11.1	34.1	2.7	3.2	14	10	13.5
		出水	90.6	10.55	10.23	2.7	0.4	14	10	4.05
		去除率	10%	5%	70%	—	87.5%	—	—	70%
7	臭氧催化氧化—生物炭滤池（两级）	进水	90.6	10.55	10.23	2.7	0.4	14	10	4.05
		出水	36.24	9.5	9.6	2.7	0.4	14	10	0.97
		去除率	60%	10%	6%	—	—	—	—	76%

序号	处理单元	参数	COD$_{cr}$（mg/L）	BOD$_5$（mg/L）	SS（mg/L）	NH$_3$-N（mg/L）	TP（mg/L）	TN（mg/L）	氟化物（mg/L）	石油类（mg/L）
8	排放	出水	36.24	9.5	9.6	2.7	0.4	14	10	0.97
		排放标准	≤40	≤10	≤10	≤3(5)	≤0.5	≤15	≤10	≤1

6.4.4 单体构、建筑物参数设计

本工程主要生产构筑物包括：粗格栅提升泵房、细格栅曝气沉砂池、调节池及事故池、混合反应沉淀池、水解酸化池—五段巴颠甫—二沉池、磁混凝反应池、臭氧催化氧化池—生物炭滤池、消毒池、计量渠、污泥池、污泥脱水间、加药间及鼓风机房、机修间及仓库、综合楼等。各构筑物分期建设要求如表 6.4-4 所示。

主要构（建）筑物建设规模一览表　　　　　　　　　　表 6.4-4

序号	名称	设计规模（m³/d）	变化系数	设计流量（m³/h）	备注
1	粗格栅提升泵房	10000	1.58	660.11	土建按照 10000m³/d 设计，设备按 5000m³/d 设计
2	细格栅曝气沉砂池	5000	1.73	360.4	土建及设备按 5000m³/d 设计
3	调节池及事故池	5000	1	208.3	土建及设备按 5000m³/d 设计
4	混合反应沉淀池	2500	1.1	114.6	土建及设备按 2500m³/d 设计
5	水解酸化—五段巴颠甫—二沉池	2500	1.1	114.6	土建及设备均按 2500m³/d 设计
6	磁混凝反应池	2500	1.1	114.6	土建及设备均按 2500m³/d 设计
7	臭氧催化氧化—生物炭滤池	2500	1.1	114.6	土建及设备均按 2500m³/d 设计
8	消毒、计量及回用水池—回用泵房	5000	1.1	229.3	土建及设备按 5000m³/d 设计
9	污泥池	5000	1	208.33	土建按照 5000m³/d 设计，设备按 2500m³/d 设计
10	污泥脱水机房及加药间	5000	1.1	229.3	土建按照 5000m³/d 设计，设备按 2500m³/d 设计
11	鼓风机房及变配电室	5000	1.1	229.3	土建按照 5000m³/d 设计，设备按 2500m³/d 设计
12	臭氧制备间	5000	1.1	229.3	土建按照 5000m³/d 设计，设备按 2500m³/d 设计
13	机修间及仓库	10000	1.1	458.33	土建按 10000m³/d 设计
14	进出水在线监测间	10000	1.1	458.33	土建及设备均按 10000m³/d 设计
15	离子除臭系统	10000	1.1	458.33	设备按 10000m³/d 设计，仅用于粗格栅提升泵房除臭
16	生物除臭系统	5000	1.1	229.3	设备按 5000m³/d 设计
17	综合楼	—	—	—	

6.4.5 工艺特点

根据内江市西南循环经济产业园区的主要规划产业，可以确定工业废水中的主要污染物质为 COD、

BOD、SS、油类、酸碱物质等。工业废水不同于城镇生活污水，其水质具有以下特点：

（1）有机物、SS 含量高，生化处理设施的处理负荷大。

（2）含有有毒的有机物等物质，对微生物的生长繁殖具有毒害作用。

（3）油类物质含量高，对生化处理有一定的影响，且生化处理难以去除高含量的油类物质。

（4）污水水量水质变化大，pH 值变化大。

针对此种水质特点，本工程处理单元也有其自身特点。

6.4.5.1 水解酸化—五段巴颠甫—二沉池

水解酸化功能主要是将原有废水中的非溶解性有机物转变为溶解性有机物，将其中难生物降解的有机物转变为易生物降解的有机物，提高废水的可生化性，以利于后续的好氧处理。

五段巴颠甫是通过微生物的活动，在厌氧、缺氧、好氧交替的环境下，对废水中的有机物进行去除，达到脱氮除磷的效果。

二沉池的主要作用是进行泥水分离。

本单体是集水解酸化池、五段巴颠甫及二沉池为一体的综合性构筑物，分两组，水解酸化—五段巴颠甫总停留时间 36.22h。

其中，反硝化过程需投加碳源，本工程采用乙酸钠作为碳源。

6.4.5.2 磁混凝反应池

磁混凝反应池主要利用磁混凝沉淀技术。所谓磁混凝沉淀技术，就是在普通的混凝沉淀工艺中同步加入磁粉，使之与污染物絮凝结合成一体，以加强混凝、絮凝的效果，使生成的絮体密度更大、更结实，从而达到高速沉降的目的。磁粉可以通过磁鼓回收而循环使用。

本工程通过投加 PAC、PAM，实现 SS、TP 的去除。

磁混凝反应池为成套设备，设备内部分为快混池、加载池、絮凝池及沉淀池。

6.4.5.3 臭氧催化氧化—生物炭滤池

通过臭氧的强氧化性将生化段难以通过微生物去除的 COD 加以去除，同时结合生物炭滤池的功能，对污水中剩余的有机物进行微生物降解及吸附去除，以满足出水水质的要求。

本工程设置了两级臭氧催化氧化和生物炭滤池，以保证出水水质满足要求。当第一级"臭氧催化氧化＋生物炭滤池"的出水已经达到既定的出水标准时，出水可以直接超越第二级"臭氧催化氧化＋生物炭滤池"。

臭氧催化氧化池与生物炭滤池合建，其中包括臭氧催化氧化池、生物炭滤池、中间水池、清水池及废液池。

6.4.6 工程实施意义

6.4.6.1 改善园区环境

原内江市西南循环经济产业园区排水系统不完善，散排、乱排较为严重，没有污水处理设施，雨污混流进入排水冲沟，汇入桠南河，最终进入沱江。随着内江市西南循环经济产业园区经济发展，园区不断拓展，人口聚集加速、工业企业增加迅猛，使得片区污水量急剧增大，为避免内江市西南循环经济产业园区污水直接排放对周边环境及桠南河、沱江水体水质造成污染，改善片区生产、生活环境，统筹规划实施内江市西南循环经济产业园区污水处理厂工程是非常必要、十分迫切的。

6.4.6.2 完善园区基础设施建设

由于内江市西南循环经济产业园区开发力度低，片区没有统一规划，村镇及工业发展无序建设，相应市政排水基础设施薄弱，区域内仅有少量的排水管渠，无法承担有效的污水收集功能，随着新一轮内江市西南循环经济产业园区的规划建设，健全和完善园区的市政排水基础设施，将该片区工业废水统一收集，集中处理，实施内江市西南循环经济产业园区污水处理厂工程是十分必要的。

6.4.6.3 契合园区上位规划

在内江市城市总体规划及内江市西南循环经济产业园区控制性详细规划中根据园区功能划分及规划

定位，对片区排水提出了较高的要求，规划中要求完善片区雨水、污水管道，实现雨污分流，同时新建工业废水处理厂，对收集的内江市西南循环经济产业园区工业废水进行集中深度处理，本工程的内容正是对上述规划要求的响应。

同时，由于片区现状污水散排严重，存在污水排放企业，周边居住环境较为恶劣，群众反映强烈。为保障人们的身体健康，提高居民的生活幸福感，打造宜居生态环境，维护社会和谐稳定，因此结合园区开发，尽快实施园区污水处理厂工程，是促进经济可持续发展的重大民生工程，万民期盼，迫在眉睫。综上所述，为了改善西南循环经济产业园区生产、居住环境，保护下游沱江水体水质，配合西南循环经济产业园区新一轮的规划发展，解决片区排水系统建设历史欠账问题，全面实施内江市西南循环经济产业园区污水处理厂建设工程是势在必行的大事。该项目的实施，无论从政治上、经济上还是民生上，都具有重要的意义和效果。

随着城市化的发展，园区人口规模、用地规模的不断增长，城市污水的排放量日益增大，因此必须对未经处理的污（废）水加以处理，以确保当地居民生产、生活的健康、良性发展。

城市基础设施的严重滞后，给人民生活水平的提高、工业的进一步发展造成不利影响。更为严重的是，目前园区的大部分污水不加处理直接排入水体，严重污染了水系的水质，污染给园区人们的健康带来不可忽视的危害，也给下游地区的工、农业生产及人民生活造成不利影响。因此，为实现可持续发展，完成治理目标，必须尽快建设和完善城市的污水管网，建设城市污水处理工程。

6.4.6.4 加快生态城市化进程

水是无可替代的物质，它是构成人体的重要成分，更是整个人类社会正常运行的血液。水环境作为生态环境的一个重要成分，对于人类的生活质量具有不言而喻的重要意义。水污染后，超标重金属通过饮水或食物链进入人体，使人急性或慢性中毒，甚至诱发癌症、神经病等，极大地危及人体的健康。被寄生虫、病毒或其他致病菌污染的水，可引起多种传染病和寄生虫病，导致肠胃炎、伤寒等疾病。世界卫生组织调查指出，人类疾病 80% 与水有关，每年世界上有 2500 万名以上的儿童因饮用被污染的水而死亡。可见，水的污染不仅会破坏生态环境，更直接威胁到人类的健康，给人类身心带来巨大的伤害。

目前，随着园区经济的高速发展，其凭借良好的投资环境、便利的交通条件，已经初步形成了较为完善的三产体系。但是园区目前污水处理能力与其经济社会的发展仍然存在着不协调，大量未经处理的生活、工业污水直接排入附近水体或就近沿土壤下渗，导致园区地表水体遭到不同程度污染，对广大当地群众来说，长期直接饮用当地水源极易对身体健康产生不利影响。因此，通过加快本项目的建设，将有利于减少污染物对水体的污染，有效消除当地水源地的水质污染问题，可以让更多的老百姓能够用上安全的水、放心的水。

6.4.6.5 促进社会经济发展

污水处理厂的建设对提高园区的城市基础设施水平，改善投资环境，适应对外开放，加速经济发展，保护长江水系，改善区域的环境质量，开发利用水资源，保证园区人民的健康，促进工农业生产可持续发展，至关重要。

内江市西南循环经济产业园区是内江市东兴区重要的产业园区，本项目的建设，可使该园区的各项功能得到充分的发挥，有利于进一步加大招商引资力度，引进国际、国内知名企业入驻园区，对整合现有再生资源市场，加快废旧物资收集，加快内江市和东兴区社会经济的发展将起到十分积极的作用。

6.5 工程案例说明3——以村镇污水处理厂为例

经现场调查和梳理，本次内江沱江流域共有 95 座乡镇污水处理厂需要建设，处理规模最小 $50m^3/d$，最大 $1200m^3/d$。

6.5.1 设计规模

1. 情况一

建制镇生活污水处理总量包括居民生活污水量、公共设施污水量、服务业污水量、进入生活污水处理厂的工业污水量以及合理的管网地下水入渗量。建制镇污水处理量计算公式：城镇污水处理量 =（镇区常住人口 × 居民生活污水定额 + 公共设施污水量 + 服务业污水量 + 进入生活污水处理厂处理的工业污水量）×（1 + 地下水入渗率）。

公共设施污水量、服务业污水量、工业污水量根据建制镇实际情况酌情取值。没有上述污水排放需求的，只计算居民生活污水量和地下水入渗量即可。

2. 情况二

建制镇居民生活污水排放量可根据实地实测数据或当地生活用水量折算取得，生活用水折污系数可按生活用水量的 80% 采用。当缺乏实地调查数据时可参照污水定额（表 6.5-1），结合当地气候、经济、用水设施与卫生器具水平等因素确定。

建制镇居民生活污水量定额参考取值 表 6.5-1

建制镇居民区域类型	生活污水量定额［L/(人·d)］
中心镇	100～120
以旅游产业为主的建制镇	80～100
以商贸为主的建制镇	70～90
以农业为主的建制镇	55～70

注：生活污水量定额指标为全年日均污水量。

3. 情况三

建制镇中有住宿的小学、中学、敬老院等公共设施的污水量应单独测算。该部分排水量宜根据实地调查数据确定，在缺乏调查数据时，可按表 6.5-2 取值。

建制镇公共设施污水定额参考取值 表 6.5-2

公共设施类型	单位污水量［L/(人·d)］
小学，住宿，水冲厕所	按住宿学生计算，25～40
中学，住宿，水冲厕所	按住宿学生计算，30～50
敬老院，水冲厕所	按床位计算，80～150

注：根据当地实际情况酌情确定。污水量定额指标为全年日均污水量。

4. 情况四

旅游业、工商业较为发达的建制镇，应对旅馆、饭店等服务业污水量单独测算。该部分污水量宜根据实地调查数据确定，在缺乏调查数据时，可参考表 6.5-3 取值。

建制镇旅馆、饭店污水定额参考取值 表 6.5-3

服务业类型	单位污水量［L/(床·d)］
旅游饭店、高档民宿	200～400
经济型旅馆	120～240
一般民宿、客栈、有住宿的农家乐	80～160

注：根据当地实际情况酌情确定。污水量定额指标为全年日均污水量。

5. 情况五

建制镇工业污水排放量应据实核算。

镇区零星企业产生的工业污水，经预处理达到现行《污水排入城镇下水道水质标准》GB/T 31962 后，可排入镇生活污水处理厂统一处理。排入镇生活污水处理厂统一处理的工业污水总量，不得超过生活污水量的 30%。工业园区应单独设置园区污水处理厂，不得排入镇生活污水处理厂。

6. 情况六

地下水位较高的地区，应考虑合理的管网地下水入渗量。对于成都平原、涪江、嘉陵江等河道冲积层以及其他地质条件为砂卵石等强透水层的地区，管网地下水入渗率可取 10%～15%；对于盆地丘区地质条件为砂岩、泥岩等弱透水层的地区，管网地下水入渗率可取 0～10%。

7. 情况七

按上述方法计算的建制镇综合生活污水量为年平均日污水量。

污水处理规模应按年平均日污水量确定。污水管网设计流量应采用最高日最高时污水量：最高日最高时污水量 = 年平均日污水量 × 综合生活污水总变化系数。

污水处理厂调节池后的设计流量应采用调节后的最大流量，生物反应池曝气时间较长时可酌情减少。采用污水一体化设备的，在调节能力足够的情况下，污水一体化设备的处理能力应按不低于最高日污水量予以复核。最高日污水量计算方法如下：最高日污水量 = 最高日最高时污水量 ÷ 时变化系数 = 年平均日污水量 × 综合生活污水总变化系统 ÷ 时变化系数。

时变化系数根据项目所在地日供水量变化实测数据计算；若无实测数据时，一般可取 1.4～1.6，规模小于 200m³/d 时可取 1.6～2.0。

8. 情况八

综合生活污水量总变化系数可根据当地实际进水量变化资料推算，当缺乏实际调查数据时宜按表 6.5-4 的规定取值。

综合生活污水量总变化系数　　　　　　　　表 6.5-4

污水年平均日流量（m³/d）	50	100	200	250	500	1000	2000	3000
总变化系数	4.0	3.5	3.2	3.0	2.8	2.7	2.5	2.3

注：当污水年平均日流量为中间数值时，总变化系数可用内插法求得。

（1）当污水平均日流量大于 3000m³/d（即 34.7L/s）时，总变化系数可参照现行《镇（乡）村排水工程技术规程》CJJ 124 及《室外排水设计标准》GB 50014 采用。

（2）当居住区有实际生活污水量变化资料时，可按实际数据采用。

9. 情况九

污水处理厂站的建设规模应综合考虑现状水量和排水系统普及程度，按项目近期预测污水量合理确定，不宜过度超前建设，不能简单套用规划人口预测水量。污水处理厂站远期用地应予以预留，预留用地宜在近期项目红线外考虑。

6.5.2　设计水质

建制镇生活污水的设计水质宜以实测值为基础分析确定，在无实测资料时，可参考类似地域、类型的乡镇污水水质资料，也可参考表 6.5-5 确定污水处理厂进水水质。参考表 6.5-5 时，各地应考虑当地实际情况，对应分类查询，确定进水水质。高寒高海拔地区建制镇生活污水的设计水质还应考虑自来水敞放情况。

四川省建制镇生活污水处理厂进水水质   表 6.5-5

类别	主要指标							设计水温（℃）
	pH 值	SS（mg/L）	COD（mg/L）	BOD$_5$（mg/L）	TN（mg/L）	NH$_3$-N（mg/L）	TP（mg/L）	
Ⅰ区：盆地平原、冲积层等强透水层地区	6.5～8.0	150～300	150～350	100～200	35～50	30～45	4.0～5.0	—
Ⅱ区：盆地丘区弱透水层地区	6.5～8.0	250～500	250～500	130～300	45～70	40～65	4.5～7.0	—
Ⅲ区：盆周边缘山区、川西南中山区	6.5～8.0	150～350	150～400	100～250	35～55	30～50	4.0～6.0	—
Ⅳ区：高寒高海拔地区（未集中供暖、自来水敞放）	6.5～8.0	50～150	100～250	50～150	30～45	25～40	3.0～5.0	夏：8～14 冬：1～4
Ⅴ区：高寒高海拔地区（集中供暖、自来水未敞放）	6.5～8.0	50～350	150～400	100～280	45～60	30～50	4.0～6.0	夏：10～16 冬：6～8

注：根据地质、气候等条件，将四川省分为五类地区，以便较为精准地确定污水处理厂进水水质。Ⅰ类地区为盆地内成都平原、涪江、嘉陵江等河道冲积层以及其他地质条件为砂卵石等强透水地层地区；Ⅱ类地区为盆地丘区地质条件为砂岩、泥岩等弱透水层的地区；Ⅲ类地区为盆周边缘山区、川西南中山区；Ⅳ类地区为未集中供暖、自来水敞放的高寒高海拔地区；Ⅴ类地区为集中供暖、自来水未敞放的高寒高海拔地区。实际使用时，应根据当地实际情况酌情对照表，确定进水水质。高寒高海拔地区除常规设计指标外，还应关注设计水温。有家庭作坊式特色乡土产业污水排入的建制镇污水处理厂设计水质应经调查检测后确定。

6.5.3 排放标准

建制镇污水排放标准应结合自然条件、污水处理厂处理规模、受纳水体的环境容量等实际情况，因地制宜、科学合理地确定，并应按表 6.5-6 执行。

建制镇污水排放标准一览表   表 6.5-6

序号	污水处理厂规模（m³/d）	受纳水执行标准
1	≥1000 的岷江、沱江流域	《四川省岷江、沱江流域水污染排放标准》DB 51/2311—2016
2	≥1000 的非岷江、沱江流域	《城镇污水处理厂污染物排放标准》GB 18918—2002 中一级 A 标
3	<1000 的环境敏感水体	《城镇污水处理厂污染物排放标准》GB 18918—2002 中一级 A 标
4	<1000 的非环境敏感水体	《城镇污水处理厂污染物排放标准》GB 18918—2002 中一级 B 标

出水用于灌溉、杂用、景观环境等再生利用时，应以再生用途水质确定处理水排放标准；出水向地表水体排放时应按照表 6.5-6 确定排放标准。处理规模在 500m³/d（不含）以下的乡集镇及行政区划调整中被撤并乡镇的生活污水处理设施，可参照《农村生活污水处理设施水污染物排放标准》DB 51/2626—2019 执行。

6.5.4 各类型污水厂工艺特点

根据处理规模，将污水处理厂分为小于 500m³/d、大于 500m³/d 且小于 1000m³/d、大于 1000m³/d 三种类型，分别以威远县高石镇污水处理厂（小于 500m³/d）、隆昌市黄家镇污水处理厂（大于 500m³/d 且小于1000m³/d）、东兴区郭北镇污水处理厂（大于1000m³/d）为例进行说明。

6.5.4.1 威远县高石镇污水处理厂

根据常住人口数量及预测增长率进行污水量测算，高石镇污水处理厂建设规模为400m³/d，一次建成，并预留二级生化处理远期用地。

1. 进水水质

根据项目可行性研究报告及批复要求，高石镇污水处理厂以处理生活污水为主，结合居民生活习惯，参照目前运行污水厂水质数据，本项目污水水质预测结果如表6.5-7所示。

高石镇污水处理厂进水水质一览表　　　　　　　表6.5-7

项目	BOD$_5$（mg/L）	COD$_{cr}$（mg/L）	SS（mg/L）	TP（mg/L）	TN（mg/L）	NH$_3$-N（mg/L）	pH值	水温（℃）
进水指标	130	260	180	4	40	35	6～9	12

2. 出水水质

本工程污水经处理后尾水直接排入边沟进入下游水体。根据招标文件及《四川省岷江、沱江流域水污染物排放标准》DB 51/2311—2016要求，确定污水处理站排水执行《城镇污水处理厂污染物排放标准》GB 18918—2002一级A标准（表6.5-8）。

高石镇污水处理厂出水水质一览表　　　　　　　表6.5-8

项目	BOD$_5$（mg/L）	COD$_{cr}$（mg/L）	SS（mg/L）	TP（mg/L）	TN（mg/L）	NH$_3$-N（mg/L）	pH值	水温（℃）
出水指标	≤10	≤50	≤10	≤0.5	≤10	≤5（8）	6～9	12

注：括号外数值为水温>12℃时的控制指标，括号内数值为水温≤12℃时的控制指标。

3. 污染物去除率

根据上述设计进出水水质，相应的污染物负荷及去除率详见表6.5-9。

高石镇污水处理厂污染物负荷及去除率　　　　　　　表6.5-9

水质指标	BOD$_5$	COD$_{cr}$	SS	TP	TN	NH$_3$-N
进水水质（mg/L）	130	260	180	4	40	35
出水水质（mg/L）	≤10	≤50	≤10	≤0.5	≤15	≤8
污染物去除负荷（t/d）	≥12	≥21	≥17	≥0.35	≥2.5	≥2.7
污染物去除效率（%）	≥92.3	≥80.8	≥94.4	≥87.5	≥62.5	≥77.1

4. 工艺确定

高石镇现有污水处理设施1座，建于2013年，处理规模为300m³/d，采取工艺为预处理（格栅及调节池）＋钢制一体化污水处理设备，尾水排放标准达到《城镇污水处理厂污染物排放标准》GB 18918—2002一级B标准。由于高石镇现状未建污水收集管网，场镇污水无法进入污水厂进行处理，经综上分析，本次设计考虑拆除原有建、构筑物，原址重建污水厂。

根据对污水进出水水质的分析，本工程要求污水处理程度的特点是：除对COD、BOD$_5$、SS去除率要求较高，还应具有脱氮除磷的功能。因此，对污水处理工艺应根据其特点，慎重选择。本工程的污水处理工艺在选择时充分考虑污水量、污水水质、经济条件，经比较分析、详细论证，推荐如下工艺流程

（图 6.5-1）。

（1）生物处理工艺：AO 接触氧化。

（2）深度处理：连续流活性砂过滤。

（3）污泥脱水：移动式污泥脱水车。

（4）消毒：紫外线消毒。

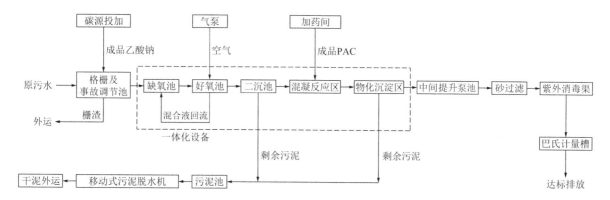

图 6.5-1 高石镇污水处理厂工艺流程图

5. 工艺特点

本工艺具有如下特点：

（1）总体方案充分体现远近期结合，总体布局合理。

（2）工艺可靠，建设调节池以充分适应水量、水质变化。

（3）因本工程规模较小，设计上采取了集约化设计理念，工艺流程简洁，如格栅、调节池、事故池合建，生化处理与混凝沉淀集成与一体化设备，紫外消毒渠与巴氏计量槽合建，节约总体占地，便于管理。

（4）各单元选用的都是成熟的工艺，方便运行管理。

（5）各项参数的选择符合实际、科学合理，设备选型正确、性价比高。

6.5.4.2 隆昌市黄家镇污水处理厂

新建黄家镇污水处理厂拟建厂址位于黄家镇场镇西北侧，征地面积 5.49 亩，服务范围为黄家镇镇区集中居住范围，预计 2025 年总人口 4226 人，处理规模 900m³/d，配套管网总长约 7.4km，污水经处理达到《城镇污水处理厂污染物排放标准》GB 18918—2002 一级 A 标准后，通过尾水排放管道最终排入厂址旁河流（或冲沟）。

1. 设计进水水质

黄家镇污水处理厂以处理生活污水为主，结合居民生活习惯，参照目前运行污水厂水质数据，本项目污水水质预测结果如表 6.5-10 所示。

黄家镇污水处理厂设计进水水质 表 6.5-10

项目	BOD₅（mg/L）	COD_cr（mg/L）	SS（mg/L）	TP（mg/L）	TN（mg/L）	NH₃-N（mg/L）	pH 值
进水指标	130	280	180	3.5	35	25	6～9

2. 设计出水水质

本工程污水经处理后尾水直接排入下游水体。根据招标文件及《四川省岷江、沱江流域水污染物排放标准》DB 51/2311—2016 要求，确定污水处理站排水执行《城镇污水处理厂污染物排放标准》GB 18918—2002 一级 A 标准（表 6.5-11）。

黄家镇污水处理厂设计出水水质　　　表 6.5-11

项目	BOD₅（mg/L）	COD_{cr}（mg/L）	SS（mg/L）	TP（mg/L）	TN（mg/L）	NH₃-N（mg/L）	pH 值
出水指标	≤10	≤50	≤10	≤0.5	≤15	≤5（8）	6～9

注：括号外数值为水温>12℃时的控制指标，括号内数值为水温≤12℃时的控制指标。

3. 污染物去除率

根据上述设计进出水水质，相应的去除率详见表 6.5-12。

黄家镇污水处理厂污染物负荷及去除率　　　表 6.5-12

水质指标	BOD₅	COD_{cr}	SS	TP	TN	NH₃-N
进水水质（mg/L）	130	260	180	4	40	35
出水水质（mg/L）	≤10	≤50	≤10	≤0.5	≤15	≤8
污染物去除效率（%）	≥92.3	≥80.8	≥94.4	≥87.5	≥62.5	≥77.1

4. 工艺确定

针对设计进出水水质要求，在充分满足"近远结合、工艺先进、切实合理、出水达标、选型正确、性价比高"的要求下，通过上述详细论证，推荐如下工艺流程（图 6.5-2）。

（1）生物处理工艺：五段巴颠甫工艺。

（2）深度处理：石英砂过滤。

（3）污泥脱水：移动式污泥脱水车。

（4）消毒：紫外线消毒。

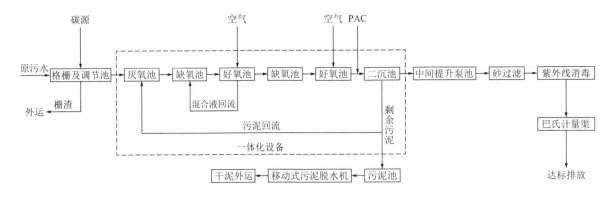

图 6.5-2　黄家镇污水处理厂工艺流程图

5. 工艺特点

（1）总体方案充分体现远近期结合，总体布局合理。

（2）工艺可靠，建设调节池以充分适应水量、水质变化。

（3）因本工程规模较小，设计上采取了集约化设计理念，工艺流程简洁，如格栅、调节池、事故池合建，生化处理与沉淀集成与一体化设备，节约总体占地，便于管理。

（4）各单元选用的都是成熟的工艺，方便运行管理。

（5）各项参数的选择切合实际、科学合理，设备选型正确、性价比高。

6.5.4.3　东兴区郭北镇污水处理厂

郭北镇污水处理厂拟建厂址位于郭北镇现有污水处理厂原址，用地面积约 3.70 亩（不含进场道路），预计 2025 年总人口 13857 人，设计处理规模 1200m³/d。污水经处理达到《四川省岷江、沱江流域水污染物排放标准》DB 51/2311—2016 标准后，通过尾水排放管道最终排入污水处理站旁的清流河。

1. 设计进水水质

郭北镇污水处理厂以处理生活污水为主，结合居民生活习惯，参照目前运行污水厂水质数据，本项目污水水质预测结果如表 6.5-13 所示。

郭北镇污水处理厂设计进水水质　　　　　　　　　　　　　　　表 6.5-13

项目	BOD₅（mg/L）	COD_cr（mg/L）	SS（mg/L）	TP（mg/L）	TN（mg/L）	NH₃-N（mg/L）	pH 值
进水指标	150	300	200	4.0	35	30	6～9

2. 设计出水水质

本工程污水经处理后尾水直接排入沱江一级支流——清流河。根据招标文件及相关要求，确定污水处理站排水执行《四川省岷江、沱江流域水污染物排放标准》DB 51/2311—2016 一级 A 标准（表 6.5-14）。

郭北镇污水处理厂设计出水水质　　　　　　　　　　　　　　　表 6.5-14

项目	BOD_5（mg/L）	COD_{cr}（mg/L）	SS（mg/L）	TP（mg/L）	TN（mg/L）	NH_3-N（mg/L）	pH 值
出水指标	≤6	≤30	≤10	≤0.3	≤10	≤1.5（3）	6～9

注：括号外数值为水温>12℃时的控制指标，括号内数值为水温≤12℃时的控制指标。

3. 污染物去除率

根据上述设计进出水水质，相应的污染物负荷及去除率详见表 6.5-15。

郭北镇污水处理厂污染物负荷及去除率　　　　　　　　　　　　表 6.5-15

水质指标	BOD_5	COD_{cr}	SS	TP	TN	NH_3-N
进水水质（mg/L）	150	300	200	4	35	30
出水水质（mg/L）	≤6	≤30	≤10	≤0.3	≤10	≤3
污染物去除效率（%）	≥96.0	≥90.0	≥95.0	≥92.5	≥71.4	≥90

4. 工艺确定

针对设计进出水水质要求，在充分满足"近远结合、工艺先进、切实合理、出水达标、选型正确、性价比高"的要求下，通过上述详细论证，推荐如下工艺流程（图 6.5-3）。

（1）生物处理工艺：单污泥系统改良 A2/O 工艺。

（2）深度处理：絮凝沉淀 + 石英砂过滤 + 活性炭吸附。

（3）污泥脱水：移动式污泥脱水车。

（4）消毒：紫外线消毒。

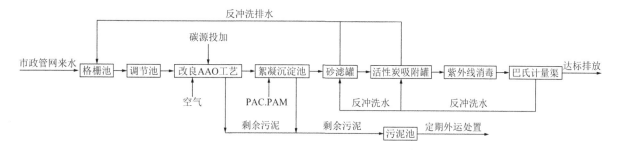

图 6.5-3　郭北镇污水处理厂工艺流程图

5. 工艺特点

（1）总体方案充分体现远近期结合，总体布局合理。

（2）工艺可靠，建设调节池以充分适应水量、水质变化。

（3）因本工程规模较小，设计上采取了集约化设计理念，工艺流程简洁，如格栅、调节池、事故池合建，改良AAO工艺生化部分与二沉池合建，紫外消毒渠与巴氏计量槽合建，节约总体占地，便于管理。

（4）各单元选用的都是成熟的工艺，方便运行管理。

（5）各项参数的选择符合实际、科学合理，设备选型正确、性价比高。

6.5.5 工程效益分析

由于本工程项目为城市基础设施，以服务于社会为主要目的，它既是生产部门必不可少的生产条件，又是居民生活的必要条件，对国民经济的贡献主要表现为外部效果，所产生的效益除部分经济效益可以定量计算外，大部分则表现为难以用货币量化的社会效益和环境效益。因此，应从系统观点出发，与人民生活水准的提高和健康条件的改善、与工农业生产的加速发展等宏观效果，结合在一起评价。

6.5.5.1 环境效益

1. 污染物排放量削减

环境效益是本工程实施和完成后所能体现的最直接的工程效益。本工程的实施对缓解该地区水环境污染状况有积极的促进作用，作为一项重要的城市基础设施，污水处理工程的建设将有效地改善城市的环境条件，对改善居民生活条件、提高市民健康水平有十分重要的作用。

2. 改善水质

目前，该地区的生活污水无序排放，对水域水质产生了一定的污染。而本工程营运后，服务区域内的污水将纳入本厂进行处理，达标后通过边沟排入下游水体，因此可减少对下游水体的水质影响，改善水质。

6.5.5.2 社会效益

随着社会经济的持续快速发展和人们生活水平的不断提高，区域污水量也在不断增加。污水处理厂将实施集中污水处理系统，改善区域的基础建设和投资环境，进一步改善该地区的对外形象，有利于对外招商引资，促进城市建设和经济的持续发展。

6.5.5.3 经济效益

1. 直接经济效益

污水处理厂的经济效益可分为直接经济效益和间接经济效益。

本工程属于城市公用设施，为国民经济所作的贡献表现为社会产生的间接经济效益。但根据现行的排污收费制度，本工程的直接经济效益可以单方面从污水处理量和污水管网收集率来进行定量收费。

2. 间接经济效益

尽管污水治理工程并不直接产生经济效益，但项目的实施将对地区产生广泛的影响，使该地区的发展不受环境的制约，把社会经济发展与环境保护目标协调好，将给地区的经济带来极大的益处，主要表现在以下几个方面。

1）社会经济的发展

本工程投入运营后，区域污染物是削减的，从而改善了地区的水环境质量，在满足该地区水环境容量的前提下，为社会经济发展留下了充分的余地。本项目的实施，可以通过环境容量资源的有效配置，而增加新的就业和产值。

2）实现土地增值

本工程实施后，将大大改善该地区的基础设施条件，促进该地区的开发和建设，使低产出利润率用地转化为高产出利润率用地。由此可见，进行该地区污水处理厂工程的建设具有较好的经济效益。

6.6 工程案例说明4——以隆昌农污无害化处理为例

村庄生活污水治理是改善农村人居环境的重点和难点问题，是加强农村水环境治理的重要方面，也是提升乡村基本公共服务水平、建设美丽乡村、推进城乡发展一体化的重要内容。实现村庄生活污水有效治理在推进生态文明建设和农民生活方式现代化中具有标志性意义。

2016年11月，内江市通过《关于内江沱江流域综合治理和绿色生态系统建设与保护若干重大问题的决定》，由此隆昌市切实响应内江市对于沱江流域黑臭河治理的相关要求，将隆昌市普润镇、金鹅街道范围内6个自然村作为第一批农村污水处理目标，对设施及配套管网进行新建或者改扩建，以点带面、逐步推进，最终确保从源头上断绝黑臭河的出现。

6.6.1 设计规模

隆昌市第一批农村生活污水处理工程，对普润镇、金鹅街道辖区内6个村社的农村生活污水进行收集处理，涉及187户，户籍人口共计1424人（其中常住人口为1415人），管道设计总长约为10507m，污水收集量为78.65t/d，设计日处理规模为94t。

6.6.2 排水现状

村落形态特征主要有以下几点。

1.沿山而居

村民沿山而居，居住点枕山而立的布局特点较为突出，这与居民的传统生活习惯以及区域山峦密布的特征密切相关，但也正因为这一特点而使得农村地区生活污水易随意排放到周边河道，部分郊区河道水质由此不断恶化。

2.居民聚合不规则

郊区村落集不规则聚合与散落于一体，即一个自然村中居民点或部分居民点可能比较集中，而自然村与自然村之间或一个自然村中某个居住点与另一个居民点又相隔较远，这与市镇人口集聚的特点存在较大差别，由此使得郊区生活污水收集和处理存在一定难度。

3.独立式住宅为主

郊区农村住宅以独立式为主，随着经济的发展和人们生活水平的提高，砖瓦新房乃至别具匠心的别墅替代了破旧茅草屋，而且室内设施齐全，美观舒适。

现场踏勘调查表明，整治区内村庄多处于丘陵与平原相交处，地形复杂多变，局部自然坡度较大。整治区内各村庄目前没有完善的污水管网系统，村庄产生的生活污水由各户化粪池、污水池排出，经村内路边简易土渠或石砌、砖砌明渠收集后就近排入水体，造成周边水体污染，导致河道出现黑臭现象，严重影响区域环境。各村庄现状排水渠一般为土渠或石砌、砖砌明渠，渗漏较为严重。

6.6.3 建设内容

主要建设内容如下：

（1）排水单元接户管改造

本工程污水收集采用分流制的排水体制，住宅污水出户管采用接管改造。

（2）建立污水收集及尾水排放系统

根据地势情况布置污水管道，建设区域内新建污水自流排水收集管网及尾水排放管道。

（3）建立污水处理设施

根据调查的污水量，结合现状地形和污水处理设施的处理能力，合理布置污水处理设施。

（4）道路及绿化修复

为配合管道埋设进行道路及绿化修复，修复范围根据管道沟槽走向及施工范围而定。

6.6.4　工艺路线

6.6.4.1　进水水质

合理拟定污水水质指标是进行污水处理厂方案布局、优化技术经济指标的前提。农村生活污水水质指标主要受当地居民生活及用水习惯因素影响。本工程农村生活污水主要来源为农户的洗涤废水、洗浴废水、厨余废水和粪便污水等，主要有以下特征。

1. 用水来源构成复杂

隆昌市农村生活用水来源主要分为自来水、井水和河水，农村地区的洗浴、冲厕普遍使用自来水，但洗衣用水由自来水、井水和河水三部分构成，许多居民（特别是中老年人）习惯在水井边的平台上洗衣服，产生的污水大多就地泼洒而汇入附近河道，使得这部分污水收集困难。

2. 农村人均用水量低于城市人均水平

农村地区总体用水量较小，这与居民生活习惯和节俭观念有关，很多农村地区真正意义上的常住人口以老年人和孩童为主，老年人一般节俭观念较强，除必须用自来水外，其余会不同程度地用井水或河水来代替。

3. 农村生活污水无组织排放

随着农村生活污水处理试点工作的逐步开展，农村生活污水处理现状有所改善，但污水未经处理直排农田或河道现象仍然存在，部分洗衣污水和厨余污水由于多呈无组织排放，难以收集进入污水处理系统。

4. 农村生活污水水质波动大，基本不含重金属等有害物质

根据《农村生活污染防治技术政策》，参照《城镇污水处理厂污染物排放标准》GB 18918—2002 一级 B 标准，结合《隆昌市 20 个行政村污水处理设施可行性研究报告》，本工程各村庄生活污水处理厂进水水质详见表 6.6-1。

本工程各村庄生活污水处理厂进水水质　　　　　　　　　　　　　　表 6.6-1

水质指标	SS（mg/L）	BOD_5（mg/L）	COD_{cr}（mg/L）	NH_3-N（mg/L）
进水水质	≤200	≤100	≤250	≤30

6.6.4.2　出水水质

在设计合同中也明确提出了各村庄农村生活污水经收集并相对集中处理，排放的尾水水质应达到《城镇污水处理厂污染物排放标准》GB 18918—2002 中的一级 B 标准，详见表 6.6-2。

本工程各村庄生活污水处理厂出水水质　　　　　　　　　　　　　　表 6.6-2

水质指标	SS（mg/L）	BOD_5（mg/L）	COD_{cr}（mg/L）	NH_3-N（mg/L）
出水水质	≤20	≤20	≤60	≤8(15)

注：括号外数值为水温>12℃时的控制指标，括号内数值为水温≤12℃时的控制指标。

6.6.4.3　污染物去除率

根据进水水质和国家排放标准要求的处理后出水水质，各污染物的去除率见表 6.6-3。

各污染物的去除率　　　　　　　　　　　　　　表 6.6-3

序号	水质指标	进水（mg/L）	出水（mg/L）	去除量（mg/L）	去除率（%）
1	BOD_5	100	≤20	≥80	80.0

序号	水质指标	进水（mg/L）	出水（mg/L）	去除量（mg/L）	去除率（%）
2	COD$_{cr}$	250	≤60	≥210	84.0
3	SS	200	≤20	≥180	90.0

6.6.4.4 工艺确定

农村生活污水中的污染物以有机物为主，其生化性较好，所以通常情况下生活污水的处理都是采用以生物处理为核心的工艺，在处理方式上有相对集中和分散处理。农村生活污水的处理应以选用投资少、运行管理方便且费用低的小型分布式处理设施为主。

经过综合比较，对于处理规模在5～100t/d，A/O及其变型系列工艺相比于处理生物滤池系列工艺、土壤渗滤系列工艺、接触氧化系列工艺等工艺具有总体投资省、占地面积小、出水质量高、抗冲击性好、运行管理方便、便于维护等优点，最终确定采用DSP一体化设备污水处理工艺（生物接触氧化技术）。

其工艺流程图如图6.6-1所示。

一体化设备将污水的生化处理过程全部集成在一个玻璃钢材质的罐体内，所有处理单元在出厂前进行了标准化的组装和运行程序控制，技术要求简便、易行，无须调动大规模的人力、物力，设备埋设后即可进入运行阶段。生活污水经管网收集自流进入隔渣井，井内设有格栅，可去除污水中的悬浮物和漂浮物，隔渣井出水经调节池调节水质水量之后被泵入一体化设备的缺氧区，在缺氧区部分有机物被分解为H$_2$O和CO$_2$，氨氮与回流液中的硝态氮反应生成N$_2$，去除总氮；缺氧区出水直接进入好氧区，好氧区是去除污染物的重要单元，污水中大部分有机物都可以被降解，氨氮被氧化为硝态氮，再经硝化液回流回到缺氧区；好氧区出水进入沉淀池进行固液分离，上清液自流进入设备外的消毒反应区，然后达标排放，底部沉积的剩余污泥则排入设备外污泥池内。

设备前端格栅井要定期清掏，清掏出的污泥与设备产生的剩余污泥一起排入污泥储存池内，污泥经重力浓缩后，上清液回流入调节池，浓缩污泥定期外运处理。

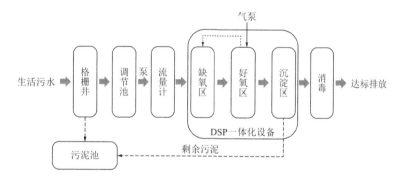

图6.6-1 A/O生物接触氧化技术工艺流程图

6.6.5 工程特点

本技术针对村庄生活污水具有的水质、水量变化较大，污水排放分散等特点而设计，适用处理规模为1～500t/d。本技术不仅适用于河网区、平原或地形较为平坦的地区，也适用于山区等地势起伏较大的地区。根据人口规模、聚居程度、地形特点不同，本技术适用于分散式污水处理系统、分片式污水处理系统和集中式污水处理系统等三种模式。出水水质达到《城镇污水处理厂污染物排放标准》GB 18918—2002的一级B标准。

6.6.6 工程效益分析

本工程是一项综合性的污水治理工程，属城乡基础设施，具有社会公益性和经济、环境等综合效益，而且它的效益与社会经济的发展和人们生活水平的提高是同步增长的。尤其是污水分散处理技术具有显著的社会效益、环境和经济效益。

6.6.6.1 社会效益

随着人类文明的进步和社会经济的发展，人类已逐步认识到保护环境对促进社会进步和经济持续、稳定、协调发展的重要意义。保护环境是我国的一项基本国策，受到社会普遍的关注和重视。建设农村生活污水处理工程正是落实这一基本国策的具体行动。

6.6.6.2 农村生活污水处理模式示范效应

本工程对于新农村建设中的集中型农户生活区和村镇中居民住宅较集中地区的生活污水处理模式具有典型的示范性。工程区内农户具有广泛的代表性：住户居住区非常集中，并且村落周边具有相当面积的零散土地，能够给同类型的农村居民区选择生活污水处理方式起到参考作用。

6.6.6.3 生活污水处理系统维护体制创新

农村生活污水处理系统的维护问题一直都是困扰管理部门的一大难题，本工程示范在提出技术方案的同时，也考虑到了维护管理的体制问题，以"民办公助"的方式解决系统的运营问题符合社会趋势，能够将维护管理落到实处，确保系统的稳定运行。

6.6.6.4 环境效益

1. 改善农民的人居环境

传统的农村生活污水直接排入周边环境，不仅造成房屋四周脏水污物遍布，而且，滋生蚊蝇，传播疾病。本工程将污水全部收集、处理，出水循环利用或者达标排放，将大大改善农民的居住环境。

2. 解决污水入河污染河道的问题

污水直接入河从而污染河道，给河道水环境造成极大威胁。采用生活污水集中处理的方式能使污水被就地处理和消耗掉，出水达标后排放，避免污染河道。

6.6.6.5 经济效益

本工程建设成本较低，运行维护成本极低，是不以盈利为目的的公益性工程，注重环境效益和社会效益。

本工程建成后将极大地改善河道水质，避免污水直接排放对河道的污染以及由此产生的经济损失；减轻污水对地下水源的污染，使得居民生活环境和周围生态环境都得以大幅改观。这些都对地方经济的发展产生了广泛而深远的影响，使地方的发展不再受到环境的制约，有利于协调好社会经济发展与环境保护目标，这将给地方的经济增长带来巨大的益处，这些益处最直观地表现为：村内环境污染得到显著改善，减少疾病，增进健康；改善村周边生态环境，使得农民生活质量显著提高。

因此，本工程建设虽然在直接经济效益方面表现不明显，但工程建成后带来的间接经济效益是巨大的。

6.7 工程案例说明5——以玉带溪黑臭水体治理为例

玉带溪位于内江市市中区，发源地位于经济技术开发区内，流经苏家桥后，由于城市建设采用暗涵形式沿玉溪路布置，经人民公园，最后于大洲广场附近汇入沱江。

本次黑臭水体范围位于苏家桥上游段，总长度约 2.1km，上游集雨面积约 4.7km²。玉带溪上游段共有两个源头，其一位于合众汽车4S店附近(上游加盖处理)，穿过高速立交汇入甜城大道暗涵，长约700m；另一源头自太子湖，至成渝高速与内宜高速互通处与前一分支汇合，长约 1400m。玉带溪整体走势呈斜V形，河流断面宽度为 1~5m，深度 0.5m 左右，随季节变化较大。西侧支流附近主要为城市建成区，生产企业较为集中；南侧支流附近主要是农村区域，农业鱼塘零星散布。

6.7.1 建设内容

本工程设计范围为内江市经济技术开发区，设计河道总长度 2.09km，主要建设内容为沿河截污、河道内源治理、水生态修复及活水循环等，且不改变水体现状功能及防洪排涝标准。具体建设内容包括一期截污干管工程 D600 约 0.4km，二期截污干管工程 D600 约 1.2km，河道清淤约 1400m³，护岸工程约 700m，道路工程约 700m。

6.7.2 现状问题调查及分析

6.7.2.1 水质现状

根据管委会 2018 年 5 月委托的水质检测结果，玉带溪属于重度黑臭水体，被列为内江中心城区 11 条黑臭水体之一，其水质黑臭指标见表 6.7-1。

玉带溪黑臭水体数据及指标　　　　　　　　　　　　　　　　　　表 6.7-1

检测断面位置	透明度（cm）	溶解氧（mg/L）	氧化还原电位（mV）	氨氮（mg/L）
交通镇政府排口	25	2.5	−381	19.0
苏家桥高速立交汇水口	27	4.5	−179	0.353
号青路下穿成渝立交处	24	2.3	−348	16.1
轻度黑臭	10～25	0.2～2	−200～50	8～15
重度黑臭	＜10	＜0.2	＜−200	＞15

2018 年 11 月检测的水质结果如表 6.7-2 所示，由该表可知，玉带溪水体污染严重，Ⅳ类水指标超标项目较多。

玉带溪水质指标　　　　　　　　　　　　　　　　　　表 6.7-2

点位	编号	pH 值	水温（℃）	透明度（cm）	氧化还原电位（mV）	溶解氧（mg/L）	化学需氧量（mg/L）	五日生化需氧量（mg/L）	总磷（mg/L）	总氮（mg/L）	氨氮（mg/L）
玉带溪支流 1 上游涵洞处	1	7.2	15.6	12	167	7.2	57	20.2	1.74	22.3	1.3
汽车检测中心外约 20m 玉带溪断面处	2	7.2	15.8	12	159	7.3	69	18.8	1.72	25.0	0.772
玉带溪支流 1 与支流 2 交汇处	3	7.2	15.4	18	153	7.4	49	15.0	1.33	22.7	0.811
玉带溪支流 2 下游高速下游处	4	7.2	15.4	15	160	7.5	13	3.5	0.266	0.5	0.267
玉带溪支流 2 下游高速上游处	5	7.2	15.8	28	158	7.6	15	4.4	0.264	0.7	0.394
玉带溪支流 2 中段处	6	7.1	15.4	32	162	7.7	36	5.6	0.176	0.4	0.219
玉带溪靠近太子湖处	7	7.2	16.5	56	154	7.8	32	7.8	0.251	1.2	0.352
玉带溪终点处	8	7.1	18.6	34	156	7.9	53	17.4	1.29	17.8	1.54
参考《地表水环境质量标准》GB 3838—2002 Ⅳ类	6～9	—	—	—	≥3	30	6.0	0.3	1.5	1.5

6.7.2.2 市政排水现状

玉带溪上游为暗涵段，主要汇入汉渝大道、汉晨路、安靖路的雨污分流制排水管道，管道错接、混接和乱接现象较多；中下游主要汇入沿河居民点的雨污合流制排水管道。规划建设沿河截污系统，合流制排水沟逐步改造为雨水管涵，有条件段打开盖板。

6.7.2.3 污染源现状及成因分析

1.点源污染

玉带溪点源污染主要可以划分为污水排放类、垃圾倾倒类、畜禽养殖类和企业生产类。

生活污水排放类主要为生活污水、洗车废水集中排放，来源包括：黄家湾社区生活污水、高速立交棚户区生活污水、高速立交附近住宅污水、收费站附近洗车场污水、太子湖度假村污水等。

垃圾倾倒类主要来自高速立交桥下垃圾堆放以及沿线居民丢弃等。

畜禽养殖类主要为高速立交附近一处养猪场所排放污水，养殖规模为10～20头/a。此外，还有来自高速立交下养鸡场的排放污水，其生产规模超1000只。降雨时，将会冲刷地面残留鸡粪至水系，造成较大污染。

企业生产类主要为兽药生产废水、集中洗车废水和职工生活污水，主要包括四川恒通动物制药有限公司及仓库，万千饲料，合众4S店、华风车业等汽车维修中心、汽车综合性能检测站，内江喷泉设计中心等所排放废水。

2.面源污染

玉带溪面源污染主要包括沿线农业面源污染、养鱼塘污染、自然降雨路面径流污染等。

玉带溪流域范围内的农田面积约为$100hm^2$，现状的农业种植方式较为落后，部分农田存在大量施用化肥、农药等现象，是造成玉带溪水质恶化的部分成因。其中，部分农田污染严重，急需治理的农田面积为$80hm^2$。此外，还有部分鱼塘存在肥水养鱼等情况，目前有11处。

降雨冲刷径流污染主要来自流域范围内道路冲刷带入污染物。由于进城车流量较大，且货运型车辆较为集中，致使路面残留污染物较多，该类物质进入水体将造成较大污染。

3.内源污染

玉带溪内源污染包括：水体长久底泥沉积和水系内生活生产垃圾淤积。

水体底泥：玉带溪西侧河道底泥较多、河道较浅、水流缓慢，淤积较为严重。

水体沿线垃圾：在高速立交附近河岸两侧有大量垃圾堆放，河道中垃圾漂浮物亦较多。

4.其他污染

河流沿岸有部分乔木类植物，其枝叶或将因为气候原因或季节原因掉入水体中。长时间浸泡在水体中后，枝叶腐烂，导致水体受到污染。

太子湖会不定期向玉带溪泄水，转输上游太子湖所受污染。

6.7.2.4 水体黑臭成因分析

玉带溪流域地处城乡交接地带，现状市政基础设施建设相对滞后，如流域内无市政污水管道、雨水管道的建设，仅有小区的雨污合流管道建设，并直接排入玉带溪中，造成玉带溪水体黑臭。其中，流域内的生活污水和企业污水直排的排放量为$1152m^3/d$。综合玉带溪污染源调查情况以及相关环境条件，总结水体黑臭的主要成因如下：

（1）沿线企业生产废水和生活污水直接排入玉带溪。

（2）黄家湾社区部分生活污水未接入市政管道，通过明渠直接汇入玉带溪。

（3）区域为城郊棚户区，存在养殖情况（养鸡和养猪），污水直接排放水体。

（4）面源污染不可忽视，区域上游有鱼塘养殖、农业耕作、高速立交交汇、上游来水污染等。

（5）水体内垃圾及底泥污染物沉积较多，污染物易于拦截在该段，从而发黑、发臭。

6.7.3 治理思路

6.7.3.1 水环境系统

针对城市黑臭水体治理，综合按照"控源截污、内源治理；活水循环、清水补给；水质净化、生态修复"的基本技术路线具体实施，其中控源截污和内源治理是选择其他技术类型的基础与前提。水环境综合治理总体思路如图6.7-1所示。

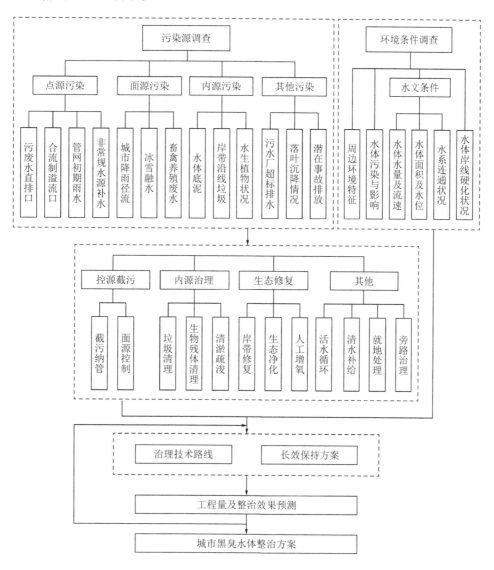

图6.7-1 水环境综合治理总体思路

6.7.3.2 水安全系统

本项目区的城市水安全体系主要包括河道整治体系和雨水排涝体系。水安全治理技术路线如图6.7-2所示。

6.7.3.3 水生态系统

生态修复技术包括岸带修复、生态净化、人工增氧等。生态修复工程不同于传统的土木水利工程，其原理是以生态系统的自我设计能力为基础，尊重环境中生物的生存权利，透过工程的方法来维护、恢复当地的生态环境，进而实现永续经营发展与利用的目的。

岸带修复主要对已有硬化河岸（湖岸）进行生态修复，属于城市水体污染治理的长效措施。生态净化主要应用于城市水体水质的长效保持，通过生态系统的恢复与系统构建，持续去除水体污染物，改善生态环境和景观。人工增氧属于阶段性措施，主要适用于整治后城市水体水质保持，具有水体复氧功能，可有效提升局部水体溶解氧，加大区域水体的流动性。

生态驳岸＋生物＋生态综合治理技术由多种生态手段组成，各技术相辅相成，针对河道/湖泊不同位置和功能的情况，灵活组合，体现了技术的先进性、快捷性、经济性、生态性和安全性。配合水生生物系统构建、人工湿地等手段，强化修复效果。同时，通过增设曝气及水生态治理设备，保持水质安全。再辅以水质监测管理，能够改善项目水质，达到业主要求。

构建天然水体原位净化系统是改善水质，提高水体自净能力的根本方法。而其中最关键的一步是建立一个完善的水体生态系统。只有在水体中恢复、完善了水体生态系统，才能达到恢复水体的自净能力，保证水体水质稳定、提高，水体景观改善的目标。

水体生态系统主要由水生植物（包括沉水、浮叶和挺水植物）、浮游植物、水生动物、底栖动物和有益微生物等构成（图 6.7-3）。以上各部分构成了水体生态系统生物链，通过生物链上的生产者、消费者的协同作用，利用光能作为能源，吸收转化水体中有机物和其他物质，维持生物链的正常运行。一般来说，生物种类越多、生物多样性越高，生态系统越稳定。

而在实际工程中，水体生态系统构建一般以生态景观为主，同时考虑具有一定的水质净化能力。而对于水体生态系统最关键的一个组成部分是水生植物，通过生态系统的持续运行，从而保证水体水质稳定，实现水体景观改善的目标。

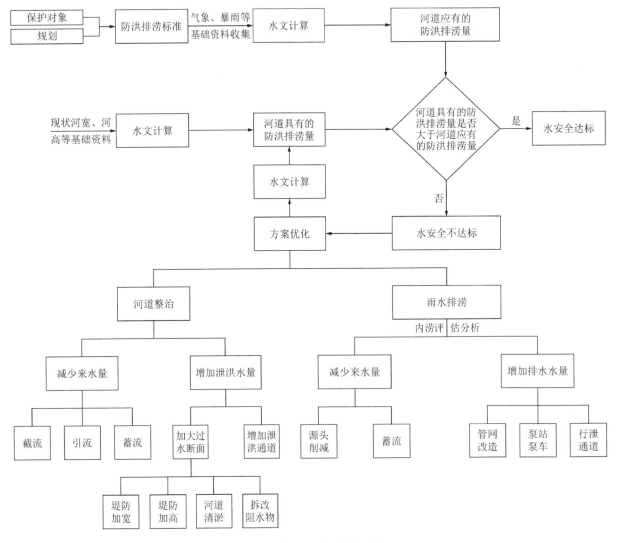

图 6.7-2　水安全治理技术路线

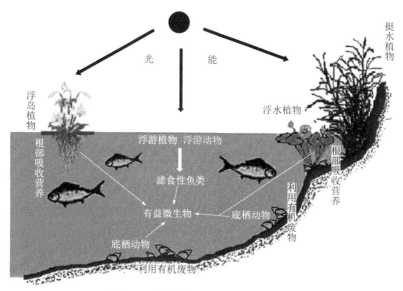

图 6.7-3 健康水生态系统构建示意图

其中，水体生态系统最关键的一个组成部分是水生植物，大型水生植物具有拦截外源营养、吸收富营养化水体中的氮磷元素的功能，某些植物的根茎能抑制底泥中营养物的释放，而在生长后期又能较方便地吸收水体中过多的营养物。同时，在沿岸带水生植被区，藻类可被水生植被拦挡抑杀或被生活在水生植被区的大型浮游动物所捕食，这些水生植物本身有较好的经济价值，可提取植物蛋白、堆肥、发酵植被沼气等。通常根据不同生态类型水生高等植物的净化能力及其微生物特点，设计建造由挺水、浮叶、沉水植物及根际微生物等组成的人工复合生态系统。水生植物一般选择对本地区有较好适应性的现有或原有生物能力的物种，以及选择具有用途广或经济价值较高的生物物种。

水体生态系统构建流程如图 6.7-4 所示：本工程水体生态系统由沉水植物、挺水植物、浮叶植物、鱼类和底栖动物等构成，并结合人工浮岛、软性填料等生态措施，增加生物多样性。工程实施后生物种类多、食物链完整，增加水体自净能力，改善生态景观，最终构建了健康、完整、可持续的生态系统。

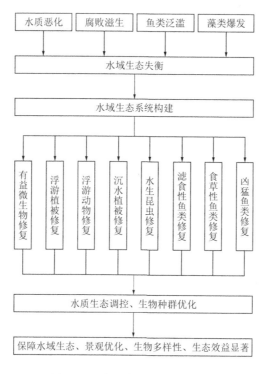

图 6.7-4 水生态系统构建流程图

6.7.3.4 水资源系统

内江市水资源缺乏，而且时空分布并不均衡。如何利用好现有的水资源，充分发挥水资源的作用，使水资源利用达到可持续的目标，是本工程的重要内容。内江市水资源利用总体包含三个方面的内容：客水的利用；雨水的控制利用；再生水的利用。各个板块总体技术路线如图 6.7-5 所示。

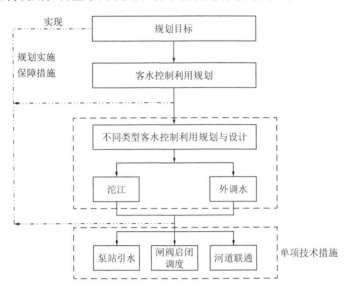

图 6.7-5　客水综合控制利用系统总体思路

6.7.3.5 水景观系统

以"生态、功能、文化"作为本次河道治理的基础战略思路，统筹环境污染控制、河道综合整治、河道水生态建设，以水环境恢复和提高为核心，确定为流域综合治理的主要设计思路。

1. 整合与修复（生态）——形成"蓝绿交织，林水相依"的生态水系结构

整合水利、景观、市政管网等专项工程，协调统一；修复水脉循环、水系，提升水系品质，落实海绵城市要求；优化两岸生态群落，产生生态效益，提升环境品质（图 6.7-6）。

水是所有景观的载体，因此，在城市景观河道的设计中应以理水为重点，强调营造具有自然特征的水体环境，在满足水工设计要求的前提下，通过展现河道"滩、弯、汊、岛、岸"等形态特征，使整个景观工程构建在一个自然的基础上，充分体现设计的生态及自然性。

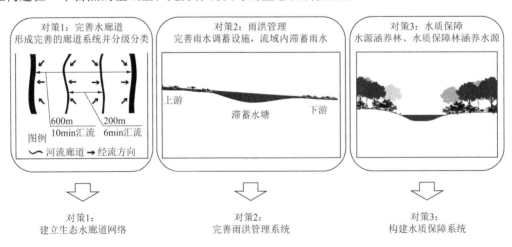

图 6.7-6　景观水体改造示意图

2. 梳理与融入（功能）——打造"城景交融，绿廊互通"的绿地系统结构

根据内江市整体规划内容，梳理区域用地性质，融入游览游憩功能。在营造城市景观河道的过程中，

充分运用景观植物的群种结构，重点选用乡土树种和特色树种，利用不同植物的层次变化、质感变化、色彩变化、季相变化、图案变化等艺术手法，给河道量身打造一件"绿衣裳"。同时，在不同的景观段以不同的景观素材来营造特色，如密林、疏林、丘陵起伏等，以此创造丰富多变、自然有趣的景观效果。

3.突出和点缀（文化）——营造"水脉流津，文脉新绿"的文化景观廊道

结合内江市域整体景观，突出差异化景观。任何景观工程只有赋予了文化内涵才能提升品位，因此在城市河道景观设计中提出了"水文化"的塑造，注重水景观与历史文化的有机融合，以城市空间景观塑造为手段，融汇城市历史文化底蕴与项目背景，精心琢磨每一条河道的规划设计，力求使每一步都能体现项目的文化神韵，展现人文精神，为历史和后人留下精彩又宝贵的文化财富。

6.7.4 工程措施

6.7.4.1 控源截污

根据玉带溪实际情况，本次控源截污工程将对其南北侧截污方案分别进行设计。具体如下：

南侧支流无明确的污水排口，可将其流域内的污染视为农村面源污染，且南侧污水具有民居将拆迁、污水量少、污水收集困难等特点，本次工程拟在靠近居民侧设置生态植草沟，农村面源污水及雨水通过植草沟进行汇集，沿地形输入到末端的湿地进行处理后最终排入河流。

北侧支流上游暗涵段较长，暗涵内排口多、沿线管网情况复杂，为保证尽快实现玉带溪北侧支流明渠段水清岸绿的整治目标，本次控源截污工程分为两期进行建设。一期截污工程在暗涵段结束的地方设置截流井，对上游污水及初期雨水进行截流，截污管道沿地形顺着河流方向敷设，下游接入城区市政污水管网。

二期截污工程在充分调查清楚上游市政排水管网及排口，并对各种排口及其对应的上游管道进行监测和甄别的基础上，对上游汇水区域内的管道进行梳理，修改区域内的错接、乱接管道，并新建二期截污管道，将现状直排入玉带溪的污水排口尽量接入二期截污管道中。对于管道埋深大且溯源有困难的合流或混流管道，由于接入二期截污管难度大，则暂不截流，为避免污水直接进入黑臭水体识别段，在黑臭水体申报起点前的暗涵中建截流节点，保证旱季无污水进入下游。由于主要流量的污水已进入二期截污管，所以雨季溢流中仅含少量污水，污染物可在玉带溪明渠段通过生态措施降解。二期截污管末端接入一期截污管。

6.7.4.2 内源治理

玉带溪自然流量小，特别是枯期水体多为生产、生活污水直接排入。工程河段水体为劣 V 类水，威胁当地居民身体健康。由于不断累积富集，受污染底泥中耗氧性有机物、氮磷物质、难降解性有机物等污染物浓度较高，玉带溪河底中水体富营养化指标浓度超标，底泥中各种污染物质也与水保持着一种吸收与释放动态平衡，一旦环境条件发生改变，污染物质就会通过解吸、扩散、扰动等方式重新释放，污染上覆水体，从污染物"汇"变成污染物"源"，从而造成玉带溪水体持续污染。底泥具有明显的层序结构，表层为黑色浮层，中部为黑色近代积层，下层为灰黄色原始沉积层。表层流动浮泥厚度为 0.126～0.13m，呈黑色絮凝状，含水量很高，粒径较细，以粉砂、黏土为主，置于水中稍加搅动就能再悬浮，使清水变黑。故浮泥层是底泥中最容易污染上覆水体的部分。中部黑色污泥层厚度为 0.15～1.2m，污染严重，成分复杂，有明显臭味。底部为原始沉积层，污染少，含水率较低。

1.清淤

清淤是有效治理内源污染的主要工程措施。目前，常用的清淤方式主要有排干清淤、水下清淤和环保绞吸式清淤。排干清淤分为干挖清淤、水力冲挖清淤等；水下清淤分为抓斗式清淤、泵吸式清淤、普通绞吸式清淤、斗轮式清淤等。根据现场情况，玉带溪旱季水量较小、水面较窄，可采用围堰排水法施工，排水后采用挖掘机清淤。

2.脱水

由于疏浚出来的河流底泥含水率高、强度低，有时还含有有毒、有害物质，其合理处理越来越受到

各方面的关注。采用传统的抛弃法对这些疏浚出来的污染底泥进行处理时，底泥中的重金属、营养盐将随着降雨的淋溶作用，通过地下水或者地表径流重新流入河流形成二次污染。因此，对底泥进行有效的处置，是降低二次污染的有效途径，有利于保护周边环境。

底泥脱水处置技术主要分为两大类：一类是自然脱水，自然晾晒是最简单的方法；另一类是机械脱水技术，利用机械力将泥浆里的颗粒表面的毛细水和重力水分离开来，主要有传统机械脱水（离心脱水、压滤脱水等）、真空预压技术、土工管袋技术和一体化机械脱水技术。

由于玉带溪清淤范围较小、清淤方量小，且玉带溪周围有较大的空闲用地，所以玉带溪清淤采用自然脱水工艺。

6.7.4.3 生态修复

玉带溪北段的生态治理思路为调配水资源、防治水污染、恢复水生态和营建水景观。由于玉带溪北段无稳定补水水源，为保证河道生态基流，通过建设蓄水池，收集降雨汇水和河道河水，保证河道生态基流。防治水污染主要包括：通过布设净水石滩及其内部栽种的挺水植被对暗涵溢流的雨污混合水进行净化；通过布设植草沟和生态驳岸拦截、净化坡面径流；通过在河道内构建生境，优化河道流态和改善河道底质来恢复河流生态环境。同时，在恢复河流生态系统的基础上，营建"生态溪川"的水景观。

玉带溪南段生态治理思路为重塑河道空间、水质净化、水生态构建和水景观营建。由于玉带溪南段大部分河段被鱼塘侵占，河道丧失河槽结构和功能，因此需在玉带溪南段重塑河道空间，恢复河流河槽和岸坡等基本结构。玉带溪南段的污染源主要为面源污染，因此，通过构建生态驳岸、植被缓冲带、生态塘和自然湿地对降雨径流、鱼塘溢流水等面源污染进行拦截和净化。生态驳岸、植被缓冲带、自然湿地和生态塘的构建恢复了河流水生植被，构建了河流生境，改善了河流底质条件。在恢复玉带溪南段河流生态的同时，打造"山水人家、生态田园"的生态景观。

玉带溪生态工程主要针对玉带溪南、北段不同的现状特征，采用具有针对性的生态治理措施，对玉带溪外源污染进行净化处理，同时提升湖体自净能力，改善河流水生态环境。玉带溪北段采用了如下所述的七种生态治理措施。

1. 净水石滩

设计面积为160m²。利用砾间净化措施对暗涵出水进行过滤和净化，对雨污混流水进行过滤和净化，拦截过滤水体中的悬浮物。大石和卵石对暗涵出水起到消能的作用，防止水体冲刷河道驳岸及河底。

2. 生态驳岸

布设在坡度1:1～1:3的驳岸处对驳岸起到保护作用，可抗击水流冲刷，防止护岸水土流失。有效地拦截、净化面源污染。有利于通过水生植物种植保护底栖生物的栖息处以及护岸扇形、河道斜面。

3. 流态优化

包括重塑河形和布设拦水矮堰。重塑河形可提高河流岸线的复杂程度及弯曲度，提高生境丰富度。在河道内布设拦水矮堰，营造跌水曝气环境，在无降雨及水动力循环时，起到拦蓄河水的作用。

4. 底质改善

通过布设石垫湍滩和大石增加河道内大石卵石的比例，改善底质条件。

5. 河内小栖境构建

利用植被构架生境构建河内小栖境。构架生境内填充大石、卵石，为底栖类、浮游类等水生动物提供避难、产卵和休憩处。

6. 水资源调配

利用调蓄池对河水进行拦蓄和补充。调蓄池设计蓄水量200m³。设计水泵规格为100m³/h。非雨季运行，改善河流水动力，保证河道生态基流。

7. 植草沟

利用植草沟对降雨径流进行拦蓄和净化。

玉带溪南段采用了多种生态治理措施，分别如下：

1. 生态驳岸

利用蜂巢格室工法构建生态驳岸，可有效稳固岸坡，拦截河流面源污染，提高河流周边植被覆盖度及物种多样性。

2. 自然湿地

共布设两块自然湿地，设计面积分别为 $2600m^2$ 和 $5300m^2$，通过构建自然湿地，拦截、净化周边鱼塘溢流水。

3. 生态塘

设计面积为 $725m^2$，利用生态塘收集、净化周边鱼塘溢流水。

4. 底质改善

在河槽内布设大石，改善河道底质的组成。

6.7.4.4 护岸工程

护岸工程是玉带溪黑臭水体综合整治工程的重要组成部分，位于内江市市中区玉带溪南侧源头太子湖下游段。玉带溪南侧源头太子湖下游河段（约653.09m）河道淤积严重，岸线垮塌，导致原天然河道不明显，行洪过流主要通过农田翻水，农田常年被洪水冲蚀，两岸村民遭受洪水威胁，急需整治，保障河道安全行洪，为区域生态景观打造保驾护航。护岸工程治理河段长653.09m，起于旺竹湾，止于内宜高速处。其中，新建护岸653.09m，清淤河长653.09m。

根据防洪规划，结合玉带溪景观生态工程综合规划，渠道起于旺竹湾，止于内宜高速处，渠道进口高程326.06m，出口高程319.95m，末端接已建箱涵，渠道新建长度653.09m。本次渠道设计底宽3.0m，左右岸边坡坡比为1∶2，渠道高1m；渠道底部采用30cm厚的卵石铺底，卵石粒径不大于15cm；渠道边坡采用草皮护坡，两侧边坡采用原状土回填夯实，压实度不小于0.91；渠道填筑前需对表层覆盖层进行清理，清理厚度为50cm，淤泥与表层覆盖层不得用于填筑。

6.7.4.5 景观工程

随着城市的发展变迁，玉带溪逐渐受到污染，被"盖了起来"，河道内的水变得发黑发臭。根据内江市开展的以"清河、清渠、清沟、清路、清院"为重点的农村环境卫生综合整治行动，该河道被列为内江经济技术开发区黑臭水体整治工程。该项目主要包括污水管道、垃圾清理、清淤疏浚以及生态景观等工程。以生态为先导，以理水为核心，透过生态工法的有效运用，溪流自然形态的勾勒，生物多样性的构建，以恢复成老内江人记忆中蜿蜒潺潺、晶莹剔透的自然溪流为目的。在此基础上注入活力与文化，建成"水皆缥碧，千石见底，绿荫两岸，此景入情"的城市公共绿地空间，复原昔日"碧波萦绕如玉带"，再造今日"水木清华毓万物"，打造绿色廊道、生态溪川。

一带贯水，以"溪"为名。在生态治理的基础上，围绕水体空间，结合不同空间环境及功能需求，打造以溪水为主题的功能组团。根据玉带溪周边的发展情况及功能定位，景观功能主要分为叠溪飞花区、逐溪亲水区、绿荫照溪区等功能分区。具体如图6.7-7所示。

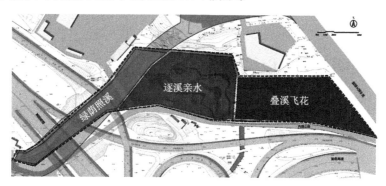

图 6.7-7　景观分区图

1.叠溪飞花区

是东侧主入口区，设有中心活动广场，核心为景观跌水。

2.逐溪亲水区

中部生态休闲区，水岸林下漫步，核心为自然溪流，主要河流栖息生境建立区域。

3.绿荫照溪区

西部自然生态区，高架桥下，未来规划路，核心为原硬质水系。

6.7.4.6 道路工程

本次设计为玉带溪南侧道路硬化工程，为玉带溪改造及后期运营、维护配套建设的道路，同时也为沿线村民出行提供了便利。本次设计 1 条道路，建设长度约为 712m，宽度均为 5m，采用一块板路幅形式，机动车道宽度为 3.5m，两侧布置 0.5m 宽土路肩，并在靠村庄建筑一侧设置一道边沟。

因征地拆迁，规划范围及靠近玉带溪等多方面因素，平面布置较为复杂，只能因地制宜，以方便后期玉带溪运营、维护和村民出行为出发点，尽量使路线更顺畅。同时，平面布置考虑与现状道路平面交叉。道路线形与规划建设方案保持一致。

6.7.5 工程应用及意义

黑臭水体的治理已经成为各级政府水污染防治工作的重中之重。内江市市中区玉带溪黑臭水体治理工程是治理内江市综合水环境的一项重要基础工程，玉带溪的治理工作好坏直接关系到内江沱江流域综合治理的效果。

生态环境是人类生存的依托，是社会经济发展的基础，保护生态环境，保护生物多样性，是全社会的共同需要。玉带溪作为内江市城区重要的自然环境资源，水质恶化、河道腐臭、周边垃圾堆放的问题严重影响了生态环境。通过杜绝排口污染、清除河岸垃圾、打造生态景观等项目建设途径极大地改善了河道及两岸生态环境，有利于河道整体生态机能的恢复以及周边环境的和谐，有效遏制生态环境的破坏，实现了绿色生态系统的恢复。

市中区规划原则之一为充分体现"高端化业态、现代化形态、特色化文态、优美化生态"的规划理念，配套完善各类基础设施和公共服务功能（包括生产性服务业），提供多元化的居住社区和完善的社会公共服务，构建交通便捷、环境优美、设施齐全、功能配套、运转安全高效的现代化产业新城。通过玉带溪综合整治，能提升城市的重要形象和价值，以构建"人与自然和谐"。将城市水系及沿岸区域建设成为水清岸绿的风景秀丽的景观带、经济繁荣的产业带、内涵丰富的文化带、人水和谐的休憩园。通过项目的建设，力求达到多方面利益平衡的可持续发展，构建充满活力的城市滨水区域景观，展示地方文脉和社会进步的新型城市空间。

工程建成后，对提高城市空气质量、树立城市形象、提升城市品位和改善市民居住生活环境等均起到积极的促进作用，打造成为园区的一张新名片。

6.8 工程案例说明 6——以资中县海绵城市为例

本次工程设计范围为资中县四条河道，其中武陵河位于瓦窑坝片区，永兴河—谷田河、广义河位于重龙老城片区。其中，武陵河包括截污工程、清淤工程、边坡及道路硬化工程；广义河包括截污工程、清淤工程；永兴河—谷田河包括截污工程、护岸工程、景观工程（含海绵）、运营中心。该案例重点介绍永兴河—谷田河海绵城市部分内容。

6.8.1　工程概况

6.8.1.1　武陵河

武陵河为城镇排水沟，全长1.2km，明渠段较窄（2～8m），上游为虎溪河（1.2km，规划无此河道），河道流经水南镇，有多处暗涵。现状河道已做截污措施，但是部分截污管道已破坏，效果较差。

6.8.1.2　广义河

广义河为城镇排水沟，明渠段较窄（2～3m），水源为二龙山山水及龙王沟、方家沟的汇水，以及河道两侧散排的污水，河道基本位于老居民区之中，跨河而建的房屋较多，局部区域垃圾侵占了河道断面，河边养殖鸡鸭等，危建较多，水体黑臭严重，对民众生活造成很大影响。末端暗涵水质很差，黑臭严重，最终排入东侧谷田河下游的暗涵，经污水泵站提升至污水处理厂，超标雨污混合水溢流至沱江，严重影响沱江环境。

6.8.1.3　永兴河

永兴河为自然河道，宽约10m，起始于乌龟山水库，结束至磐石大道，汇入下游谷田河，长约4km。上游主要水源为乌龟山水库溢流水，沿线居民较少，水体整体观感较好。经检测，其水质为劣V类水，但黑臭指标未达到轻度，属于非黑臭水体。河道中段除永兴桥处有部分居民聚居外，其余沿线无聚居点，全部属于农田和林地，局部河道被杂草覆盖，水体稍显浑浊，局部有轻微黑臭，湿塘水质较差，面源污染严重，排口相对较少，安置房处垃圾堆积严重，河道末端沿线基本没居民，基本属于农田和林地，中途有多处山水汇入，几乎没有排口，有一处居民集中点，存在个别居民在河中洗衣服的现象。

6.8.1.4　谷田河

谷田河为自然河道，宽约20m，上游接永兴河，终点入沱江，长约4.2km，谷田河流经区域为农村向城镇过渡区域。上游段居民密集度相对较小，污染源少，水质仅呈现浑浊状，指标暂未达到黑臭级别；中游段居民十分密集，且临河跨河而建情况很多，黑臭严重，河道内垃圾严重淤积；下游段局部按规划改道并扩宽，改道后河道进入下游暗涵，暗涵中设有围堰，围堰前收集的雨污混合水经污水提升泵站提升至污水处理厂，超过围堰截流能力的混合水溢流至沱江。

6.8.2　治理思路

通过对项目流域现状河道问题的全面诊断分析，找到制约其功能发挥且与功能定位相悖的主要问题，在此分析基础上，结合资中县土壤和亚热带湿润季风气候条件，通过优先采用"渗、滞、蓄"，合理安排"净、排"，优化"用"的分类实施措施；按照本项目的总体产出目标要求，系统构建水生态、水安全、水环境、水资源、水景观及智慧水务系统等工程体系，综合采取源头减排、过程控制、末端治理的全过程技术措施，梳理出黑臭水体、河湖水系综合治理项目库，构建多层面、全方位的河道综合整治系统，将建设任务落实；统筹推进"黑臭水体、海绵城市、水系提升、管网改造、景观生态提升"等项目，完善城市基础设施和公共服务设施配套，全面提升人居环境，从根本上消除黑臭水体并构建其长效保持措施与机制，以及对综合整治后的效益进行分析预测。

6.8.3　设计目标

6.8.3.1　水环境目标

水环境目标分三步，第一步是通过截污、清淤等工程使谷田河、永兴河、广义河、武陵河的水质得到改善或基本消除黑臭，同时末端暗涵溢流沱江的情况得到一定程度的改善。第二步是随着城市开发建设，海绵城市建设、生态护坡和生态岸线的建设等使资中水环境质量总体得到改善，主要水质指标达标；通过水系连通实现广义河的清污分流和雨污分流，彻底解决沱江溢流问题。第三步是通过全面完善水管理体制机制和相关管理办法、在线监测等方式，使水体能够达到"长治久清"

的效果。

6.8.3.2　水生态目标

随着资中县基础设施和城市建设的发展，逐步修复水生态系统，按照相关标准，逐步恢复生态岸线。

6.8.3.3　水景观目标

结合县城区水系水位，将城北广义河、永兴河、谷田河、武陵河水系等形成整体，按功能分区建设城市水景观、绿地、绿道、湿地，改善城区生态环境，在升级改造城北堤防工程的同时，高起点打造沱江南岸亲水景观，形成水绕城、水环城、水美城的格局，使湖区既是生态湿地，又是历史文化名城的一个重要景观节点。

6.8.4　工程措施

截污、清淤、护岸、景观在前述例子中多有介绍，本项目重点介绍海绵城市措施的实施。

6.8.4.1　实施范围

本项目以资中古城谷田河段两岸为实施范围。

6.8.4.2　工程内容

结合海绵城市设计理念以达到削减被雨水冲刷形成的面源污染的目标。依据《四川省海绵城市建设技术导则》，人行步道采用透水混凝土路面，结合景观绿化方案设计，设置下沉绿地，雨水经过地面坡面排至下沉绿地，在下沉绿地中调蓄，超过调蓄容积后溢流至市政排水系统。

拟建透水混凝土道路（透水铺装）约 48004m²，绿化面积约 72157m²，下沉绿地约 5100m²，配套建筑约 459m²。

1. 透水铺装

维护可用喷射洗涤和真空清洗检修，疏通透水能力 2 次/a（雨季之前和期中），详细铺装可如图 6.8-1 所示。

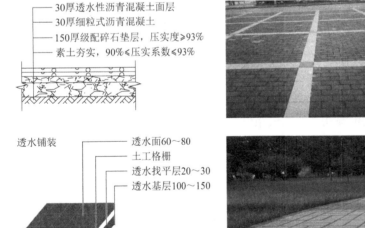

图 6.8-1　LID 透水铺装详图

2. 雨水湿地

检查、清理垃圾（每月一次或根据需要），剪草（每年 2～20 次，根据植被类型，草地修剪次数更多），清理树皮覆盖层（需一年一次），施肥（一年一次，建议使用不含磷的肥料），清理植物残体（一年一次），修剪树木（一年一次）。详细雨水湿地如图 6.8-2 所示。

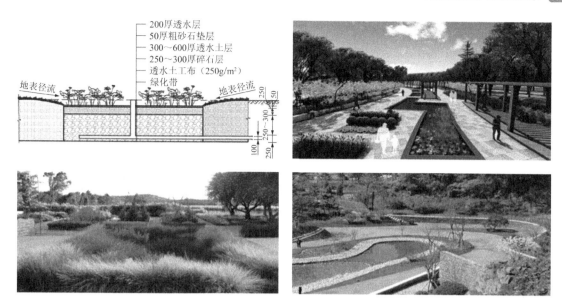

图 6.8-2　雨水湿地详图

3. 下沉绿地

适用于大片面积可做 LID 设施，周边雨水分散进入的地块。其有效水深为 100～200mm。下沉绿地如图 6.8-3 所示。

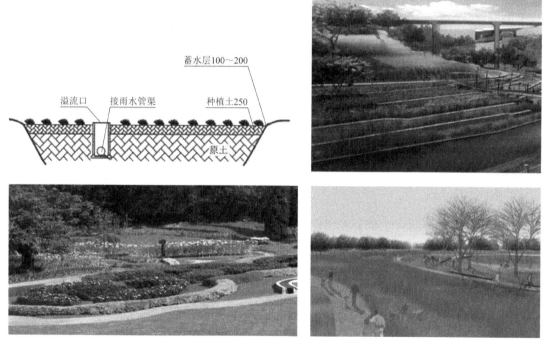

图 6.8-3　下沉绿地详图

6.8.4.3　控制指标

海绵城市的控制指标如表 6.8-1 所示。

海绵城市指标 表 6.8-1

序号	类别	内容	控制指标
1	海绵城市建设强制性指标	年径流总量控制率	70%
2		对应设计降雨量	19.7mm

6.8.4.4 雨水控制流程

雨水汇集及排放过程如图 6.8-4 所示。

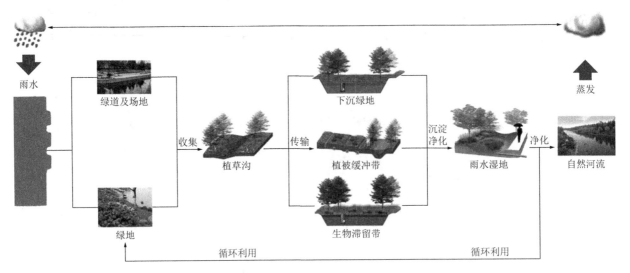

图 6.8-4 雨水汇集及排放过程

6.8.5 工程应用及意义

本项目统筹黑臭水体治理、海绵城市和河湖水系建设。通过河湖水系的控源截污、内源治理、生态修复等技术实现水质的提升和水生态的恢复。通过海绵城市建设，实现面源污染的消纳，市政雨污分流改造，雨水径流的源头削减、净化、下渗与回用。通过河湖水系、湿地公园的改造建设，收集周边地块雨水径流，进行雨水的中途与末端控制；同时，通过水系清淤、疏挖和扩容改造，河湖景观提升、功能打造，为居民提供亲水环境，充分发挥黑臭水体、海绵城市和水系建设等各层次设施的功能特点，综合提升区域水环境、水安全等控制能力。

将海绵城市建设理念应用到市政道路和市政基础设施、公园绿化、住宅区改造、污水处理设施建设等工作中，全力把这项惠民工程落到实处，是改善生态环境、缓解水资源压力和提高防洪、排涝、减灾能力的重要途径。

第 7 章

水动力改善
与生态修复技术

7.1 内江沱江流域水动力改善

究其根源，现状河湖水体发黑发臭，就是水体不流通，水流较慢、水动力不足、自净能力较弱，无法形成有效的水循环系统，再加上周边居民区和工业区的雨污分流不彻底，使河道水质不稳定，到了夏季容易发黑发臭。所以，黑臭水体治理需按照"控源截污—水动力改善—河道清淤—景观生态修复—智慧水务"五个步骤进行治理，保障河湖水体的"长治久清"。水系发达、水资源相对充沛，但水系格局被人为阻断、水体流动性相对较差的地区，应系统梳理城市水系的关键节点，必要时可通过提升措施强化水体流动性，实现城市水系连通与水动力改善。

河流水动力改善主要包括水系连通和水源补水。水系连通是以源头引水、分点控水、小片流水、全域活水为总体思路，形成一个河湖水微循环圈；水源补水是利用优质高位自然水体或动力设备提升，对黑臭水体的源头进行好水补给。

水动力改善工程实现了水系连通，提高了河湖水环境容量、景观水位，通过水体流动，改善、修复了流域内水生态环境。本方案主要考虑利用泵站、水闸等水利工程，科学地生态补水，对流域内河湖水体进行补充，并使工程区域内的河网水系形成单向流，使全流域的水体能流动起来，"活"起来，水体循环作用增强，进而提升流域内河涌水体的流量及流速，降低水体污染物浓度，减少淤积，增加水体自净能力，进一步改善流域内河涌水体水质。

7.1.1 水系连通

河流系统是一个贯通的整体，其连通性是河流生态系统最基本的特征，影响系统的物质输送和能量循环。河流的连通具备时间维度和空间维度，基本可分为结构连通和功能连通。其中，结构连通表征水系在空间上的水文连续性，反映其静态过程；功能连通则是指水系连通的空间格局与流域过程相互作用产生的水沙数量与输水输沙能力的变化，反映其动态过程。中国水利水电科学研究院陈吟根据水系连通的概念以及连通对象的特点，系统总结了水系连通的类型，包括河道连通、河流系统连通及跨流域水系连通。其中，河道连通分为纵向和侧向连通，河流系统连通分为干支汇流连通、河道分流连通和河湖连通，而跨流域水系连通一般通过调水工程实现。提出了河道连通模式、分—汇连通模式以及滩槽连通模式。水系连通的关键问题被转化为不同连通模式中连通通道的畅通性，进而借助河流动力学、泥沙运动力学的理论分析不同连通模式的连通机理。

中共中央办公厅和国务院办公厅印发《农村人居环境整治提升五年行动方案（2021—2025 年）》支持条件适宜地区开展森林乡村建设，实施水系连通及水美乡村建设试点。水系连通，即通过开挖和疏浚，将河、湖、沟、渠等自然水系彼此相连、相互贯通，此举可以进一步完善水资源配置格局，合理有序开发利用水资源，全面提高水资源调控水平，以水生态环境修复与保护功能为主，兼有灌溉、防洪、抗旱、旅游等综合功能，改善水生态环境，对支撑经济社会可持续发展具有重要意义。连通改造后将实现湖、岸、绿、路、景的生态修复治理和景观打造，改善河道水环境，加强区域水资源的综合调配利用，同时为居民提供休闲娱乐的公园景区，实现社会效益和生态效益的同步提升。

7.1.2 水源补水

水源补水是加快水循环的有效途径，城市水循环是自然水循环和社会水循环在城市区域内高度耦合而形成的复杂循环体。城市水循环系统主要通过河流水系、取水与供水系统、水资源分配系统、污水处理系统与回用水系统等将城市社会水循环系统和城市自然水循环系统沟通起来。在该系统中，城市用户和自然水体是两大核心，城市用户驱动城市社会水循环的运动，自然水体是保障自然水循环得以发展的基础。

自然水循环的过程，涉及生物圈、岩石圈、大气圈，既是自然界需水、用水、耗水的过程，也是水资源自我净化的过程，是一举两得的开放式水循环。城市水循环过程，用水过程和净化过程相对分离，是单一功能的相对封闭的水循环。污水处理厂及中水利用的实质是提高水净化的速度，降低循环速度，同时又延长在城市水循环中的时间，减少在自然水循环中的通量和时间。水系连通后，可作为外水循环的路径和利用中水解决河道生态补水问题的桥梁。

中水回用模式是对原水、处理工艺与回用途径的综合考虑（表7.1-1）。以我国目前的经济发展状况以及污水处理技术，表7.1-1中的A模式与D模式是适合我国国情的城市中水回用模式。这两种模式都是以满足需求量大的低水质回用途径为目标，投资与处理成本相对于其他模式较低，这有利于尽快提高城市污水处理与回用率，缓解城市缺水问题。对已建的污水厂，污水再生回用适宜采用A模式，即采用费用较低而工艺成熟的传统深度处理工艺将城市污水厂二级出水深度处理为一般回用水水质，回用作工业冷却水、市政杂用水、景观用水。对于拟建的城市污水厂，则适宜采用工艺简约紧凑的D模式，可以节约投资、简化处理流程、减少占地面积等。

城市中水回用模式　　　　　　　　　　　　　　　　表 7.1-1

中水回用模式	原水	典型处理工艺	回用途径	回用方式
A	城市污水厂二级出水	混凝＋沉淀＋过滤＋消毒	低水质回用途径（工业冷却水、景观和城市杂用水等）	集中回用
B	城市污水厂二级出水	连续式微滤＋消毒	较高水质回用途径（居住区用水等）	集中回用
C	城市污水厂二级出水	连续式微滤＋反渗透＋消毒	高水质回用途径（锅炉用水、补充水源水等）	集中回用
D	城市污水	曝气生物滤池	低水质回用途径（工业冷却水、绿化及景观用水等）	集中回用
E	城市污水	膜生物反应器	较高水质回用途径（居住区用水等）	集中回用
F	生活污水（或杂排水）	＊	生活杂用水、环境用水	小区中水回用
G	生活污水（或杂排水）	＊	生活杂用水	楼宇中水回用

注：＊以生物接触氧化法、生物转盘、曝气生物滤池等为核心处理单元的系列工艺以及膜生物反应器等。

7.1.3 水动力改善其他措施

优先利用再生水、污水处理设施的达标出水和经收集处理的雨水作为滞流、缓流型城市水体的补充水源，可有效地解决缺水地区城市水资源不足的问题，提升水体流动性，恢复城市水体生态环境，提高城市污水处理厂再生水的生态安全性。利用水动力提升技术改善河道水动力条件，提高水体自净能力，是维持河道治理成效的有效方式。除循环水外，工程还通过深潭浅滩、湍滩石垫、大石汀步等方式改善河水自流水动力条件，营造纵向丰富的活水流态。

1. 湍滩石垫

利用松木桩结合天然石材的结构营造湍滩水流，考虑总体纵坡较小，设计为自然多阶形式的连续跌水，每道石垫壅水前后高差不超过0.3m，底部设置排空管方便维护和清理淤积泥沙（图7.1-1）。改善流态的同时，通过砾间接触氧化作用，可以改善水质，并为底栖类和鱼类提供觅食和栖息场所。

河道底部平整后，平铺纤维网垫，并用防腐木桩间隔固定，将块径25～35cm的河卵石，中心打孔，并用钢钎串联固定在纤维网垫上，避免长时间冲刷块石，造成脱离。

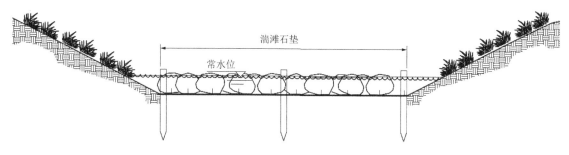

图 7.1-1　河道示意图

2. 大石汀步

在河道适宜位置设置过河汀步，汀步采用不规则块石，玉带溪常水位下，汀步略高于水面，下铺碎石垫层，提供亲水路径；同时，对河道水体也起到流态优化作用。河水流经该段过程中，流速加快，并利用河底的高差坡降，形成了天然水体富氧区。

3. 深潭浅滩序列

在河道平面及断面确定的基础上，不影响断面过流的前提下，局部区域扩大河道断面，进行河底微地形的设计，并结合湍滩石垫、汀步以及堰坝等小型构筑物，形成深浅交替的浅滩和深潭，产生急流、缓流等多种水流条件，形成多样化的生境空间。

7.2　内江沱江流域水生态修复

内江沱江流域除部分原始自然河道外，规划区内部分河湖岸线在多年的开发建设下，均已改造成硬质化驳岸，生态岸线极其薄弱。多条河道的多处河段为直立式浆砌石驳岸，只着重于防洪、排水方面的考虑，没有考虑驳岸的景观、文化、生态等其他功能，不仅丧失了河道的自然属性，而且破坏了河岸植被赖以生存的基础。大部分河道淤积严重，水系连通循环不畅，水体自我循环净化能力差。

多种滨水植物、鱼类、水禽等生物的栖息地、水体生态功能遭到了一定程度的破坏，水岸景观千篇一律，生态廊道面临侵蚀。大部分河道淤积、水位较浅，不利于有机物降解，生态修复功能差，自净能力弱，水生态系统退化明显。部分河道两侧蓝线空间被农民种植农作物，土地裸露，降雨容易造成水土流失，河道底部淤积大量泥沙。

结合当地实际情况，根据当地水环境保护功能区划，综合应用控源截污、内源污染治理、科学补水活水、生态修复等措施，建立水、草、鱼动态平衡，促进人工调控与自然调控的结合，完善食物网，使河中的水生生物种群结构合理、稳定，各种群生物量和生物密度达到营养平衡水平，营造生物多样性和景观多样性，维持水生态系统安全，全面消除黑臭，改善人居环境质量，最终实现人水和谐共融。

7.2.1　河道驳岸重构

为重塑河道生境，拦截河道面源污染，增强河道的自净能力，方案对黑臭水体的驳岸进行改造，构建多样化的生态驳岸及水陆物质和能量交换通道。以玉带溪北侧支流为例介绍多种不同生态驳岸组合改造方法。河道所属西南重丘区域的自然植被驳岸极易因高落差雨水冲刷造成驳岸坍塌和水土流失，强降雨期间北侧支流上游暗涵因纵坡较大，瞬时流速可达 8～10m/s，经缓冲后逐渐变缓，因此在考虑充分稳固的情况下，在北侧支流依次应用干砌片石驳岸（前置消能）—蜂巢格室驳岸—卵石坡面驳岸—生态种植卷驳岸—草坡护岸。

1. 干砌片石驳岸

保留大部分现状干砌片石驳岸，该部分驳岸经过多年的自我演替和选择，片石缝隙间已长满蕨类、芦蒿等草本植物，与周边环境充分融合。为减少对现场驳岸的强冲刷，在前段底部设置消能池及大块石铺砌（粒径30~50cm的不规则块石，沿河底铺设，长度10m），降低水动能；在中后段对河底现状条状块石进行切缝处理，营造更多的底部微栖息空间。

2. 蜂巢格室驳岸

蜂巢格室驳岸主要采用蜂巢形状的高分子材料（PCA）宽带连接及铺展，形成对表土、植被和边坡土体有效的构造保护，并通过纵向锚杆和横向加筋带（高强度聚酯纤维）巢室强化防滑、防沉降及抗冲刷性能。驳岸坡比为1:2，在岸坡的格室内填充种植土，进行湿生植物的恢复，河道底部的格室内填充碎石，利用砾间缝隙实行对河水的有效净化（图7.2-1）。

河道沟槽平整后，铺设无纺布作为反滤层，采用从河底到两岸的蜂巢格室一体铺设，底部单个格室高度15cm。

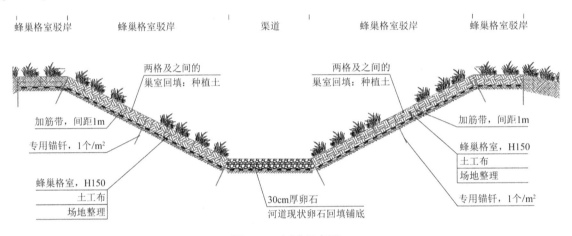

图 7.2-1　河道示意图

3. 卵石坡面驳岸

卵石坡面驳岸垂直宽度约2m，从水线以下向岸上延伸，面层采用优质黏土，卵石采用粒径5~10cm天然料间隔3~5cm满铺，基础采用大块石稳固（图7.2-2）。卵石坡面驳岸在保护岸坡、提高河道抗冲刷能力的同时，卵石及坡面附着微生物，泥质间隙自然生长草本植被，形成生物膜和水陆过渡带栖息环境。

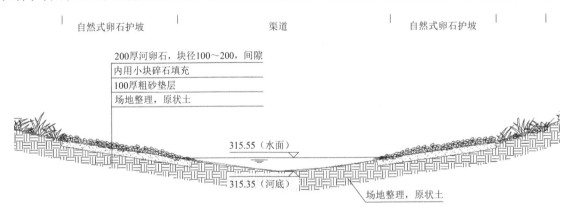

图 7.2-2　河道示意图

4. 生态种植卷驳岸

生态种植卷是一种椰棕卷制作而成的高密度圆筒形卷，保护驳岸抗击河流冲刷，防止水土流失。本身的纤维网状卷材为多孔结构，对坡面径流进行有效拦截和净化，削减入河面源污染。同时，种植卷本身为天然纤维材料，通过卷内种植的水生、湿生植物根部的生物腐殖作用，提供更多的营养基，促进植被及微生物更快地生长繁衍。

本项目生态种植卷驳岸应用于新开挖河道、坡度较陡（坡比≥1：1.5）的驳岸处，生态种植卷材（φ300mm）均匀铺设在平整后的坡面上，用防腐木桩（φ100mm×1200mm）和钢丝固定卷材，在卷材上均匀挖取孔洞（15个/m²），孔洞内置种植土和植物幼苗，并在底部设置大块景观石用于坡脚防护（图7.2-3）。

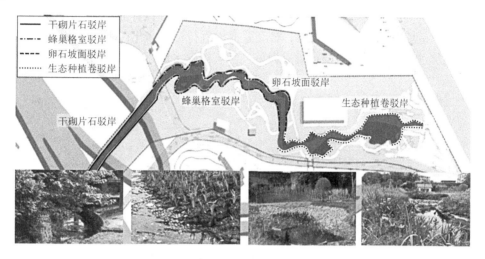

图7.2-3 北侧支流驳岸工法位置图

7.2.2 生物栖息地构建

1. 自然湿地

以南侧支流起点处自然湿地为例（图7.2-4），利用现状原有的废弃水田和洼塘进行改造利用，对上游太子湖来水及周边鱼塘农田退水进行净化处理并打造栖息空间，场地为多边形，长约104m，宽约77m，总体设计面积5300m²。

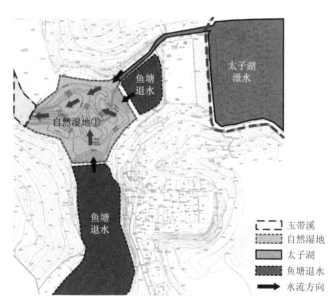

图7.2-4 自然湿地平面布置图

自然湿地主要通过地形塑造和挺水植物种植，提高对上游来水的缓冲和蓄滞能力，湿地内部设置大石汀步，一是对湿地内水体进行流态优化；二是和太子湖进行路径连通。临近鱼塘溢流口处布设石滩，对鱼塘溢流水进行初步净化，削减水体内悬浮物，防止水流冲击湿地底部。湿地内部进行微地形营造和不同种类植物搭配，有效削减鱼塘溢流水体中的 N、P 等营养物质。检测结果表明，对氨氮、总磷的削减率在 50% 左右。

2. 生态塘

冲沟农田养殖是西南丘陵地貌典型农耕方式，依据冲沟地形设置梯级稻田和鱼塘，进行混合耕种和养殖，鱼塘、稻田的退水及冲沟的地表径流汇水排入水体造成污染。具体操作如图 7.2-5 所示，项目利用梯级鱼塘、稻田结构入河前的最末一级的鱼塘，改造为生态塘，设计面积 725m²，进行上游汇水入河前的拦截净化，临近鱼塘溢流口处布设石滩，对上游退水进行初步净化，削减水体内 60% 的悬浮物，同时对水流起到消能缓冲的作用。塘内设置溢流设施。生态塘内水量过多时，水体流入南侧支流及支流末端湿地。

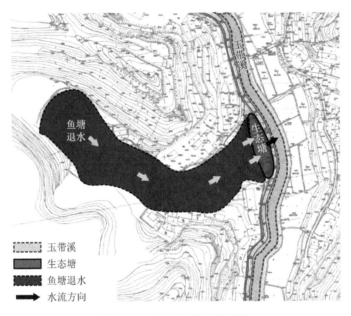

图 7.2-5　生态塘平面布置图

3. 栖境构架

在河床较宽处及河道转角处设置固定栖息构架，在河床上埋至构架高度一半以上，在中间配置石块确保稳定性。在植被构架里填充碎石，根据"砾间接触氧化法"可以改善水质，提供鱼类和水生动物的避难、产卵、休息空间。通过植被构架内的椰棕卷可以导入多种植被，成为河道底栖生物的栖息场所，提供食物链基础。具体断面如图 7.2-6 所示。

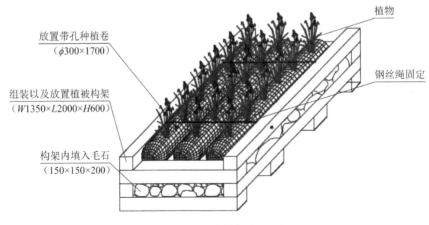

图 7.2-6　栖境构架断面图

7.2.3 河湖缓冲带修复改造

河湖生态缓冲带指陆地生态系统与河湖水域生态系统之间的连接带和过渡区，包括从河湖多年平均最低水位线向陆域延伸一定距离的空间范围，其主要功能是隔离人为干扰对河湖的负面影响，保护河湖生物多样性，减少面源污染。

河湖生态缓冲带保护修复技术路线如图 7.2-7 所示，包括工作准备、河湖岸带分类、缓冲带范围确定、保护修复技术措施、维护与监测评价等。

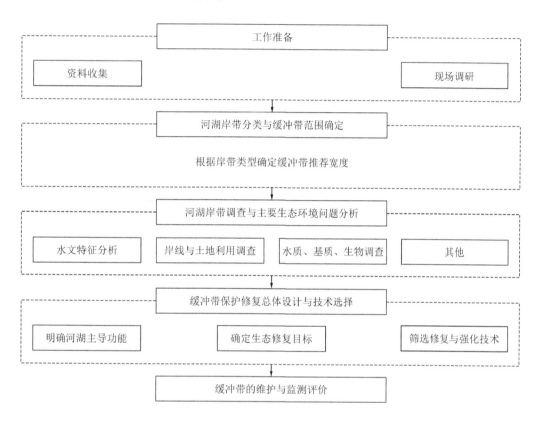

图 7.2-7 河湖生态缓冲带保护修复技术路线

7.2.3.1 生态环境问题分析

以识别河湖岸带退化驱动因子和修复限制条件为主要目的，从河湖岸带周边生产生活干扰、河湖岸带生态空间挤占、生境条件破坏等方面进行问题诊断，参照现行《地表水环境质量标准》GB 3838、《湖泊生态安全调查与评估》《湖泊富营养化调查规范》相关章节，从人为干扰、岸带空间、生境条件、生物状态等方面进行总结分析，为河湖生态缓冲带宽度确定、修复技术选择和方案设计提供依据。

7.2.3.2 河岸带生态环境问题分析

（1）分析农业种植、水产养殖、产业发展是否挤占河岸带生态空间，是否存在污染物直接入河，导致河流水质超标、水功能区不达标或河流水质退化。

（2）通过调查，明确河岸带是否存在不合理的河岸硬化或渠化，导致河流水生态系统退化。

（3）分析河岸带现状，判断是否存在土质疏松且缺少植被覆盖的区域。水土流失比较严重，可能影响河流水质，导致河流水生态系统退化。

（4）通过河岸带生物状态分析，明确是否存在河岸带植被物种单一、生物栖息地保护不足、生境遭到破坏或退化导致生物多样性降低等问题。

7.2.3.3 湖岸带生态环境问题分析

1. 主要陆域污染来源分析

对湖岸带范围内和周边土地利用以及各行业或生活源情况进行调查，定量或定性描述主要陆域污染来源，判断其穿过湖岸带进入湖泊的形式及规律，分析其对湖泊的生态环境影响。

2. 生境现状问题分析

通过对水质、底泥、坡度及岸上情况的调查，阐述湖岸带的水质现状，评估底泥污染风险，分析是否适宜恢复水生维管束植物、陆生植物和水生动物。

3. 岸带现状问题分析

通过现场调查明确湖岸带的类型、结构、坡度等断面形式，根据植物立地条件、稳定性等因素判断湖岸带受损情况，确定需要进行重点改善或修复的区域范围。

4. 生物状态分析

基于对岸上、水下主要植物及大型水生动物的种类、分布特征及多样性的调查结果，分析湖岸带内生物的健康状态、时空分布特点，对照健康的湖滨生态缓冲带分析存在的问题。

7.2.3.4 河湖生态缓冲带保护修复总体设计框架

河湖生态缓冲带保护修复总体设计框架如图 7.2-8 所示。

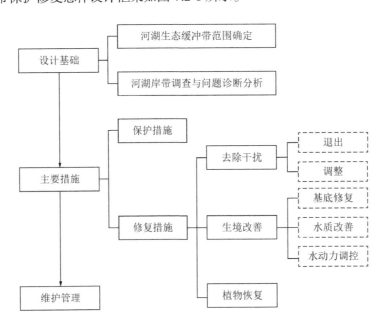

图 7.2-8 河湖生态缓冲带保护修复总体设计框架

7.2.3.5 水位变幅区生态修复

水位变幅区生态修复，应注意保持变幅区内高低起伏的自然形态，对被束窄的河道宜尽量退还河流生态空间，恢复河滩地；对已硬化的堤脚可采用抛石、石笼等方法营造河滩。

水位变幅区生态修复主要包括基底修复、植物群落修复和生境营造。

1. 基底修复

基底底质物理、化学特性调整改造包括淤泥清除、污染底泥覆盖及部分换土等，以满足水生生物生长、繁殖与栖息要求。

参照《湖泊河流环保疏浚工程技术指南（试行）》进行基底调查评估，根据调查评估结果，对于含有污染底泥、重金属、有毒有害垃圾等污染物的基底，应进行生态疏浚、改造或修复，对疏浚底泥妥善处置与资源化利用，防止二次污染环境。常用的基底修复方法包括生态疏浚、底泥掩蔽、底泥磷固定、垃圾清理及土壤换填等。挺水植物恢复区为增强生境多样性，可适当清理污染底泥及腐殖质堆积区，或采取覆盖、部分换土的方法进行土质调整；沉水植物恢复区应根据情况适当清除淤泥，加强植物根系固着能力。

2. 植物群落修复

水位变幅区植物群落修复主要针对由于乱挖、乱占等生产建设活动导致植物群落被破坏的河滩地。应结合地形、水文条件等，在遵循本地物种优先、保护当地特有生境、提高生物多样性等基本原则的基础上，注重植物的生态习性、空间配置和时间配置，可重点种植常绿植物，提高滩地植物的拦截净化功能，改善河岸生态景观效果。

植物群落恢复宜遵循生态系统自身的演替规律，构建生物群落和生态系统结构，实现植被的自然演替。水位变幅区植物群落恢复应基于河滩地的水流条件，确保植物群落修复后的稳定性。水位变幅区植被恢复范围为设计高、低水位之间的岸边水域，一般保证有3～5m的宽度范围。植被恢复种类主要包括水生维管束植物（沉水植物、浮叶植物、挺水植物）。河道有行洪排涝需求时，不宜种植沉水植物、浮叶植物和大型木本植物。

通过人工措施或辅助措施，配置沉水植物群落形成水下森林。水下森林主要用于深度净化水体，直接、快速地对水体中的污染物进行吸收、同化，削减氮、磷等营养物质，改善水体溶解氧，抑制藻类生长，促进河道自净能力，改善内部循环。若目标水体浊度高，需在前期辅以措施降低浊度，改善水体透明度，以满足沉水植物生长所需光照等条件。此外，还应考虑草食性动物（如草鱼等）对沉水植物的破坏影响。

合理规划水生植物种植。水生植物种植的最佳时间一般是春季或者初夏，设计时应考虑各种配置植物的物候期和繁殖特征。

水生植物种植要点如表7.2-1所示。

水生植物种植要点

表7.2-1

类型	技术要点	适用条件	限制要素
挺水植物	采用扦插、籽播方式种植，种植密度根据不同种类控制在10～25株/m²	配置在水位变动带或浅水处，多数植物种植水深以0～0.4m为宜	具有较强无性繁殖能力物种宜采取定植措施加以控制
浮叶植物	采用扦插、穴埋方式种植，种植密度根据不同种类控制在1～10株/m²	配置在水深0.5～1.5m的静水或缓流水域	易蔓延物种宜采取定植措施加以控制
沉水植物	采用扦插、籽播或芽体定投方式种植，种植密度根据不同种类控制在15～35丛/m²	配置在水深不低于0.5～2.5m的静水或缓流水域	水体透明度较低、流速较快、水深较浅时不宜配置

水位变幅区植被恢复可与表面流人工湿地或生态塘构建相结合，实现最佳的污染物削减效果。水位变幅区植物应考虑河道及漫滩行洪要求，避免野生的乔灌木影响行洪效果，每年定期开展乔灌木清除。

3. 生境营造

基于生物群落修复，创造两栖类、鸟类等动物栖息环境，增加植物种类多样性，形成小型生态系统。在必要的情况下通过人工手段加以保护，营造动物栖息地封闭区域，如利用树木或不规则石块等制造鱼类繁殖场所；使用木桩、铺草、抛石或沉石等模拟自然状态，并增设人工渔礁，优化其生存环境。应注意保护水位变幅区与河岸带结构的完整性，促进浅滩与边滩的发育，保护沙洲景观，保护水生生物的栖息环境。基于湿地现状，根据水生动植物对生境要求的差异，通过保障水源、营造鸟岛及涵养水生植物等措施，形成丰富的湿地环境，构建湿地保护空间。

对受人为活动影响大、栖息地结构单一的城市河流，在条件允许时，构筑必要的滩、洲、湿地或砾石群等，提升河道的生境多样性。宜适度形成深浅交替的浅滩和深潭序列，构建急流、缓流和滩槽等丰富多样的水流条件及多样化的生境条件。浅滩和深潭的设计包括断面宽度、位置、占河流栖息地百分比及河床底质的确定等。浅滩和深潭可结合小型结构物（导流装置、生态潜坝）、河床抛石（面积不超过河底面积 1%～3%，直径不小于 0.3m）、人工鱼巢等设计。水位变幅区河滩地中构建的过水区域（深潭、浅滩等）应注意对流量、流速和泥沙淤积的管理，可参考《河湖生态系统保护与修复工程技术导则》SL/T 800。

针对地势较为平坦、受人类干扰破坏较为强烈的平原区河流，可通过抛石、丁坝等营造河流丰富的流态。针对海拔高、河流坡降大、水流速度快的山区河流，宜利用河流地貌自然结构营造生境，结合高坡降、垂直侵蚀大的河道特点构建人工阶梯—深潭等生境。

7.2.3.6　陆域缓冲区生态修复

陆域缓冲区生态修复重点构建乔木—灌木—草本植被带，生态修复内容主要包括基底修复、植物群落构建和物种配置。

1. 基底修复

陆域缓冲区基底地形地貌改造应衔接汇水区域地形，使得径流均匀流入缓冲带区域。在总体坡度控制条件下，允许河岸带的地势起伏及小洼地存在。

基底地形地貌改造主要包括侵占物拆除、地形平整和重建。拆除侵占河流生态缓冲带的构筑物后，根据植被恢复要求，因地制宜对地形进行整理，一般无须调整底质的物理、化学特性。

2. 植物群落构建

植物的选取应遵循自然规律，尽量选择本地优势物种，慎重引进外来植物品种，且宜选择对氮、磷等污染物去除能力较强、用途广泛、经济价值较高、观赏性强的物种；同时，应考虑常绿树种与落叶树种混交、深根系植物和浅根系植物搭配、乔灌草相结合等。植物搭配可采用乔木＋灌木＋草本、乔木＋草本、灌木＋草本配置方式。

乔灌草植被区域一般分为邻水区、中间过渡区和近陆区。邻水区位于河流水陆交错区，以乔木林带为主，可保护堤岸、去除污染物并为野生动物提供栖息地，宽度一般不低于 5m；中间过渡区以乔灌木树种为主，可减少河岸侵蚀、截留泥砂、吸收滞纳营养物质、增加野生动物栖息地，宽度一般不低于 15m；近陆区位于外侧远离河岸的区域，以草类植物为主，可穿插配置灌木，用于阻滞地表径流中的颗粒物，吸收氮、磷，降解农药等污染物，宽度一般不低于 6m。

地表径流进入生态缓冲带前，可通过设置草障分散径流。草障宜选取茎秆较硬的草本植物，平行于缓冲带种植，起到屏障减缓和蓄集径流，促进径流中颗粒物入渗和沉积的作用。

3. 物种配置

树（草）种选择。选择根系发达、耐水湿、固持土壤、培肥改土能力强的植物种类。不同区域的选择如下：邻水区选择根系发达、生长量大、固土力强、耐水湿水淹的乔灌树种；中间过渡区选择根量多、根系分布广、改良土壤作用强、生长量大、生长稳定、抗逆性强的乔灌树种和草本植物；近陆区选择根系发达、生长旺盛、固土力强、氮磷营养物质吸收能力强的草本植物。

自然乔草带修复，宜注重与现有植被物种的融合，采用小片区种植方式，细化植物种类和布局，在乔草带内铺设透水铺装，满足群众休闲娱乐需求；灌草带以彩叶灌木、花灌木为主，采用孤植、丛植和行列栽植。植物选用根系发达、冠幅大、防风保水能力强的乔木树种，以达到稳固河岸、减少泥砂和污染物入河的目的。

灌草带可以缩窄其设计宽度，为乔草带保留更多空间，防治水土流失。村落和农田地区缓冲带内乔草带修复宜根据地区偏远程度选择，远离农村的地区，可种植根系发达、冠幅大、防风保水能力强的乔木树种。

植被物种选择可参考现行《裸露坡面植被恢复技术规范》GB/T 38360，华北地区可参考《华北地河溪植被缓冲带建设技术规程》LY/T 2639。

此外，对于具有硬质护岸的河床和河道，在满足防洪安全的前提下，宜依据场地条件、泥砂冲淤分析开展生态护岸修复改造，恢复河流自净能力与生态功能。护岸带主要是通过水生植物和湿生植物的合理构建来实现。

7.2.4 生态湿地修复改造

内江项目 23 条水体治理（其中 10 条黑臭）的重要生态修复手段，特别是以生态湿地为核心的生态技术应用于尾水处理、河道支流进水水质处理、削减周边面源污染、鱼塘溢流水处理、雨污溢流污水处理、居民散排污水处理等多种场景及目标。例如，内江太子湖生态湿地项目就是结合川渝地区农村污水治理特点要求，选用村污场站＋生态湿地的工艺流程，通过"灰＋绿"的处理设施进一步提高出水水质，解决了川渝地区农村污水治理难题，为农村污水治理提供了工程思路和借鉴。其中，湿地类型包括生态净化塘、水平潜流湿地、表流湿地、垂直流湿地、清水湿地等。内江项目堪称以生态湿地为核心的生态工程的"万花筒"，因此梳理内江项目生态湿地工程，并分析其工程建设特点、优劣、问题及分析处理效果，探究多应用场景下生态湿地的工程实践，最终形成成套的内江项目生态湿地应用案例库及相关技术沉淀，具有重要的研究价值及工程借鉴意义。

7.2.4.1 植物配置

1. 人工湿地植物配置方法

人工湿地的水生植物配置应符合以下要求：

（1）人工湿地可选择挺水植物、漂浮植物、浮叶植物、沉水植物，配置方法路线为确定单种植物→组合搭配→系统搭建→景观配置→空间配置。人工湿地植物可按表 7.2-2 中推荐的植物选用。

（2）单个人工湿地的植物配置中挺水植物物种数量不宜多于 5 种，漂浮与浮叶植物物种数量不宜多于 2 种，沉水植物不宜多于 2 种。

（3）以去除营养盐为主要目的时，可选择芦苇、香蒲、菖蒲、旱伞草、再力花等挺水植物。表流人工湿地也可选择浮萍等漂浮植物，睡莲、萍蓬草等浮叶植物，苦草、伊乐藻等沉水植物。

（4）若表流湿地设计有进水区、处理区和出水区，挺水植物组合宜覆盖进水区与处理区，漂浮、浮叶和沉水植物宜覆盖出水区。若无分区，挺水植物种植面积不宜小于 70%。

（5）宜选择成活率高、耐污能力强、根系发达、茎叶茂密、输氧能力强和水质净化效果好等综合特性良好的水生植物。

（6）宜选择抗冻、耐热及抗病虫害等具有较强抗逆性的水生植物。

（7）禁止选择水葫芦、凤眼莲、空心莲子草、大米草、互花米草等外来入侵物种。

人工湿地植物配置路线　　　　　　　　　　　　　　　　　　　表 7.2-2

第1步：确定单种植物	芦苇、菖蒲、美人蕉、香蒲、鸢尾		
第2步：组合搭配以（A＋B/A＋B＋C 为主）	根据进水营养盐浓度选择		
	TN 浓度	0～10mg/L	芦苇、鸢尾、水葱、千屈菜、菖蒲、芦竹、美人蕉、纸莎草、再力花、茭白、香蒲
		10～30mg/L	美人蕉、旱伞草、菖蒲、香蒲、芦苇
		30～50mg/L	菖蒲、香蒲、花叶芦竹、鸢尾、美人蕉、水葱、纸莎草、再力花、芦苇、灯心草、千屈菜

第2步：组合搭配以(A+B/A+B+C为主)	TP浓度	0~1mg/L	水葱、纸莎草、美人蕉、灯心草、菖蒲、千屈菜、再力花、香蒲、芦苇、梭鱼草、鸢尾
		1~3mg/L	菖蒲、美人蕉、旱伞草、香蒲、芦苇
		3~5mg/L	梭鱼草、鸢尾、纸莎草、灯心草、菖蒲、再力花、茭白、美人蕉、香蒲、芦苇、千屈菜
	NH₄⁺-N浓度	0~5mg/L	芦苇、鸢尾、芦荟、蔍草
		5~30mg/L	菖蒲、旱伞草、再力花、黄花鸢尾、芦苇、芦竹、香蒲、美人蕉
		30~50mg/L	芦苇、灯心草、千屈菜
第3步：系统搭建	丰富水生植物类型		补充漂浮、浮叶、沉水植物
	丰富冬季植物		补充耐寒性强、夏季休眠冬季生长的水生植物
第4步：景观配置	不同花色、不同花期、不同高度、不同观赏特性		
第5步：空间配置	营养盐去除角度		第1、2步植物靠进水端、浮叶植物抑制藻类生长、沉水植物起强化稳定作用靠出水端
	景观观赏功能角度		不同花色成群点缀、对称景观、大片景观植物成特色、高低错落
	系统多样性角度		挺水—漂浮—浮叶—沉水植物复合搭配
	抗水力冲刷角度		进水端布置根茎粗壮（芦苇、茭白等）、深根散生（菖蒲、香蒲、水葱、荆三棱、水莎草等）、深根丛生植物（旱伞草、纸莎草等）

《人工湿地水质净化技术指南》、《人工湿地污水处理工程技术规范》HJ 2005等均指出：人工湿地植物配置可优先选择一种或多种植物作为优势种搭配栽种，再增加植物的多样性和景观效果。因此，在此基础上，设计以下植物配置路线（图7.2-9）：①第一步为确定单种植物；②第二步为组合搭配；③第三步为系统搭建；④第四步为景观配置；⑤第五步为空间配置。

该配置路线的整体思路是对已有规范和指南中对植物配置的表述进行了详细的拆分和补充，第一步和第二步对应规范和指南表述中"选择由一种或多种植物作为优势种搭配"，确定单种植物是指先确定一种主要承担营养盐净化功能的水生植物，组合搭配是指确定第一步配置中单种主要挺水植物的搭配植物，以保证最终植物配置具有高效的营养盐去除功能。第三步和第四步对应"再增加植物多样性和景观效果"，系统搭建一是进一步丰富不同类型和冬季水生植物，构建挺水—漂浮/浮叶—沉水植物系统，以确保人工湿地具有稳定的生态系统；二是构建多季节生长的植物组合，以解决以往人工湿地全年无法良好运行的缺陷，保证人工湿地中植物组合在全生长期期间的功能稳定性。景观配置则是指丰富不同花色、花期、高度的水生植物，以确保植物配置具有持续的观赏价值。第五步对应"同时根据不同去污特性、生长周期、景观效果、环境条件进行合理的空间布置"，空间配置是指在植物配置确定后，从营养盐去除、景观观赏功能、系统多样性和抗水力冲刷四个角度，根据不同植物的特性进行空间配置，以充分实现优化后植物配置良好的营养盐净化功能、稳定的湿地生态系统和持续的观赏价值三个要求。

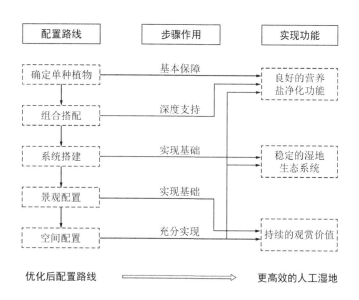

图 7.2-9　人工湿地植物配置路线

采用编制方法为：确定人工湿地水生植物配置路线按照：确定单种植物、组合搭配、系统搭建、景观配置、空间配置进行设计。采用：①文献收集分析——筛选主要承担去污功能的优势种；②文献中植物组合去污数据分析与粤港澳、川渝地区实地调研植物组合去污数据分析——相互对照验证，筛选出与优势种组成具有较高净化能力的优势植物组合；③在得到优势组合后，进行系统搭建、景观配置和位点布置三步，得到试验植物组合方案，在四川内江包谷湾三处实地表流人工湿地进行示范性工程建设——以实际工程验证配置路线是否可行；④选择代表性植物组合进行室内模拟试验，揭示不同水生植物在人工湿地中净污过程的协同机理；⑤资料整理，对已收集的规范、指南、文献、著作等资料进行进一步整理，根据实际工程需求，确定第三步为系统搭建、第四步为景观配置、第五步为空间配置的植物清单以及详细配置方法。

详细编制过程：文献收集分析：共收集到 210 篇相关论文，得到 465 种植物组合及其总氮、总磷、氨氮去除率数据。该阶段得到结论：植物配置路线第一步确定单种植物菖蒲、美人蕉、芦苇、香蒲、鸢尾为优势种，理由如下：

（1）在已有研究中已证实，相比于仅有漂浮植物或沉水植物的人工湿地，仅种植挺水植物的人工湿地具有更高的氮磷去除效果，表明挺水植物在氮磷去除能力方面，在四种水生植物类型中最有资格成为主要承担去污功能的优势种。

（2）在工程实际应用中，对于表流人工湿地，栽种挺水植物的表流湿地在全世界都是应用最为广泛的植物类型；而对于潜流人工湿地，由于其水位位于填料以下的工艺特点，种植挺水植物是其最常见的选择，这在国内的相关规范中有所显现。因此，从国内工程应用角度，挺水植物往往是水生植物栽种选择时最受推崇的。

（3）本标准编制的文献收集数据表明，相比于其他三种类型的水生植物，包含挺水植物的植物组合数为 274 种，占比 58.92%，超过总组合数的一半，其中包含菖蒲、美人蕉、芦苇、香蒲、鸢尾的组合高达 86.50%。这表明在关于水生植物净化能力的研究中，该五种挺水植物出现频率高，而科学研究中的植物组合选择往往取决于其已在以往的研究中展现出了高效的去污效果，因此选择该五种挺水植物作为人工湿地植物配置中确定单种植物时作为主要承担去污功能的优势种在科学研究方面有较大支撑。

（4）文献收集的数据显示，菖蒲、美人蕉、芦苇、香蒲、鸢尾皆可在《人工湿地水质净化技术指南》中划分的寒冷地区、夏热冬冷地区、夏热冬暖地区与温和地区广泛使用。除部分严寒地区外，无气候区域限制。其气候适宜性也支撑了其进入优势种清单（表 7.2-3）。

相关文献中主要挺水植物覆盖的气候分区　　　　　　　　　　　表 7.2-3

气候分区	气候主要指标	菖蒲	美人蕉	芦苇	香蒲	鸢尾
严寒地区	1 月平均气温≤-10℃， 7 月平均气温≤25℃	·	—	·	·	—
寒冷地区	1 月平均气温-10~0℃， 7 月平均气温 18~28℃	●	●	●	●	·
夏热冬冷地区	1 月平均气温 0~10℃， 7 月平均气温 25~30℃	●	·	·	·	●
夏热冬暖地区	1 月平均气温>10℃， 7 月平均气温 25~29℃	·	●	●	·	·
温和地区	1 月平均气温 0~13℃， 7 月平均气温 18~25℃	·	●	·	·	·

注：●由大到小依次代表出现次数≥10，5~10，<5。

实地调研结果与文献收集的植物组合情况分析显示，包含菖蒲、美人蕉、芦苇、香蒲、鸢尾的挺水植物组合共计 237 个，其中以种类数为 2（A＋B 型）和 3（A＋B＋C 型）的植物组合分别占比 51.40％和 31.65％，两者一起共计占比高达 83.05％，从研究者关注角度可见，以往的研究显示了包含该五种优势挺水植物的挺水植物组合具有承担主要去污功能的能力。

从文献收集的植物组合污染物去除率数据分析中，植物种类与污染物去除率关系来看（图 7.2-10），植物组合种类数为 2 和 3 的时候，保持着较高的污染物去除率，随着种类数逐渐增加，去除率反而降低。因此，选择种类数为 2（A＋B 型）和 3（A＋B＋C 型）的挺水植物组合作为植物配置的第二步——组合搭配的清单。因此，植物配置路线第二步组合搭配选择包含第一步已确定优势种的挺水植物搭配，且搭配种类数为 2 或 3（即 A＋B 型或 A＋B＋C 型）。

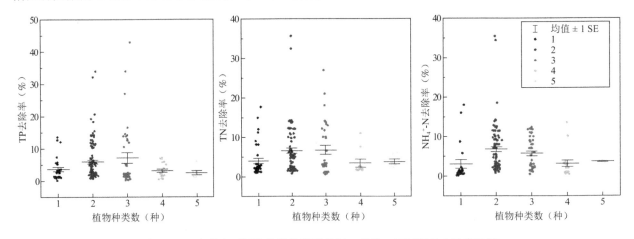

图 7.2-10　文献中不同植物种类数下总氮、总磷、氨氮每日去除率比较

将文献收集得到的植物组合和实地调研得到的植物组合总氮、总磷、氨氮的去除率数据分别进行比较（根据阶段分析成果，仅比较 A＋B 型和 A＋B＋C 型），其中文献数据中的植物组合按照每日去除率进行比较（每日去除率＝（最高去除率/首次达到最高去除率的天数）×100％），实地调研数据按照去除率进行比较（去除率＝（指标进水浓度－指标出水浓度）/指标进水浓度×100％）。将进水营养盐指标按照 TN（0~10mg/L、10~30mg/L 和 30~50mg/L）、TP（0~1mg/L、1~3mg/L 和 3~5mg/L）和 NH_4^+-N（0~5mg/L、5~30mg/L 和 30~50mg/L）进行分组，通过分析植物组合的每日去除率（去除率）对营养盐去除效果的比较，筛选出在不同浓度梯度中优于平均去除效果的植物组合作为配置候选名单，并将两

种情况进行比较（图 7.2-11、图 7.2-12）。

将图 7.2-11、图 7.2-12 中的各进水营养盐浓度梯度内对 TN、TP 和 NH_4^+-N 的去除能力高于组内平均值的植物组合作为植物配置路线第二步组合搭配的选择清单，见表 7.2-4。

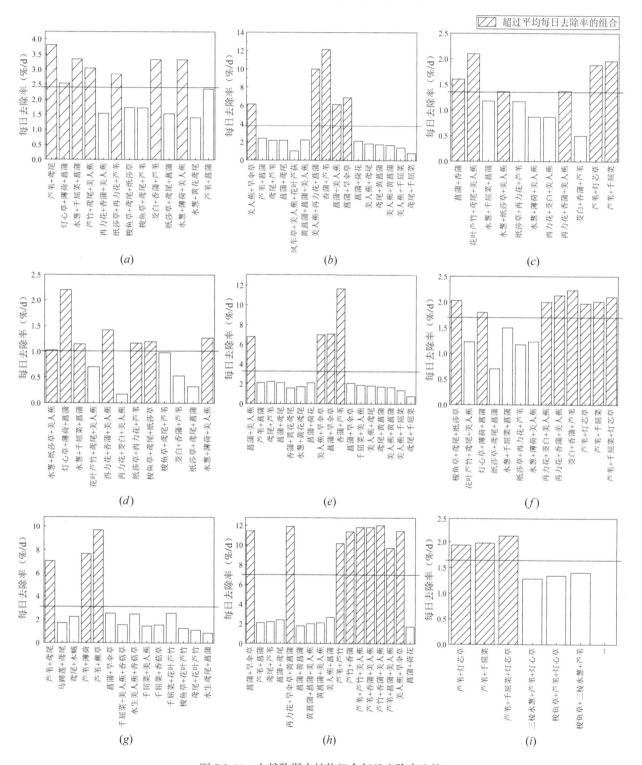

图 7.2-11　文献数据中植物组合每日去除率比较

(a)进水 TN 浓度为 0～10mg·L^{-1}；(b)进水 TN 浓度为 10～30mg·L^{-1}；(c)进水 TN 浓度为 30～50mg·L^{-1}；

(d)进水 TP 浓度为 0～1mg·L^{-1}；(e)进水 TP 浓度为 1～3mg·L^{-1}；(f)进水 TP 浓度为 3～5mg·L^{-1}；

(g)进水 NH_4^+-N 浓度为 0～5mg·L^{-1}；(h)进水 NH_4^+-N 浓度为 5～30mg·L^{-1}；(i)进水 NH_4^+-N 浓度为 30～50mg·L^{-1}

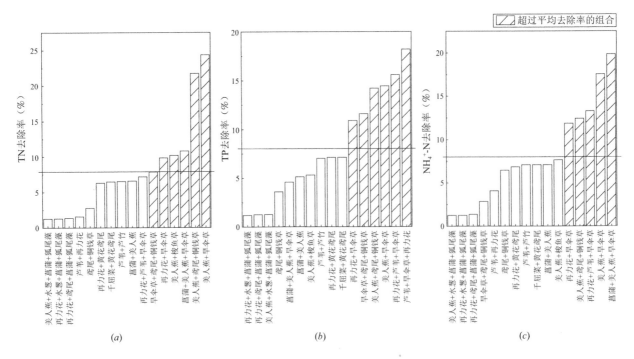

图 7.2-12　实地调研数据中植物组合去除率比较

(a)进水 TN 浓度为 0～10mg/L；(b)进水 TP 浓度为 0～1mg/L；(c)进水 NH_4^+-N 浓度为 0～5mg/L

文献数据与调研数据第二步组合配置对比　　　　　　　　　　　　　　　　表 7.2-4

		基于文献分析的植物配置路线	基于调研数据分析的植物配置路线
第 2 步组合搭配以(A＋B 型/A＋B＋C 型为主)	**进水 TN 浓度**		
	0～10mg/L	芦苇、鸢尾、水葱、千屈菜、菖蒲、芦竹、美人蕉、纸莎草、再力花、茭白、香蒲	再力花、旱伞草、鸢尾、美人蕉、菖蒲、梭鱼草、铜钱草
	10～30mg/L	美人蕉、旱伞草、菖蒲、香蒲、芦苇	
	30～50mg/L	菖蒲、香蒲、花叶芦竹、鸢尾、美人蕉、水葱、纸莎草、再力花、芦苇、灯心草、千屈菜	
	进水 TP 浓度		
	0～1mg/L	水葱、纸莎草、美人蕉、灯心草、菖蒲、千屈菜、再力花、香蒲、芦苇、梭鱼草、鸢尾	再力花、旱伞草、鸢尾、美人蕉、铜钱草、芦苇
	1～3mg/L	菖蒲、美人蕉、旱伞草、香蒲、芦苇	
	3～5mg/L	梭鱼草、鸢尾、纸莎草、灯心草、菖蒲、再力花、茭白、美人蕉、香蒲、芦苇、千屈菜	
	进水 NH_4^+-N 浓度		
	0～5mg/L	芦苇、鸢尾、芦竹、蘑草	再力花、旱伞草、鸢尾、美人蕉、菖蒲、铜钱草、芦苇
	5～30mg/L	菖蒲、旱伞草、再力花、黄花鸢尾、芦苇、芦竹、香蒲、美人蕉	
	30～50mg/L	芦苇、灯心草、千屈菜	

示范性工程验证：针对四川内江包谷湾三处表流人工湿地实际情况，确定优势挺水植物组合，并进

一步进行类型丰富、景观配置与位点布置，通过原位监测，验证该植物配置路线是否正确、有效。植物具体配置及实际运行效果见表7.2-5。通过以上原位监测得到的设计植物配置下人工湿地对营养盐的实际去除率验证了该配置路线十分有效，符合预期效果。

包谷湾示范性工程植物配置及运行效果

表 7.2-5

示范工程名称	包谷湾①号表流湿地		
进水情况	21 户生活污水、鱼塘尾水、雨水、水库水		
确定单种植物	芦苇、美人蕉		
组合搭配	+ 菖蒲		
系统搭建	+ 荇菜（浮叶），+ 伊乐藻、苦草（沉水）		
景观配置	+ 旱伞草（观叶）+ 荷花（观花）		
位点布置	进水处设置根茎粗壮、净化能力强的芦苇、旱伞草（抗冲刷）。 沉水植物置于最后一梯级，稳定出水水质。 高低搭配，不遮挡		
植物实地去除效果	TN 去除率（%）	NH₄⁺-N 去除率（%）	TP 去除率（%）
	20.07	10.65	12.42
示范工程名称	包谷湾②号表流湿地		
进水情况	60 户生活污水、雨水		
确定单种植物	菖蒲、芦苇		
组合搭配	+ 再力花		
系统搭建	+ 睡莲（浮叶），+ 伊乐藻、苦草（沉水）		
景观配置	+ 纸莎草（观叶）+ 梭鱼草（观花）		
位点布置	睡莲布置于最后梯级，成片区分布，满足景观要求。 沉水植物置于最后一梯级和湖边，稳定出水水质		
植物实地去除效果	TN 去除率（%）	NH₄⁺-N 去除率（%）	TP 去除率（%）
	12.47	13.53	17.50
示范工程名称	包谷湾③号表流湿地		
进水情况	6 户生活污水、雨水、水库水		
确定单种植物	菖蒲		
组合搭配	+ 黄花鸢尾		
系统搭建	+ 荇菜（浮叶），+ 伊乐藻、苦草（沉水）		
景观配置	+ 荷花（观花）+ 梭鱼草（观花）+ 千屈菜（观花）		
位点布置	黄花鸢尾成排分布，遮挡梯坎。 荷花成片区分布，千屈菜对称布置，满足景观要求。 沉水植物置于最后一梯级，稳定出水水质		
植物实地去除效果	TN 去除率（%）	NH₄⁺-N 去除率（%）	TP 去除率（%）
	14.14	16.10	15.30

针对芦苇与香蒲组合、梭鱼草与旱伞草组合的去除效果进行模拟试验，验证其对营养盐的去除效果。室内模拟试验分别表征出芦苇与香蒲组合、梭鱼草与旱伞草组合的去除效果，表明相较于单种植物的去除效果，两种植物的配置对营养盐的去除效果更佳（图 7.2-13、图 7.2-14）。

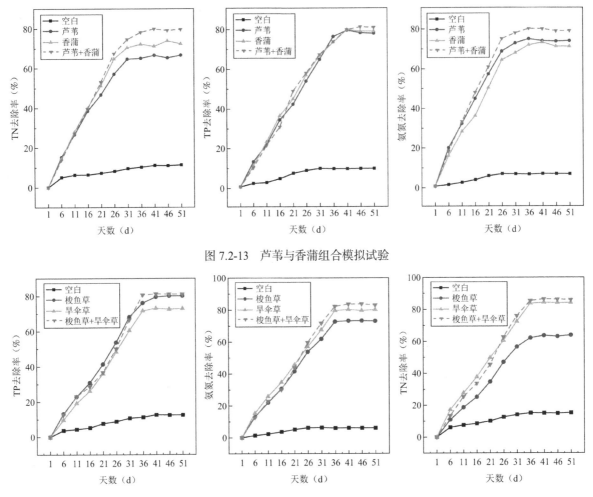

图 7.2-13　芦苇与香蒲组合模拟试验

图 7.2-14　梭鱼草与旱伞草组合模拟试验

完善系统搭建、景观配置、空间配置三步配置步骤：在前两步主要去污植物组合确定的基础上，从两个方面对植物组合选择进行补充：一方面是丰富水生植物类型（表 7.2-6），补充漂浮植物、浮叶植物以及沉水植物，以提高人工湿地中水生态系统在抗虫害、抗气候变化以及在营养盐去除方面的稳定性；另一方面是选择补充冬季植物（表 7.2-7），包括夏季休眠、耐寒性好的水生植物，避免冬季人工湿地丧失污染物去除和景观功能，实现人工湿地全年稳定运行。在对水生植物类型进行丰富时，可以选择补充浮萍、大薸、香菇草、槐叶萍、紫萍等漂浮植物，睡莲、芡实、菱、水鳖、荇菜、王莲等浮叶植物，狐尾藻、苦草、黑藻、金鱼藻、伊乐藻等沉水植物。在进行冬季植物补充时，可选择补充黄花鸢尾、风车草、鸢尾、灯心草等耐寒性较好的植物，以及伊乐藻等冬季生长、夏季休眠的植物。

不同类型水生植物补充清单　　　　　　　　　　　　　　　　　　　表 7.2-6

补充植物类型	植物名称
漂浮植物	浮萍、大薸、香菇草、槐叶萍、紫萍
浮叶植物	睡莲、芡实、菱、水鳖、荇菜、王莲
沉水植物	狐尾藻、苦草、黑藻、金鱼藻、伊乐藻

冬季植物补充清单   表 7.2-7

补充植物特性	植物名称
耐寒性好	黄花鸢尾、风车草、鸢尾、灯心草、茨菰、茭白、芦苇、菖蒲、荆三棱、水芋、香蒲、千屈菜、水鳖、荇菜、狐尾藻
冬季生长、夏季休眠	伊乐藻

　　将水生植物在人工湿地视觉效果中呈现的颜色作为其景观作用色彩，包括水生花卉植物的花色，植物本身的颜色，补充搭配不同花色、花期高低以及观赏特性的水生植物，提高其观赏价值的同时实现人工湿地景观效果跨季节持久性，如选择水葱、美人蕉、鸢尾、再力花、梭鱼草、黄花鸢尾、千屈菜等不同花期的水生花卉（表 7.2-8），利用其不同花色进行点缀，提高整体植物配置的观赏价值；还可选用荷花作为人工湿地靠近出水端单元的主要植物，形成特色景观。

景观配置植物清单   表 7.2-8

名称	花期	花色	高度	观赏特性
千屈菜	7～10 月	紫色	60～120cm	花期 7～10 月，柳叶状叶片，紫红色花枝挺出水面，随风摇摆，形成悠然、朴素、自然的效果，花朵虽然细小，但数量多，聚成花序色彩醒目
荷花	6～9 月	白色、粉红色	30～50cm	花期 6～9 月，单株姿态优美，叶片圆状、青翠，花大色艳，清香远逸
菖蒲	6～9 月	黄绿色	50～120cm	叶丛青翠，株态挺拔，具有特殊香味，花期 6～9 月，花以黄色、白色为主
茨菰	8～10 月	白色	20～60cm	箭形叶片挺水而出，碧绿奇特，总状花序，雌雄异花，花白色
大聚藻	7～8 月	白色	50～80cm	花期 7～8 月，叶片青翠，富于质感
灯心草	4～9 月	黄绿色	40～100cm	叶色翠绿，细管状，常绿；茎纤细，挺直有力
黄花鸢尾	5～6 月	黄色	60～110cm	花期 5～6 月，花色黄艳，花姿秀美，叶片翠绿、剑形
再力花	4～10 月	紫色	2～3m	花期 7 月，植株高大，紫色圆锥花序挺立半空
香蒲	6～7 月	—	130～200cm	高大挺拔，叶形美观，叶绿穗奇，6～7 月花柱优美
纸莎草	6～7 月	紫色	100～200cm	植株高大，叶针状密集，下垂飘逸
旱伞草	—	—	40～150cm	宽阔的放射状小裂叶极像一把展开的伞骨
梭鱼草	5～10 月	紫色	80～150cm	花期 5～10 月，花紫蓝色，挺拔向上，叶形美观，清新悦目
芦竹	9～12 月		3～400cm	雄伟壮观，秋季密生白柔毛的花序随风摇曳，姿态别致
水葱	5～9 月	黄色	1～200cm	挺拔直立，茎秆圆柱形，通直无叶，直指蓝天
芦苇	—	—	1～300cm	茎挺直而坚实，叶片狭长
水芹	6～7 月	白色	15～80cm	叶片青翠碧绿，夏季开出点点小花，显得清新优雅
马蹄莲	2～4 月	白色	40～150cm	花洁白，似马蹄
泽泻	5～10 月	白色	80～100cm	稠密白色小花，可用于花卉观赏

名称	花期	花色	高度	观赏特性
美人蕉	3~12月	红色、黄色	100~150cm	良好的观叶观花植物，适合片植，也可点缀水池，花期夏秋两季
睡莲	6~10月	白色、粉色	—	花绚丽、多彩多姿，花期6~10月
萍蓬草	5~9月	黄色	—	花期5~9月，花朵黄色，挺出水面
芡实	7~8月	紫色	—	叶片巨大，碧绿，有皱褶，十分壮观，花色艳丽，形状奇特
荇菜	8~10月	黄色	—	花期8~10月，叶片翠绿，黄色小花覆盖水面
菱	10~11月	白色	—	叶片繁茂，开出白色小花
大漂	5~11月	白色	—	叶色翠绿，叶形奇特，形似莲状宝座
水车前	6~11月	紫色	—	叶片肥大，色绿宜人，叶形变化大
苦草	5~8月	白色	—	容易成片，叶片狭长、柔软，在水流动下舒展摇摆
黑藻	5~10月	白色	—	颜色深、暗

人工湿地中水生植物组合的空间优化布置从以下四个方面进行考虑：一是从营养盐去除角度，去污能力较强的主要功能植物和高效组合搭配植物布置在人工湿地的进水端，以充分利用其对营养盐的高效去除能力，降低进水中污染物对景观水生植物的影响。浮叶植物布置在进水营养盐浓度较高的区域，可通过营养盐吸收/转化和遮挡光照而达到抑制藻类生长的效果。沉水植物作为人工湿地最后的强化稳定植物布置在出水端，以提高出水水质。二是从景观角度，从观赏者视觉角度形成不同花色水生植物成群点缀、花色对称的景观或例如大片睡莲、荷花的特色湿地景观。根据植株的高低进行布置，避免出现互相遮挡而影响观赏价值。三是从人工湿地系统的生物多样性角度，沿进水方向形成挺水—漂浮/浮叶—沉水的复合布置，实现依照污染物浓度梯度的变化而构建的稳定人工湿地生态系统。四是从抗水力冲刷角度，可在进水单元布置根茎粗壮（例如芦苇、茭白等）、深根散生（例如菖蒲、香蒲、水葱、荆三棱、水莎草等）和深根丛生类（例如旱伞草、纸莎草等）抗冲刷植物，以防出现水生植物倒伏情况（表7.2-9）。

人工湿地水生植物空间配置 表7.2-9

营养盐去除角度	主要去污功能植物及组合靠进水端；浮叶植物抑制藻类生长；沉水植物起强化稳定作用，靠出水端
景观观赏功能角度	不同花色成群点缀、对称景观，大片景观植物成特色、高低错落
系统多样性角度	挺水—漂浮/浮叶—沉水植物复合搭配
抗水力冲刷角度	进水端布置根茎粗壮（芦苇、茭白等）、深根散生（菖蒲、香蒲、水葱、荆三棱、水莎草等）、深根丛生植物（旱伞草、纸莎草等）

最后得到人工湿地植物配置详细路线。此外，为避免过多添加植物导致后期维护与管理难度增加，因此本规程《水生态修复工程植物配置技术规程》T/CSUS 57—2023（本章节以下简称"本规程"）推荐人工湿地的植物配置中推荐挺水植物物种数量不宜多于5种，漂浮与浮叶植物物种数量不宜多于两种，沉水植物不宜多于两种。且为方便需要快速进行植物配置的情况，参考相关的规范与实地调研，得出芦苇、香蒲、菖蒲、旱伞草、再力花等挺水植物。表流人工湿地也可选择浮萍等漂浮植物，睡莲、萍蓬草等浮叶植物，苦草、伊乐藻等沉水植物这类可直接使用的水生植物组合清单。

关于表流人工湿地中不同类型水生植物之间的面积比例，若表流湿地有严格的进水区、处理区和出水区，挺水植物组合应覆盖进水区与处理区，漂浮、浮叶和沉水植物覆盖出水区。若无分区，则为保证氮磷去除效果，挺水植物种植面积不宜小于70%。

2.生态浮岛植物配置方法

生态浮岛的水生植物配置应符合以下要求：

（1）生态浮岛应选择挺水植物，配置路线为确定单种植物→组合搭配→景观配置→空间配置。生态浮岛可按表7.2-10中推荐的植物选用。

（2）单个生态浮岛的植物配置中水生植物物种数量不宜多于3种。

（3）以去除营养盐为主要目的时，可选择美人蕉、菖蒲、旱伞草、千屈菜等挺水植物。

（4）生态浮岛的水生植物选择应注重景观功能，可参考表7.2-10进行景观配置。

生态浮岛植物配置路线   表7.2-10

第1步确定单种植物			芦苇、菖蒲、美人蕉、香蒲、鸢尾
第2步组合搭配 以(A＋B/A＋B＋C为主)			根据水体富营养化程度选择
	TN浓度衡量 富营养化	重度富营养化	芦苇、鸢尾、水葱、千屈菜、菖蒲、芦竹、美人蕉、纸莎草、再力花、茭白、香蒲
		极度富营养化	美人蕉、旱伞草、菖蒲、香蒲、芦苇
	TP浓度衡量 富营养化	重度富营养化	水葱、纸莎草、美人蕉、灯心草、菖蒲、千屈菜、再力花、香蒲、芦苇、梭鱼草、鸢尾
		极度富营养化	菖蒲、美人蕉、旱伞草、香蒲、芦苇
第3步景观配置			不同花色、不同花期、不同高度、不同观赏特性
第4步空间配置	光照利用		按照植物高度布置，防止植物互相遮挡，光利用率下降
	景观观赏功能		不同花色成群点缀、对称景观，大片景观植物成特色、高低错落

在前述的植物配置基本原则中已归纳了现有规范对生态浮岛的植物配置的表述。生态浮岛主要应用挺水植物，这是因为相较于漂浮和浮叶植物与沉水植物，挺水植物生物量更大，根际更为发达，氮磷吸收能力更强。在《生态浮岛（浮床）植物种植技术规程》DB42/T 1417—2018中也只推荐了挺水植物。

因此，生态浮岛与人工湿地在植物配置中相似的地方在于，本规程中人工湿地植物配置的设计思路是以挺水植物及其组合来承担主要的净污功能，而生态浮岛只能用挺水植物来承担净污功能。因此，生态浮岛的植物配置可以参考本规程人工湿地植物配置的路线，在其基础上进行修改。即生态浮岛植物配置路线为：①第一步为确定单种植物；②第二步为组合搭配；③第三步为景观配置；④第四步为空间配置（图7.2-15）。

其中，第一步和第二步与本规程人工湿地植物配置路线相似，皆是确定承担去污功能的挺水植物及其组合；第三步则是照应现有规范中对生态浮岛栽种植物较高的观赏要求；第四步则是通过空间配置来充分实现该植物配置的净污、景观功能，以形成稳定的水生态系统。但与人工湿地水生植物配置相比也有所不同，一是生态浮岛由于布置于河道或湖库中，不像人工湿地一样，具有进水数据，二是，由现有规范与指南可知，生态浮岛常用于未污染水体或富营养化水体，尤其是用于湖库中。因此，第二步组合搭配步骤中，相比于人工湿地植物配置使用进水营养盐浓度为选择标准，生态浮岛的植物配置以水体富营养化程度来分类。

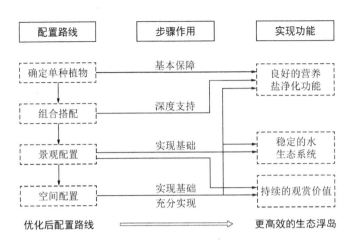

图 7.2-15　生态浮岛水生植物配置路线

编制方法：由于本规程中生态浮岛植物仅使用挺水植物，因此配置规程制定可参照人工湿地植物配置的前两步，通过文献数据和实地调研数据分析得出不同营养状况下水体的可选用植物组合清单，再整合资料，完成第三步景观配置和第四步空间配置的详细设计。详细编制过程如下：

确定单种植物和组合搭配步骤制定：根据本规程说明书在人工湿地植物配置路线中的文献数据分析，生态浮岛的挺水植物组合应为包含第一步已确定优势种的挺水植物搭配，且搭配种类数为 2 或 3（即 A＋B 或 A＋B＋C）。

将文献收集得到的植物组合和实地调研得到的植物组合总氮、总磷、氨氮的去除率数据分别进行比较（仅比较 A＋B 和 A＋B＋C），其中文献数据中的植物组合按照每日去除率进行比较（每日去除率＝（最高去除率/首次达到最高去除率的天数）×100%），实地调研数据按照去除率进行比较（去除率＝（指标进水浓度－指标出水浓度）/指标进水浓度×100%）。将进水营养盐指标按照重度富营养化（TP：0.11～0.25mg/L，TN：1.2～2.3mg/L）和极度富营养化（TP：0.25～1.25mg/L，TN：2.3～9.1mg/L）进行分组，通过分析植物组合的每日去除率（去除率）对营养盐去除效果的比较，筛选出在不同浓度梯度中优于平均去除效果的植物组合作为配置候选名单。文献数据每日去除率比较结果如图 7.2-16 所示。将各进水营养盐浓度梯度内对 TN、TP 的去除能力高于组内平均值的植物组合作为植物配置路线第二步组合搭配的选择清单。

景观配置步骤制定：在现有关于生态浮岛的规范中，《生态浮岛（浮床）植物种植技术规程》DB42/T 1417—2018 中强调了生态浮岛的景观功能，根据实地调研情况来看，城市湖泊、河道使用生态浮岛时，确实营造出了很好的观赏价值。因此，在前两步得出的植物组合基础上，结合参考各个植物的景观特征，补充不同的色彩、线条以及姿态来进行组景和造景。

空间配置步骤制定：生态浮岛由于布置在水体中，因此生态浮岛的植物空间布置没有人工湿地那样复杂，主要从以下方面进行空间配置：光照利用角度：现有生态浮岛的相关研究中已证实，浮岛面积不宜过大，因为在水培环境下面积过大会造成植物个体间的竞争加强。因此，在生态浮岛的植物位点布置时，需严格参照本页上述规程条文说明表13中不同植物的植株高度进行布置，防止植物间互相遮挡，光照利用率下降。观赏价值角度：生态浮岛具有较高的景观要求，因此在植物位置布置时，应通过位点设计形成多种花色点缀、不同形态组合的观赏组合，结合上一步配置中对不同花期植物的补充，共同实现植物组合可持续的景观功能。最后得到生态浮岛植物配置详细路线及方案。

为方便需要快速进行植物配置的情况，考虑到生态浮岛的水生植物生物量大、抗冲刷、观赏价值高的特点，通过实地调研与不同植物的特性，规程优先推荐美人蕉、菖蒲、旱伞草、千屈菜。为降低水生植物种类过多对管理维护造成的难度，水生植物种类不宜超过 3 种。

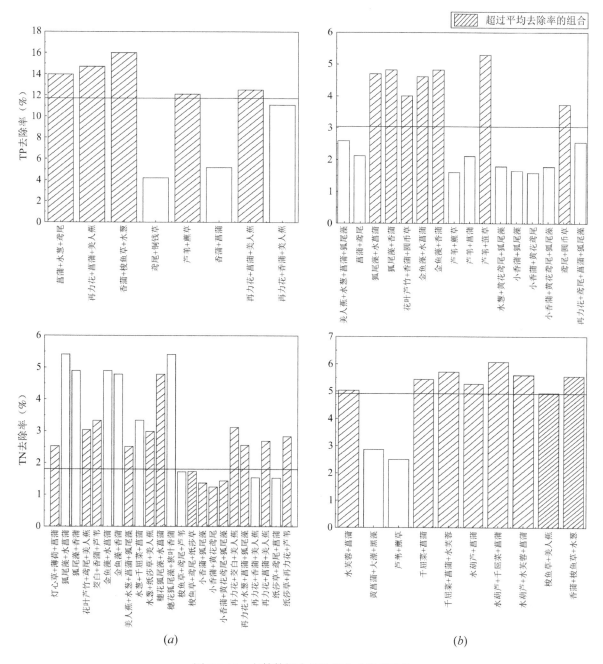

图 7.2-16　文献数据中植物组合去除率比较

(a)适于重度富营养化的植物配置；(b)适于极度富营养化的植物配置

3. 稳定塘植物配置方法

稳定塘的水生植物配置应符合以下要求：

（1）稳定塘可选择挺水植物、漂浮植物、浮叶植物、沉水植物，配置方法路线为确定单种植物→组合搭配→系统搭建→景观配置→空间配置。稳定塘植物可按表 7.2-11 中推荐的植物选用。

（2）单个稳定塘的植物配置中挺水植物物种数量不宜多于 5 种，漂浮与浮叶植物物种数量不宜多于 2 种，沉水植物不宜多于 2 种。

（3）以去除营养盐为主要目的时，可选择芦苇、香蒲、旱伞草、再力花等挺水植物，浮萍等漂浮植物，睡莲、萍蓬草等浮叶植物，苦草、伊乐藻等沉水植物。

　　根据植物配置基本原则分析，稳定塘中水生植物可选种漂浮和浮叶植物、挺水植物和沉水植物，与人工湿地可用水生植物类型一致，因此规程的稳定塘植物配置路线参考人工湿地的植物配置路线（图 7.2-17）：①第一步为确定单种植物；②第二步为组合搭配；③第三步为系统搭建；④第四步为景观配置；⑤第五步为空间配置。即稳定塘的植物配置与人工湿地类似，总体思路上选择挺水植物来承担主要的去污功能，通过补充漂浮和浮叶、沉水植物来搭建稳定的水生态系统，最后通过景观配置、空间配置，实现稳定塘中水生植物配置具有去污功能、稳定系统和持续观赏价值。

稳定塘植物配置路线　　　　　　　　　　　　　　　　　　表 7.2-11

第 1 步确定单种植物			芦苇、菖蒲、美人蕉、香蒲、鸢尾
第 2 步组合搭配 以(A + B/A + B + C 为主)	根据进水营养盐浓度选择		
	TN 浓度	0～10mg/L	芦苇、鸢尾、水葱、千屈菜、菖蒲、芦竹、美人蕉、纸莎草、再力花、茭白、香蒲、旱伞草、梭鱼草、香蒲
		10～30mg/L	美人蕉、旱伞草、菖蒲、香蒲、芦苇
		30～50mg/L	菖蒲、香蒲、花叶芦竹、鸢尾、美人蕉、水葱、纸莎草、再力花、芦苇、灯心草、千屈菜
	TP 浓度	0～1mg/L	水葱、纸莎草、美人蕉、灯心草、菖蒲、千屈菜、再力花、香蒲、芦苇、梭鱼草、鸢尾、旱伞草
		1～3mg/L	菖蒲、美人蕉、旱伞草、香蒲、芦苇
		3～5mg/L	梭鱼草、鸢尾、纸莎草、灯心草、菖蒲、再力花、茭白、美人蕉、香蒲、芦苇、千屈菜
	NH_4^+-N 浓度	0～5mg/L	美人蕉、再力花、菖蒲、梭鱼草、芦竹、香蒲、旱伞草、芦苇、鸢尾、藨草
		5～30mg/L	菖蒲、旱伞草、再力花、黄花鸢尾、芦苇、芦竹、香蒲、美人蕉
		30～50mg/L	芦苇、灯心草、千屈菜
第 3 步系统搭建	丰富水生植物类型		补充漂浮、浮叶、沉水植物
	丰富冬季植物		补充耐寒性强，夏季休眠、冬季生长的水生植物
第 4 步景观配置			不同花色、不同花期、不同高度、不同观赏特性
第 5 步空间配置	营养盐去除		挺水植物及其锄禾植物靠进水端；浮叶植物抑制藻类生长；沉水植物起强化稳定作用，靠出水端
	景观观赏功能		不同花色成群点缀、对称景观，大片景观植物成特色、高低错落
	系统搭建		挺水—浮水—沉水植物复合搭配时，避免彼此影响自身对光照的利用；至少留出 20%～30% 的水面；根据本规程 4.5 不同水深水生植物种类选择中不同植物的适宜水深，针对稳定塘的水深变化进行植物位点布置

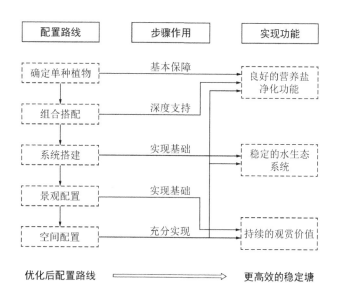

图 7.2-17　稳定塘植物配置路线

编制方法：由于稳定塘植物配置路线与人工湿地较为一致，因此该配置路线制定借助人工湿地配置路线制定的工作成果进行。

采用：①文献收集分析——筛选主要承担去污功能的优势种；②文献中植物组合去污数据分析与粤港澳、川渝地区实地调研植物组合去污数据分析——相互对照验证，筛选出与优势种组成具有较高净化能力的优势植物组合；③在得到优势组合后，进行系统搭建、景观配置和位点布置三步，得到试验植物组合方案，在四川内江包谷湾表流人工湿地前端稳定塘示范性工程进行验证——以实际工程验证配置路线是否可行；④选择代表性植物组合进行室内模拟试验，揭示不同水生植物在人工湿地中净污过程的协同机理。

详细编制过程说明：

（1）文献收集分析、实地调研分析阶段成果详见规程条文说明 5.2.1 中的人工湿地植物配置路线，稳定塘实地调研数据去除率比较结果如图 7.2-18 所示。

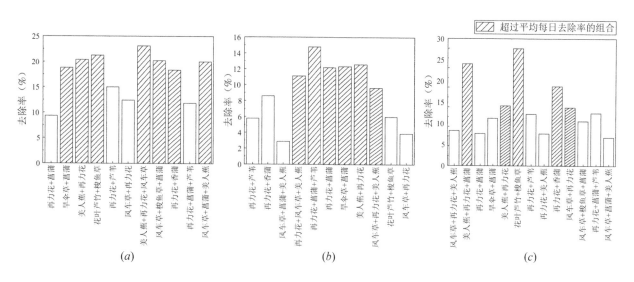

图 7.2-18　实地调研数据中植物组合去除率比较

(a)进水 TN 为 0～10mg/L；(b)进水 TP 为 0～1mg/L；(c)进水氨氮为 0～5mg/L

结合主要挺水植物组合的文献数据与实地调研数据分析，得到前三步配置步骤植物清单(表 7.2-12)。

文献数据与调研数据第二步组合搭配配置对比　　　　　　　　　　表 7.2-12

配置步骤			文献数据分析	湿地调研数据分析
第 1 步确定单种植物			芦苇、菖蒲、美人蕉、香蒲、鸢尾	
第 2 步组合搭配（以 A＋B/A＋B＋C 为主）	根据进水营养盐浓度选择			
	TN 浓度	0～10mg/L	芦苇、鸢尾、水葱、千屈菜、菖蒲、芦竹、美人蕉、纸莎草、再力花、茭白、香蒲	旱伞草、菖蒲、美人蕉、再力花、芦竹、梭鱼草、香蒲
		10～30mg/L	美人蕉、旱伞草、菖蒲、香蒲、芦苇	—
		30～50mg/L	菖蒲、香蒲、花叶芦竹、鸢尾、美人蕉、水葱、纸莎草、再力花、芦苇、灯心草、千屈菜	—
	TP 浓度	0～1mg/L	水葱、纸莎草、美人蕉、灯心草、菖蒲、千屈菜、再力花、香蒲、芦苇、梭鱼草、鸢尾	再力花、旱伞草、美人蕉、芦苇、菖蒲
		1～3mg/L	菖蒲、美人蕉、旱伞草、香蒲、芦苇	
		3～5mg/L	梭鱼草、鸢尾、纸莎草、灯心草、菖蒲、再力花、茭白、美人蕉、香蒲、芦苇、千屈菜	
	NH₄⁺-N 浓度	0～5mg/L	芦苇、鸢尾、芦竹、蘑草	美人蕉、再力花、菖蒲、梭鱼草、芦竹、香蒲、旱伞草
		5～30mg/L	菖蒲、旱伞草、再力花、黄花鸢尾、芦苇、芦竹、香蒲、美人蕉	
		30～50mg/L	芦苇、灯心草、千屈菜	
第 3 步系统搭建	丰富水生植物类型		补充漂浮、浮叶、沉水植物	
	丰富冬季植物		补充耐寒性强，夏季休眠、冬季生长的水生植物	

（2）稳定塘植物配置中的景观配置与人工湿地植物配置中的步骤一致，主要考虑从花色、花期、高低以及观赏特性方面进行植物清单补充。而空间布置时，由于稳定塘并不像人工湿地一样，需要植物与填料的共同作用，因此在空间上并不需要全面覆盖地布置植物，且稳定塘往往并不像人工湿地这种人造构筑物一样，具有一样的水深。综上，稳定塘中植物的空间配置与人工湿地植物配置有所不同。

（3）稳定塘中植物位点布置主要考虑营养盐去除、景观观赏、系统搭建。其中，系统搭建步骤中，一是要符合《污水自然处理工程技术规程》CJJ/T 54—2017 中的要求：漂浮和浮叶植物塘应分散地留出 20%～30% 的水面，也要考虑不同类型植物之间对光照的合理应用以及针对不同水深的合理布置（表 7.2-13）。

文献数据与调研数据第二步组合搭配配置对比　　　　　　　　　　表 7.2-13

第 4 步景观配置		不同花色、不同花期、不同高度、不同观赏特性
第 5 步空间配置	营养盐去除角度	挺水植物及其锄禾植物靠进水端；浮叶植物抑制藻类生长；沉水植物起强化稳定作用，靠出水端
	景观观赏功能角度	不同花色成群点缀、对称景观，大片景观植物成特色、高低错落
	系统搭建角度	挺水—漂浮/浮叶—沉水植物复合搭配时，避免彼此影响自身对光照的利用；至少留出 20%～30% 的水面；根据本规程 4.5 不同水深水生植物种类选择中不同植物的适宜水深，针对稳定塘的水深变化进行植物位点布置

最后得到稳定塘植物配置详细路线及方案。同时，在稳定塘的植物配置过程中，要注意其与其他水生态修复工艺类型相比，一般具有较深的水深。因此，在配置过程中需根据稳定塘实际水深，选择适宜水深较深的水生植物。为方便需要快速进行植物配置的情况，本规程优先推荐芦苇、香蒲、旱伞草、再力花等挺水植物，浮萍等漂浮植物，睡莲、萍蓬草等浮叶植物，苦草、伊乐藻等沉水植物。为避免植物种类过多导致后续管理运营较难，单个稳定塘的植物配置中挺水植物物种数量不宜多于 5 种，漂浮与浮叶植物物种数量不宜多于两种，沉水植物不宜多于两种。

4. 水下森林植物配置方法

水下森林的水生植物配置应符合以下要求：

（1）水下森林选择沉水植物，配置方法路线为组合配置→种类丰富→空间配置。水下森林植物可按表 7.2-14 中推荐的植物选用。

（2）单次水生植物配置的沉水植物物种数量不宜多于 3 种。

（3）以去除营养盐为主要目的时，可直接选择苦草、伊乐藻、金鱼藻、黑藻。

水下森林植物配置路线 表 7.2-14

			根据进水营养盐浓度选择
第 1 步组合配置（以A＋B为主）	TN 浓度	0～10mg/L	苦草、伊乐藻、金鱼藻、黑藻
		10～20mg/L	伊乐藻、狐尾藻、苦草
		20～40mg/L	狐尾藻、黑藻、金鱼藻、苦草
	TP 浓度	0～0.6mg/L	微齿眼子菜、伊乐藻、竹叶眼子菜
		0.6～1.5mg/L	黑藻、伊乐藻、苦草、狐尾藻
		1.5～4mg/L	金鱼藻、黑藻、苦草
第 2 步种类丰富	冬季休眠腐烂		苦草、眼子菜、黑藻
	冬季生长，夏季休眠		伊乐藻、狐尾藻
	耐寒		金鱼藻
第 3 步空间配置	营养盐去除角度		与其他水生态修复工程联用时，所有沉水植物宜处于末端（出水端）
	光照利用角度		沉水植物的生长水深与水体透明度宜控制在 2∶1 以下
	水流速度影响角度		沉水植物宜布置于水流流速小于 0.1m/s 处
	景观观赏价值角度		宜成片布置单种沉水植物以形成成片的特色"随水飘动"景观

水下森林只涉及沉水植物，因此只需对沉水植物进行筛选。在此基础上，设计水下植物配置路线：第一步为组合搭配；第二步为种类丰富；第三步为空间配置。

该配置路线的整体思路是对指南中植物配置的表述进行详细的拆分和补充，第一步保证最终植物配置具有高效的营养盐去除功能。第二步和第三步对应"再增加植物多样性和保证沉水植物的正常生长"，种类丰富是进一步构建多季节生长的植物组合，保证水下森林中植物组合在全生长期期间的功能稳定性。第三步进行空间配置，因为相比于其他水生植物，沉水植物因其整个植株淹没于水下，对环境胁迫的反应更为敏感，在水生态设计时，需格外注意其生长边界条件（图7.2-19）。

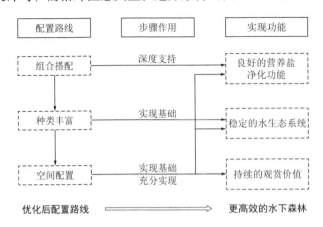

图7.2-19　水下森林植物配置路线

编制方法：首先确定水下森林水生植物配置路线按照：①组合搭配；②种类丰富；③空间配置进行设计。

采用文献中植物组合去污数据分析，筛选出具有较高净化能力的优势植物组合；得到优势组合后，需要根据实际情况确定是否需要增加植物种类以维持系统稳定。若已确定植物组合均无法全年生长，则需要增加另一类沉水植物以达到全年有植物生长的系统。最后，影响沉水植物生存的边界条件很多，例如透明度、流速等。因此，在植物位点布置时，需考虑到这些边界条件，充分实现水下森林的功能。

详细编制过程说明：分析45篇相关论文，得到127种植物组合及其总氮、总磷去除率数据。阶段分析成果：植物配置路线第一步组合搭配且搭配种类数为2（即A＋B）。理由如下：

从文献收集的植物组合污染物去除率数据综合分析，植物种类与污染物去除率关系来看（图7.2-20），植物组合种类数为1和2的时候，保持着较高的污染物去除率，随着种类数逐渐增加，去除率反而降低。但在实际应用中，沉水植物物种的选择应以当地土著物种为主，限制外来物种，否则可能造成难以估测的生态失衡问题和培养难度。物种的选择应保证多样性，单一的物种的沉水植物群落难以维持稳定的生态系统。因此，选择种类数为2（A＋B）的沉水植物组合作为植物配置的组合确定的清单。

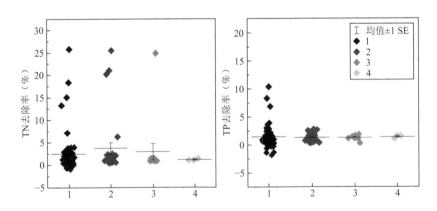

图7.2-20　文献中不同植物种类数下总氮、总磷每日去除率比较

过程如下：

将文献收集得到的植物组合总氮、总磷的去除率数据进行比较（根据阶段分析成果，仅比较2种植物的组合，即A＋B），其中文献数据中的植物组合按照每日去除率进行比较（每日去除率＝（最高去除率/首次达到最高去除率的天数）×100%）。将进水营养盐指标按照TN（0～10mg/L、10～20mg/L和20～40mg/L）、TP（0～0.6mg/L、0.6～1.5mg/L和1.5～4mg/L）进行分组，通过分析植物组合的每日去除率

（去除率）比较，文献数据每日去除率比较结果见图 7.2-21。筛选出在不同浓度梯度中优于平均去除效果的植物组合作为配置候选名单。

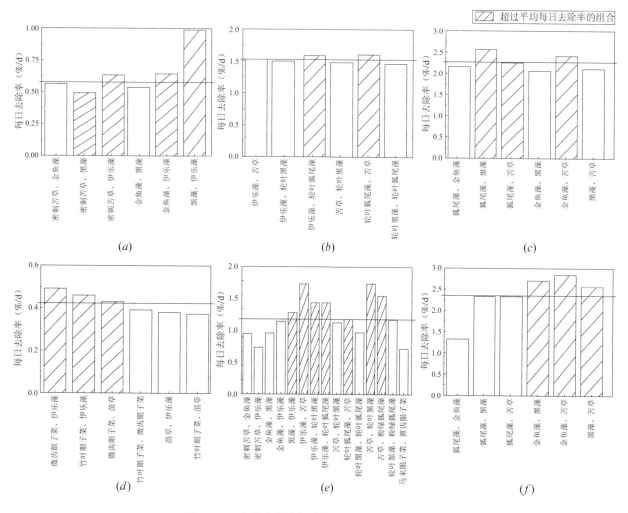

图 7.2-21 文献数据中沉水植物组合每日去除率比较

(*a*)进水 TN 浓度为 0～10mg/L；(*b*)进水 TN 浓度为 10～20mg/L；(*c*)进水 TN 浓度为 20～40mg/L；
(*d*)进水 TP 浓度为 0～0.6mg/L；(*e*)进水 TP 浓度为 0.6～1.5mg/L；(*f*)进水 TP 浓度为 1.5～4mg/L

将各进水营养盐浓度梯度内对 TN、TP 的去除能力高于组内平均值的植物组合作为植物配置路线组合搭配的选择清单，见表 7.2-15。

植物配置选择清单　　　　　　　　　　　　　　表 7.2-15

基于文献分析的植物配置路线		
组合配置 （以 A + B 为主）	进水 TN 浓度	
	0～10mg/L	苦草、伊乐藻、金鱼藻、黑藻
	10～20mg/L	伊乐藻、苦草
	20～40mg/L	狐尾藻、黑藻、金鱼藻、苦草
	进水 TP 浓度	
	0～0.6mg/L	微齿眼子菜、伊乐藻、竹叶眼子菜
	0.6～1.5mg/L	黑藻、伊乐藻、苦草、轮叶黑藻、狐尾藻
	1.5～4mg/L	金鱼藻、黑藻、苦草

第二步种类丰富：实际工程中要避免水下森林植物配置出现全部在单个季节休眠甚至腐烂的情况，因此需要在前两步得出的植物配置基础上，补充适宜不同季节的沉水植物，例如夏季生长、冬季休眠腐烂，冬季生长、夏季休眠，耐寒等沉水植物，以保证水下森林植物配置可在全年内起到效果，具体清单见表7.2-16。

沉水植物种类丰富清单 　　　　　　　　　　　　　　　　表7.2-16

丰富类型	植物种类
冬季休眠腐烂	苦草、眼子菜、黑藻
冬季生长、夏季休眠	伊乐藻、狐尾藻
耐寒	金鱼藻

第三步空间配置：根据相关规范、技术指南与已有文献，沉水植物与其他类型水生植物相比，对水质、透明度和流速都有一定要求，因此沉水植物的位点从以下方面布置：

营养盐去除角度：与其他水生态修复工程联用时，所有沉水植物与防治在末端（出水端），其具有稳定水质的作用。

光照利用角度：沉水植物的生长水深与水体透明度宜控制在2：1以下。

水流速度影响角度：由于沉水植物生长于水面下，因此水流过快产生的拉伸、搅动、拖拽，会影响根、茎、叶的生长。因此，水下森林应布置于水流流速小于0.1m/s处。

景观角度：成片布置单种沉水植物，以形成成片的特色"随水飘动"景观。

最后得到水下森林植物配置详细路线及方案。同时，为避免沉水植物种类过多导致后期管理维护难，本规程水下森林种类不宜超过3种，优先推荐苦草、伊乐藻、金鱼藻、黑藻进行快速配置。

7.2.4.2 种植技术

1. 种植时间

不同水生植物具有不同的栽种季节和生长习性，种植时间应根据植物生长特性确定，一般在春季或初夏栽种，必要时也可在夏季、秋季种植，耐寒性较强的水生植物可在休眠期种植。

2. 种植方法

1）人工湿地与稳定塘中植物种植方法

（1）挺水植物、漂浮植物、浮叶植物可采用容器种植、直接种植等方式。

（2）沉水植物可采用扦插法、抛掷法等方式种植。

（3）同一批种植的植物植株应大小均匀。

（4）种苗随到随种，若不能及时种植，应先覆盖、假植或浸泡在水中储存。

（5）漂浮植物种植时应将种苗均匀放至于水体表面，轻拿轻放，确保根系完整，叶面完好，切忌将植物体重叠、倒置。

2）生态浮岛植物种植方法

（1）挺水植物可采用容器种植、直接种植等方式。

（2）同一批种植的植物植株应大小均匀。

（3）植物种植应在岸上完成，用长度70～80cm的环保海绵条薄薄包裹根颈部，根部必须穿过种植介质，保证放入水体后植物根系可以与水面接触。

（4）种植前期应在根部周围放些石头或砖头，增加稳定性，防止大风大浪吹倒植物，待植物根部伸出许多须根，透过海绵条缠绕在种植穴里时，可去掉石头和砖头。

3）水下森林植物种植方法

（1）水深较浅时，可采用人工直接插秧式种植；水深较深时，可采用船上扦插方法种植；水深较深且底泥较硬时，可采用抛掷法种植。

（2）同一批种植的植物植株应大小均匀。

（3）沉水植物的种植宜在所有工程实施后进行。

（4）待水体透明度有所提高后，应及时对前期由于水体浑浊造成的漏种部分进行补植。

7.2.4.3 种植密度

宜按照表 7.2-17 中推荐的种植密度进行植物种植，当用地受限或进水悬浮物浓度较高时，可适当调高种植密度。

不同水生植物种植推荐密度

表 7.2-17

生活型	植物种类	栽种密度〔株（头/芽）/m²〕	生活型	植物种类	栽种密度〔株（头/芽）/m²〕
挺水	莕荠	20～30	挺水	水莎草	10～25
	海芋	2～3		荷花	1～2
	水蓼	10～25		再力花	25～35
	豆瓣菜	10～25		香蒲	15～20
	香菇草	10～25	浮叶	睡莲	1～2
	水芋	10～15		萍蓬草	2～3
	水鬼蕉	10～25		水金英	10～20
	黄花鸢尾	20～25		荇菜	15～20
	灯心草	15～25		水鳖	20～30
	水芹	15～20		菱	8～10
	荆三棱	20～25		芡实	<1
	茳芏	10～25		王莲	<1
	美人蕉	10～15		浮萍	1～2
	泽泻	16～25	漂浮	蕹菜	8～10
	菖蒲	25～35		槐叶萍	60～70
	梭鱼草	15～20		大薸	25～35
	纸莎草	40～50		李氏禾	30～40
	马蹄莲	10～15		紫萍	30～40
	慈姑	20～30		狸藻	30～40
	芦竹	20～30	沉水	水车前	30～40
	薏苡	10～25		金鱼藻	30～35
	华凤仙	10～25		苦草	20～25
	木贼	10～25		黑藻	30～40
	野山姜	10～25		狐尾藻	20～30
	黑三棱	20～25		眼子菜	30～40

续表

生活型	植物种类	栽种密度［株（头/芽）/m²］	生活型	植物种类	栽种密度［株（头/芽）/m²］
挺水	鸢尾	20～25	沉水	大茨藻	30～35
	千屈菜	15～25		水毛茛	15～35
	茭白	10～15		水藓	15～35
	芦苇	20～36		伊乐藻	30～40
	水葱	20～25		—	—

7.2.4.4 种植面积

稳定塘中水生植物种植应分散留出 20%～30% 的水面。

水下森林用于疏浚后的河流生态系统时，沉水植物种植面积应占河段水面的 10% 左右。水生植物案例库的推荐物种详见表 7.2-18。

水生植物案例库　　　　　　　　　　　　　　　表 7.2-18

植物种类	主要植物名称	使用情况	备注
挺水植物	千屈菜	—	
	再力花	选择性使用	
	旱伞草（风车草）	—	
	水葱	—	
	西伯利亚鸢尾	—	
	美人蕉	—	
	菖蒲	—	
	石菖蒲	—	
	荷花	—	
	芦苇	—	
	香蒲	慎用	繁殖力过强
	茭白	—	
浮叶植物	睡莲	—	
	狐尾藻	—	
	铜钱草	—	
	黄花水龙	—	
	水白菜	慎用	
	菱角	慎用	
	水花生（空心莲子草）	禁用	繁殖力过强
	水葫芦	禁用	繁殖力过强
	满江红	慎用	
	浮萍	慎用	

植物种类	主要植物名称	使用情况	备注
沉水植物	伊乐藻	选择性使用	高温季节大量死亡
	金鱼藻	—	
	亚洲苦草/矮叶苦草	—	
	轮叶黑藻	—	
	菹草	—	
	马来眼子菜	—	
	大茨藻	—	
	小茨藻	—	

7.2.4.5 功能性填料

1. 铁锰复合氧化物功能填料

铁锰复合氧化物功能填料是多种高效吸附氧化负载材料的混合填料，针对经生化系统处理后污水处理厂尾水的处理，可以将大部分难降解有机物转化成易降解有机物，同时辅助吸附尾水中部分磷酸盐。产品的特征参数如表 7.2-19 所示。

铁锰复合氧化物功能填料产品特征参数表　　　　　　　　　表 7.2-19

编号	项目名称	性能参数
1	COD 转化率	20%～40%
2	外形	球形或不规则椭球形
3	粒径	0.6～2.5cm
4	堆密度	1.1～1.5g/cm³
5	堆孔隙率	40%～55%
6	物理强度	高

铁锰复合氧化功能填料（图 7.2-22）的活性组分包括：负载多种过渡元素金属氧化物，活性组分可以形成微表面多电位原电池效应，完成对水体难降解有机物的吸附、催化转化反应，有效转化降解水中部分难降解有机物；同时，高正电性金属原子和高负电性氧原子材料表面可产生多级电子层，电子层对高价态营养盐阴离子具有较好的吸附去除效果。其中，含有的各高效金属元素在运行过程中形成多价态微表面，其不同价态元素之间电子转移过程中会产生氧化还原、催化吸附的作用，可以达到的效果有：氧化转化部分难降解有机污染物、COD；催化氧化氨氮；辅助吸附部分磷酸盐。

2. 硫化型零价铁多孔活性填料

硫化型零价铁多孔活性填料是一种复合的深度脱硝清洁电子供体材料，用于解决污水处理厂尾水中因碳源过低导致的无法通过反硝化反应去除硝酸盐的问题。产品技术参数如表 7.2-20 所示。

硫化型零价铁多孔活性填料（图 7.2-23）是结合多种改性自然材料与人工合成材料的复合填料。该填料通过活性催化作用及提供高效电子供体，改进原水系统微电子平衡状态，提高原水电子浓度，激活各类营养型反硝化微生物。其高孔隙率可提供更多的附着表面，提升微生物总量，提高总氮的去除效率，将水体硝酸盐氮还原转化成为无污染氮气，从水中释放到大气中。填料在水体中形成微生物生境系统，可以提高反硝化微生物生物活性、种群密度，专性培养控制系统内电子转移方向，达到充分、高效反硝化去除水体总氮的目的。系统通过自养、异养反硝化电子供体优化改性，可比传统单一异养反硝化速率高出 30%～

40%。本系统摆脱了一般反硝化系统对碳源的需求，保障反硝化作用在水体中COD较低水平的条件下正常进行。

硫化型零价铁多孔活性填料产品特征参数表　　　表 7.2-20

编号	项目名称	性能参数
1	总氮（硝酸根）脱除速率	$4\sim12g/(m^3 \cdot d)$
2	反硝化形式	自养＋异养耦合型，零碳源投加
3	磷酸盐的去除	20%～30%
4	外形	球形或不规则椭球形
5	粒径	0.5～2.8cm
6	堆密度	$1.0\sim1.5g/cm^3$
7	堆孔隙率	45%～55%
8	物理强度	较高

图 7.2-22　铁锰复合氧化物功能填料产品　　图 7.2-23　硫化型零价铁多孔活性填料产品

3. 根区激活提清复合功能填料

根区激活提清复合功能填料是一种微生物生长促进剂和改性材料的综合复合体，本填料通过促进功能微生物和水生植物侧根的生长，在植物根系形成"植物根系—复合微生物—功能填料"的协同作用，固定水中的低浓度氮磷污染物，为水生植物提供营养物质，维持水体水质的长效稳定。产品技术参数如表 7.2-21 所示。

根区激活提清复合功能填料（图 7.2-24）在水生植物根系处能够形成生物作用高活性区（关键活性热区），根际微生物与植物的协同作用可进一步去除低浓度氮、磷，植物根际环境可提供亚表层优先流通道，生成有效的微生物膜，然后形成根系吸收分泌—微生物代谢—空气传输—溶质流动的持续界面，快速恢复水体活性，最终提升水生态系统的稳定性，改善水环境。可以实现进一步降低氮磷等营养物质浓度，构建稳定的水生态系统，达到水体水质稳定的目标。

根区激活提清复合功能填料产品特征参数表   表 7.2-21

编号	项目名称	性能参数
1	透明度	120cm
2	固氮磷	3～5mg/100g
3	外形	球形或不规则椭球形
4	粒径	0.4～2.8cm
5	堆密度	1.2～1.8g/cm³
6	堆孔隙率	40%～50%
7	物理强度	较高

4. FeC 改性生物功能填料

FeC 改性生物功能填料孔隙率大，抗堵塞性能强，具备快速吸附能力和缓慢解吸性能，可在雨水汇集区湿地内快速削减 COD、NH_3-N 和 TP 等污染物，稳定微生物生长生境，降低外界突发污染冲击影响。具体指标参数如表 7.2-22 所示。

FeC 改性生物功能填料产品特征参数表   表 7.2-22

编号	项目名称	性能参数
1	水力负荷	0.3m³/(m²·d)
2	COD 削减率	25%～52%
3	氨氮削减率	15%～43%
4	TP 削减率	20%～46%
5	TN 削减率	10%～38%
6	外形	球形或不规则椭球形
7	粒径	0.4～2.8cm
8	堆密度	1.2～1.6g/cm³
9	堆孔隙率	45%～55%
10	物理强度	较高

FeC 改性生物功能填料（图 7.2-25）具备多孔性能，快速吸附和缓慢解吸性能。放置于湿地中的填料在受到较大的地表径流冲击时，通过多孔性能迅速吸附污染物，短时间内降低水体污染物浓度，在超量吸附污染物后，通过缓慢解吸作用和内部微生物分解作用，污染物被降解为无毒无害 CO_2、H_2O 等物质。可以实现以下目标：①抗冲击负荷能力强，水力负荷常规表流湿地的 3 倍以上；②快速吸附氮磷污染物，缓慢释放后可作为营养物质供微生物和水生植物协同生长利用。

图 7.2-24　根区激活提清复合功能填料产品　图 7.2-25　FeC 改性生物功能填料产品

7.2.4.6　常见人工湿地工艺形式

人工湿地按照系统布水方式的不同，可划分为两种类型：表流人工湿地、潜流人工湿地。不同类型人工湿地对特征污染物的去除效果不同，并具有各自的优缺点。

1. 表流人工湿地

表流人工湿地（图 7.2-26）的水面位于湿地基质以上，污水从进口以一定深度缓慢流过湿地表面，部分污水蒸发或渗入湿地，出水经溢流堰流出，水深一般多为 0.3～0.6m。表流人工湿地接近水面的部分为好氧层，较深部分及底部通常为厌氧层，因此具有与好氧曝气塘相似的性质。湿地内可以种植芦苇、水葱、香蒲、灯心草等挺水植物，浮萍、睡莲等浮水植物，以及伊乐藻、茨藻、金鱼藻、黑藻等沉水植物。还可以种植慈姑、雨久花、玉蝉花、千屈菜、黄菖蒲、泽泻等水生花卉类的观赏植物，既可以处理污水，也可以美化环境。

图 7.2-26　表流湿地实景图

表流人工湿地作用机理表现在：植物与基质层对悬浮物的截流作用，在缓流状态下悬浮物的沉降作用，表面水层中有机物的好氧分解，底层有机物的厌氧分解和基质层对污染物的吸附、吸收及化学反应等；淹没于水中的植物茎、叶，其表面上形成的生物膜，对污水的净化，尤其是有机污染物和营养物的净化起着主要作用。

表流人工湿地的主要优点有：

（1）投资及运行费用低。

（2）建造、运行、维护与管理相对简单。

（3）对土地状况与质量要求不高。

（4）适合污染物含量不高、有较大可利用面积的污水处理。

（5）生物多样性高，与自然环境融合性好，生态效益高。

目前，表流人工湿地在微污染河水、富营养化湖泊水体净化工程中得到较广泛的应用，济宁市南四湖薛新河湿地、嘉兴石臼漾湿地、海宁长塘湿地、盐城盐龙湖湿地、长沙洋湖湿地等大型表流湿地建设不仅实现了较好的水质净化功能，还对区域生态环境功能改善起到重要作用。

2. 潜流人工湿地

潜流型湿地（图 7.2-27）的水面位于基质层，是目前世界上最广泛研究及应用的湿地污水处理系统，主要形式为采用各种填料的芦苇床等植物系统。潜流型湿地由上、下两层组成，上层为土壤，下层为由易于使水流通的介质组成的根系层，如粒径较大的砾石、炉渣或砂层等，在上层土壤中种植芦苇、菖蒲、香蒲、水葱等水生湿生植物。湿地下面铺设防渗层或防渗膜，以防止污水在处理过程中渗漏，污染区域地表水或地下水的水环境。水流从进口起在根系层、基质层沿水平方向出水一侧缓慢流动，出口处设水位调节装置和集水装置，以保持污水尽量与湿地植物根系层接触，由于植物根系对氧的传递释放，使其周围环境呈现出好氧、缺氧及厌氧三种状态，这是它去除污染物尤其是除氮的重要机理之一。根据布水方式不同，潜流湿地分为水平潜流湿地和垂直潜流湿地。

水平潜流人工湿地：污水在湿地床的内部流动，一方面可以充分利用填料表面生长的生物膜，分布的植物根系及表层填料等的截留作用净化污染物，对 BOD_5、COD_{cr}、SS 及重金属处理效果好；但由于地下区域常处于水饱和状态，造成厌氧，不利于湿地好氧反应的进行。长时间运行，一些代谢物、腐烂的植物根系、污水中的 SS 堵塞填料孔隙，使用寿命较垂直潜流湿地短。

垂直潜流人工湿地：该类型湿地水流状况综合了表流湿地和水平潜流湿地的特点，污水由表面纵向流至床底（或从床底纵向流向表层），充分利用了湿地的空间，发挥了系统（植物、微生物和基质）间的协同作用，因此，在相同面积的情况下，其处理能力比自然型湿地系统大幅度提高，占地面积小，氧气供应能力强，硝化作用充分，对 N 的去除率高，受气候影响小。污水基本上在地面以下流动，保温效果好。此外，垂直流系统常常采用间歇进水，湿地床体处于不饱和状态，氧气通过大气扩散和植物根的输氧进入湿地，硝化能力强，且有利于减缓基质堵塞，延长湿地使用寿命。

潜流型湿地的主要缺点在于：

（1）建造费用比自然型湿地高。

（2）管理方面也比自然型湿地要复杂一些。

图 7.2-27　潜流湿地效果图

三种人工湿地工艺比较如表 7.2-23 所示。

三种人工湿地工艺比选 表 7.2-23

项目	表流人工湿地	水平潜流人工湿地	垂直潜流人工湿地
水流方式	表面漫流	填料层内水平流动	填料层内垂直流动
水力负荷	较低	较高	较高
构造	简单	较复杂	较复杂
去除效果	一般	较好	好（除 N、P 效果好）
占地面积	很大	较大	较大
构建费用	低	较高	较高
受季节影响	很大	较大	较小
环境卫生条件	较差	好	好

根据不同的具体项目，为满足出水标准，可采用多种工艺的不同组合。

3. 湿地设计参数及去除率对比

根据《人工湿地污水处理工程技术规范》HJ 2005，人工湿地面积应按照 BOD_5 负荷确定，同时应满足水力负荷要求。参数应满足表 7.2-24 所示要求。

人工湿地的主要设计参数对比 表 7.2-24

人工湿地类型	BOD_5 负荷〔kg/(hm²·d)〕	水力负荷〔m³/(m²·d)〕	水力停留时间（d）
表流人工湿地	15～50	<0.1	4～8
水平潜流人工湿地	80～120	<0.5	1～3
垂直潜流人工湿地	80～120	<1.0（南方：0.4～0.8）	1～3

在设计水力负荷下，几种人工湿地的污染物去除率对比见表 7.2-25。

几种人工湿地的污染物去除率对比表 表 7.2-25

工艺类型	BOD_5	氨氮	TP	TN
表流人工湿地	30%～50%	15%～40%	20%～50%	15%～35%
水平潜流人工湿地	35%～65%	25%～50%	30%～60%	25%～50%
垂直潜流人工湿地	40%～70%	25%～50%	30%～60%	25%～50%

7.3 工程案例说明 7——以邓家坝滨江水环境综合治理为例

内江市邓家坝片区位于内江市经开区，是市委、市政府推进两化互动的重大战略部署，是实施内江"跨江东进、拥江发展"的重要标志。邓家坝片区规划控制面积 15km²，承载人口 12 万人，以现代服务业、现代生活、现代商务都市为发展目标，以文化旅游、度假休闲为主，教育科研、金融信息、商贸居住、中央商务等协调发展。邓家坝片区西侧、北侧和东侧以沱江为界，南侧以汉安大道为界。邓家坝片区总体规划目标是将邓家坝片区建设成为"宜居之城、生态之城、休闲之城"。

7.3.1 项目背景

根据住建部等四部委印发的《城市水环境治理工作指南》以及省、市水污染防治工作方案的相关要求，内江市委、市政府提出了对邓家坝流域进行综合整治的构想，一方面通过综合整治建设缓解经开区邓家坝河沿线乡镇水资源的供需矛盾，推动邓家坝的生态环境建设，确保辖区内的农村和农田灌溉用水的需要；另一方面通过项目建设形成倒逼机制，大力推动城镇化建设的同时，注重环境保护，严防水土流失，共创环境友好型社会，实现"生态内江、美丽内江"建设目标。

在加大黑臭水体治理力度方面，市住房和城乡建设局会同市水务局、市环保局联合组织开展城市建成区的水体排查，2016 年 3 月 30 日前，向社会公布排查出的黑臭水体名称、治理责任人及达标期限。督促各县（区）采取控源截污、垃圾清理、清淤疏浚、生态修复、湿地净化、滨江景观打造等措施加强整治。2017 年年底前，实现河面无大面积漂浮物，河岸无垃圾，无违法排污口。到 2020 年年底前，完成省上下达的黑臭水体治理目标。按照省上的统一部署，科学划定水生态保护红线。开展重点小流域生态环境调查与评估。

目前，邓家坝片区尚未形成正规的排水体系，多数仅靠临时边沟排水和路面散排，排水方式为雨污合流，给居民生活带来不便。

7.3.2　建设内容

邓家坝滨江水环境综合整治工程位于内江市邓家坝片区，项目包含六大工程：滨江路工程（全长约 5164.29m）、截污干管工程（全长约 5.49km）、防洪堤工程（全长约 3.64km）、景观工程（用地面积 486245.56m²）、邓家坝再生水厂（近期规模 1 万 m³/d，远期规模 3 万 m³/d）、花园滩路再生水管线（约 3874m）。

7.3.3　工程措施

7.3.3.1　道路工程

本次设计道路为滨江路，道路全长 5164.29m；道路设计依据总规、控规、可研，划分为 A 段（城市次干路，设计时速 40km/h）和 B 段（城市支路，设计时速 30km/h），双向 4 车道城市支路。道路工程包括路面路基、交通安全、涵洞设计、道路排水、道路照明及道路附属设施工程。

7.3.3.2　堤岸工程

根据《防洪标准》GB 50201、《水利水电工程等级划分及洪水标准》SL 252 和《堤防工程设计规范》GB 50286 的相关规定及要求，同时参照《四川省沱江干流内江段防洪规划修编报告》《内江邓家坝滨江水环境综合整治工程可行性研究报告》《内江市甜城湖保护利用规划》要求，确定内江邓家坝滨江水环境综合治理工程防洪标准采用 50 年一遇（$P = 2\%$），堤防级别为 2 级，主要建筑物按 2 级设计，次要和临时建筑物按 4 级设计，排涝标准采用 10 年一遇。内江邓家坝滨江水环境综合治理工程新建护岸长 3.64km，其中坡面加固段总长 1.36km，新建雨水下河涵管 7 处，新建临时雨水下河涵管 12 处。

堤线布置应遵循以下原则：

（1）依据《堤防工程设计规范》GB 50286，堤线应与河势流向相适应，与洪水主流线平行，且与对岸间距不宜放大或缩小，有利于行洪。

（2）堤线力求平稳，各堤段平缓连接，不采用折线急弯。

（3）堤线原则上靠岸修建，以减少工程量和不侵占河道断面。

（4）堤线尽可能避开软弱地基、强透水地基、深水地带和古河道。

（5）工程建设尽量少占生态带，在留足行洪断面，确保行洪安全的原则下，可以利用部分内陆滩涂，为生产和乡镇建设提供可利用的土地，达到治理促开发。

（6）工程布置与乡镇建设相协调，正确处理好防洪工程与交通、乡镇景观、乡镇排水的关系。

根据数学模型计算成果和稳定河槽要求，按上、下游，左、右岸统筹兼顾，保证行洪断面，使建堤前后水位基本一致的原则分河段确定，沱江干流邓家坝段稳定河宽采用堤距 240～400m。

上游区域地面高程高于护岸顶高程，雨水可直接排入河道，不存在内涝问题，为便于雨水排放，结合规划设置雨水管入河口，经核算雨水排放流量，本工程排涝标准的设计暴雨重现期采用 10 年一遇，最大流量为 0.84m³/s，最小流量为 0.2m³/s。上游效果图如图 7.3-1 所示。

图 7.3-1　上游段效果图

7.3.3.3　景观工程

通过实地查看，现状场地的居住建筑附近一般种植甘蔗，附近的内江农科院对甘蔗的研究也作出了卓越的贡献。甘蔗是内江"甜"的代表物，甜城精神也延续至今，所以景观方案的主题定为"甜城公园"。整个公园分别从三个不同的方面来解读内江的"甜"。由北至南依次为青山甜城、火红甜城和辉煌甜城。

青山甜城段尊重现状，因地制宜，以绿水、青山、蓝天为设计背景，展现出自然景色之美，人民生活之甜。利用现场留下的鱼塘，补种桑树，展现出桑树鱼塘的自然生态景观；在地形较高的地方设置观景平台，可登高一览沱江美景；在观景平台下用阶梯花田的方式来消化主园路与次园路之间的高差；把内江的代表物甘蔗作为绿化植物进行少量种植，还可以举行以"甜蜜生活"为主题的业态活动，把甘蔗作为绿化植物在公园中种植成为了此公园的特色和亮点；把糖坊漏棚熬糖时糖液流动的曲线作为入口广场的设计灵感来源，展现出了内江人民的一种柔美。

火红甜城段以老国营工厂制糖这一历史时期为设计背景，八大糖厂的产量是内江人民的骄傲。把工业制糖时的多种工业符号提炼并在景观中体现，引起了一代劳动人民的回忆。工业齿轮用浮雕的形式在兴糖广场上体现；运甘蔗的蔗船设计成观景平台；造纸工厂用甘蔗造纸的造型设计成儿童乐园。

辉煌甜城段为此次公园建设的重点区域，以老内江繁华的商业为设计背景，昔日内江的繁华，现今的辉煌之城，未来内江这个荣耀之地，在"城市之心"广场上展现。特色甜城雕像成为标志性雕塑；旱喷广场、蓝花楹树阵为夏日的炎热遮阴降温；在竖向堡坎墙上用一些新的材料来展示内江的文化；沱江滨水处的大草坪能为市民野餐、享受阳光、放风筝等提供场所。公园效果图如图 7.3-2 所示。

图 7.3-2　景观公园效果图

7.3.3.4 截污干管

1. 设计原则

（1）结合区域地形特点，设计方案力求合理、经济，并留有适当余地。

（2）充分注意近期和城市长远发展的结合，力求做到技术上近期可行，远期合理。

（3）根据实际情况，结合管线布置的地域地形条件，合理设置污水管位置。

（4）采用管材的性能必须符合本工程的使用要求，管材质量必须符合国家标准，同时满足地方要求，以确保工程质量。

2. 服务范围

邓家坝片区的人口规模约为 8.7 万人，规划区内污水量约 2.3 万 t/d，总服务面积 622hm²。本次设计服务范围为沱江西岸，铺设污水主干管服务面积 250.8hm²，污水总量 2.3 万 m³/d。

3. 管线布置

排水管线方案布置应综合考虑地形地貌、地质特点、道路走向、自然坡降、原有地下设施情况、现状施工条件等因素，在充分利用现状排水设施、尽量顺地形自然坡降、尽量少提升的前提下，合理划分排水系统，布置干管，有效降低工程造价。

本设计针对区域特点，本着充分利用当地自然地形地貌特点的原则，遵循片区控规要求，进行管网工程设计，新建沿江主干管约 5490m。污水管网布置如图 7.3-3 所示。

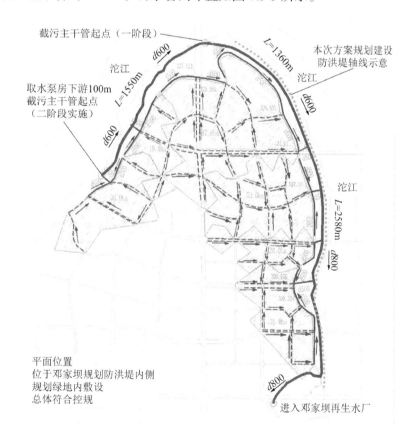

图 7.3-3　污水管网布置

7.3.3.5 再生水厂

1. 服务范围

邓家坝再生水厂服务范围为邓家坝片区、史家镇区域、城西片区，具体排水区域如图 7.3-4 所示。

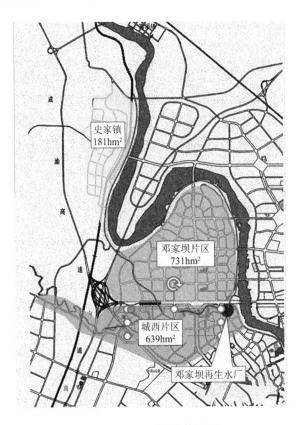

图 7.3-4　工程服务范围图

2. 设计年限与服务人口

设计年限：

目前，内江市总体规划，规划年限为近期 2020 年，远期 2030 年。考虑到再生水厂建设周期，故本工程规划年限如下：近期 2022 年；远期 2030 年。

服务人口：

（1）经实地调研，服务范围内现状人口共计约为 2.6 万人（邓家坝片区约 1 万人，史家镇区域约 0.6 万人，城西片区约 1 万人）。

（2）近期人口：

近期人口依据远期规划人口数量，采用内插法进行预测，经计算，近期 2022 年服务区人口为 6.9 万人。

（3）远期人口：

根据《内江市域城镇体系规划和内江市城市总体规划（2014—2030 年）》以及各片区控规，邓家坝再生水厂服务范围内远期人口约为 17.2 万人。其中，史家镇区域 2 万人（控规）、邓家坝片区 8.7 万人（控规）、城西片区 6.5 万人（按照控规中居住用地人均用地 31m² 得出）。

3. 再生水厂规模确定

综合上述两种预测方法的污水预测（取平均值）结果表明：邓家坝污水处理厂服务范围内 2022 年平均日污水量约为 1.08 万 m³，2030 年平均日污水量约 3.55 万 m³，这与前述规划污水厂规模有一定出入，经与政府部门多次沟通确定，本次将按近期 1 万 m³/d、远期 3 万 m³/d 规模建设，主要原因如下：

（1）远期总规模 3 万 m³/d 更符合各类规划。

（2）按污水量预测结果，规划远期污水量（接近 3.6 万 m³/d）与片区实际情况差异较大，该地区建设周期较长，实施可行性不足。

（3）本工程规划用地面积仅约 2hm²，用地十分局促，且紧邻寿溪河，场地条件仅能建设 3 万 m³/d 规模污水处理厂，扩大建设规模现实条件不足。

（4）内江市一污、二污以及邓家坝再生水厂可实现区域内污水相互调配。

4. 设计进水水质

污水处理厂设计进水水质的确定，通常根据污水水质实测资料、周边同类型城市污水处理厂进水水质及城市未来的发展等方面进行综合考虑。

将上述确定的生活污水和工业污水设计进水水质根据污水量进行加权平均，最终确定本工程设计进水水质，结果见表 7.3-1。

进水水质加权平均计算表

表 7.3-1

项目	BOD_5 （mg/L）	COD_{cr} （mg/L）	SS （mg/L）	TN （mg/L）	TP （mg/L）	$NH_3\text{-}N$ （mg/L）	备注
生活污水	140	350	270	55	3.5	47	占比93%
工业污水	350	500	400	70	8	45	占比7%
加权平均	157.6	340.5	280.9	56.3	3.9	46.8	

考虑到未来污水水质的不确定性，污水处理厂的设计进水水质应保留一定的安全余地，对表 7.3-1 中的加权平均结果进行一定的修正，最终确定本工程污水设计进水水质如表 7.3-2 所示。

本工程污水设计进水水质

表 7.3-2

污染物名称	BOD_5	COD_{cr}	SS	TN	TP	$NH_3\text{-}N$
设计值（mg/L）	160	350	280	57	4.0	47

5. 设计出水水质

污水处理厂设计出水水质根据受纳水体和尾水用途几个方面确定。邓家坝再生水厂出水目前暂考虑作为河道景观补水。

邓家坝再生水厂位于沱江重点控制区域范围内，其出水指标执行《四川省岷江、沱江流域水污染物排放标准》DB51/2311—2016 中关于城镇污水处理厂的相关主要水污染物排放浓度限值（表 7.3-3）。

《四川省岷江、沱江流域水污染物排放标准》基本控制值

表 7.3-3

排污单位	COD_{cr} （mg/L）	BOD_5 （mg/L）	氨氮 [以N计，（mg/L）]	总氮 [以N计，（mg/L）]	总磷 [以P计，（mg/L）]	粪大肠菌群 （个/L）
城镇污水处理厂	≤30	≤6	≤1.5（3）	≤10	≤0.3	≤1000

注：括号外数值为水温>12℃时的控制指标，括号外的数值为水温≤12℃时的控制指标。

6. 工艺路线确定

要达到本工程要求的出水水质，本工程必须采用二级强化和深度处理工艺。

常规二级处理工艺仅能有效地去除 BOD_5、COD_{cr} 和 SS，但对氮和磷的去除是有一定限度的，仅从剩余污泥中排除氮和磷，氮的去除率为 10%～20%，磷的去除率为 12%～19%，达不到本工程对氮和磷去除率的要求。因此，要达到本工程的各项去除指标，必须采用污水脱氮除磷及深度处理工艺。

因此，结合国内目前污水处理普遍采用的工艺，本工程总体工艺流程框图如图 7.3-5 所示。

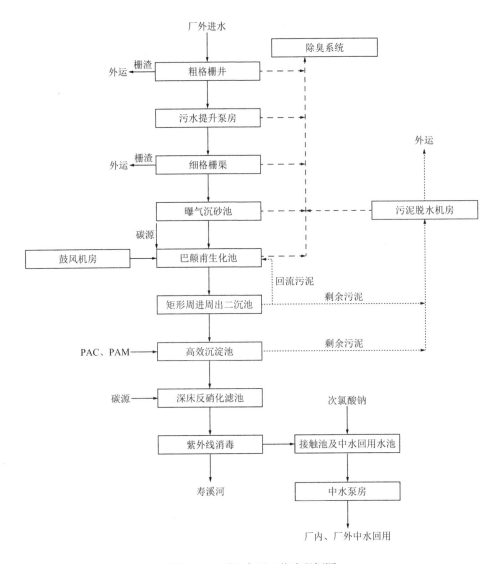

图 7.3-5　再生水厂工艺流程框图

7.3.3.6　花园滩路再生水管线

自邓家坝再生水厂起，沿花园滩路布置管径为 100～200mm 的再生水管线，长度约为 4150m，作为邓家坝东侧再生水管线的延伸（图 7.3-6）。

图 7.3-6　景观工程再生水补水管线布置

7.3.4　工程特点

本项目建设内容主要包括市政道路及附属工程、堤岸防洪、景观绿化、截污干管、再生水厂、再生水供水管网等内容，业态多、内容广、跨度大，涵盖了控源截污、过程控制、末端治理的各个环节，兼顾了污染控制、黑臭水体治理、生态修复、水动力改善等方面，是一个综合性的建设项目。

滨江路的建成能进一步完善内江市城市干道骨架，为城市交通网络的完善奠定基础，使城市交通更加方便、快捷。道路的建设有利于调整区域功能布局，发挥城市土地级差地租效益，有利于完善市政基础设施配套，改善城市环境品质，提升城市形象。项目的建成必将有力带动沿线片区的开发，拓展城市发展的空间，促进地区经济的快速发展。

通过新建排污干管，将直接改善邓家坝片区城市排水现状。项目建设完成后，将吸纳项目服务区域的污水，有效地解决地区的污水排放问题。待项目建成后还能缓解其他部分道路的排水压力，为片区的发展带来便利，直接提升片区基础设施建设水平。

截污干管起点段位于内江市第三水厂附近，沿沱江途经花园滩大桥，最终排入拟建的邓家坝再生水厂。根据总规和控规要求，内江新城邓家坝、史家镇污水排入拟建邓家坝再生水厂处理后作为中水回用，项目建设是改善城市排水现状、完善城市排水功能的需要。

兴建城区防洪治理工程，不仅可以拓宽、疏通河道，减少洪灾损失，而且也是沱江流域水环境综合治理的重要部分，可以有效防止城市生活垃圾和污水直接进入河道，有利于城区水土保持和环境卫生的改观。防洪堤的修建与逐步完善的城市雨污分流、污水处理排放体系相配套，可有效地治理和保护沱江水资源。

根据城市总体规划，内江市的发展目标为实现"山水城林、和谐共生"的生态宜居城市。通过合理利用沱江景观资源，将水景、山景、林景与整个城市有机融合，充分利用山水城林的景观特色，把内江打造成为和谐共生的生态宜居城市。

7.3.5　工程应用及意义

1. 滨江路工程全长 5164.29m

滨江路是邓家坝片区的重要对外通道，道路建设之后，必将能带动滨江一带的商业、经济的发展，能够为邓家坝片区的发展作出重大贡献，同时也为地块开发提供一条便捷的通道，有利于提高地块价值，便于地块出让。故本工程的实施，是推动片区经济发展的需要。

2. 沱江右岸堤防工程全长约 3.64km

从内江市的总体规划可以看出，针对内江市的发展需要、城市的安全以及沱江沿岸的景观打造，本次防洪堤的修建是很有必要的。对景观设计的主干道外侧采取掩埋于生态绿化之下的防冲刷措施，堤防建设嵌入景观打造范围内，打造生态复式式岸线。项目的建成将加快沱江流域综合治理和绿色生态系统建设与保护，重塑河流与城市的关系，将内江沿岸区域建设成为水清岸绿、风景秀丽的景观带、内涵丰富的文化带、人水和谐的休憩园。

通过本项目的建设，力求达到多方面利益平衡的可持续发展，构建充满活力的城市滨水区域景观，展示地方文脉和社会进步的新型城市空间。

3. 沿沱江的截污主干管工程全长约 5.48km

起点段位于内江市第三水厂附近，沿沱江途经花园滩大桥，最终排入拟建的邓家坝再生水厂。根据总规和控规，内江新城邓家坝、史家镇污水排入拟建邓家坝再生水厂处理后作为中水回用，项目建设是改善城市排水现状、完善城市排水功能的需要。

4. 本项目通过新建排污干管，将直接改善邓家坝片区城市排水现状

项目建设完成后，将有效解决地区的污水排放问题，缓解其他部分道路的排水压力，为片区的发展带来便利，提升片区基础设施建设水平。所以，项目的建设符合城市排水的实际，也符合地区对环境保

护及生态建设所赋予的任务与建设目标。

5.内江邓家坝滨江水环境综合整治工程项目的建设是加大招商引资，加快邓家坝片区发展的需要，项目的建设时机符合规划和实际情况，符合国家及省委、省政府的相关文件要求，对促进地方经济的持续发展有重要作用。

项目建成后，通过配套基础设施的完善，不但将带动区内相关产业的快速发展，提供更多的就业机会，增加地区人民的收入，还可以改善城市的投资环境、创业环境和生活环境，更能直接改善人民群众的生活质量，促进国民经济发展和社会事业的全面进步。通过实施本项目，使其成为地区对外开放、招商引资新的窗口，可大大提升地区的投资形象，为片区吸引更多的资金、人才及先进的技术，促进整个内江社会经济快速发展。

7.4 工程案例说明8——以寿溪河清水湿地为例

7.4.1 工程概况

寿溪河清水湿地是四川省内江市经济技术开发区寿溪河生态景观廊道的重点工程，位于内江市经开区汉安大道与甜城大道交汇处。总占地面积约10500m²，进水量3500m³/d，水源为内江市邓家坝再生水厂，出水水质达到地表水准Ⅳ类标准。清水湿地主要分为跌水迎宾区、清泉石涧区、水质提升区、科普教育区、生态保育区、绿地赏游区6个区域。清水湿地系统平面图如图7.4-1所示。

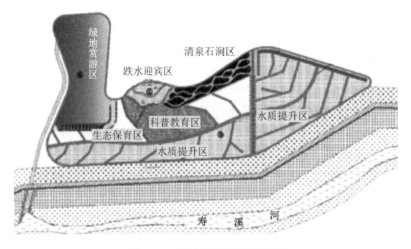

图7.4-1 清水湿地系统平面图

7.4.2 设计理念

寿溪河清水湿地意在打造内江厂网河系统的中间纽带，主要是通过建设清水湿地，净化邓家坝水厂再生水，为寿溪河进行生态补水。寿溪河清水湿地作为城市污水生态净化和储存的主要手段，将水处理系统融入自然环境中，山水石景、溪流湖泊的设计能与原有的水环境生态系统融合，同时为周边村民娱乐提供休闲空间，提高了寿溪河清水湿地的生态价值。此外，清水湿地重点突出水质安全与生境恢复的设计理念，通过生态措施以及多种功能性填料的使用，去除污水厂尾水的多种消毒副产物及难降解物质，提升生态补水水质安全，并以生境恢复为主导，提升河段水质，维护生物多样性，提升环境价值。清水湿地以脉序状的设计将尾水湿地系统分为跌水迎宾区、清泉石涧区、水质提升区、科普教育区、生态保育区、绿地赏游区，增设了嬉戏、观赏、科普等功能，以人水和谐为基础，整合了生态元素，重构了生态系统，打造了恢复自然、亲水近水的湿地空间。

7.4.3 工艺路线

1. 设计进水水质及污染物削减目标

清水湿地进水为邓家坝再生水厂尾水，出水水质执行四川省地方标准《四川省岷江、沱江流域水污染物排放标准》DB51/2311—2016，具体进水指标如表7.4-1所示。清水湿地设计进水水质达到准Ⅳ类。清水湿地担负着尾水水质进一步提升的功能，设计污染物目标削减量：NH_3-N为1.45t/a，COD为36.5t/a，BOD为5.58t/a，TP为0.23t/a。

邓家坝再生水厂尾水主要污染物排放浓度   表7.4-1

排污单位	COD_{cr}（mg/L）	BOD_5（mg/L）	氨氮［以N计，(mg/L)］	总氮［以N计，(mg/L)］	总磷［以P计，(mg/L)］
城镇污水处理厂	≤30	≤6	≤1.5（3）	≤10	≤0.3

2. 工艺流程

寿溪河清水湿地主要工艺流程为垂直潜流湿地+水平潜流湿地+复合塘—湿地区+水下森林，具体工艺如图7.4-2所示。湿地有效面积约7000m²，清水湿地设计水力负荷0.33m³/(m²·d)，水力停留时间1.7d，NH_3-N表面负荷0.48g/(m²·d)，BOD表面负荷1.6g/(m²·d)，TN表面负荷0.51g/(m²·d)，TP表面负荷0.05g/(m²·d)。

邓家坝再生水厂尾水通过配水井进入清水湿地跌水区及砾石导流区，该区域水质得到初级的净化，主要营造跌水迎宾区、清水石涧区，着重打造清水山石景观；垂直潜流湿地+水平潜流湿地作为主要的水质深度净化区，通过植物—微生物—基质的协同作用，利用过滤、吸附、共沉、离子交换、植物吸收和微生物分解等方式深度净化去除氨氮、总磷、总氮、悬浮物、COD等，使尾水水质进一步提升；复合塘—湿地区+水下森林是清水湿地的主要景观区，兼顾景观及部分水质提升作用，通过亲水栈道的修建，打造近水、亲水的平台，同时也是生态科普教育的场地，使清水湿地水体更接近自然水体，成为再生水厂尾水与寿溪河自然水体的纽带。

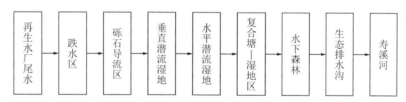

图7.4-2 清水湿地工艺流程

7.4.4 基质的种类及选择

寿溪河清水湿地主要选择三种功能性填料作为其主要基质，包括铁锰复合氧化物功能填料、硫化型零价铁多孔活性填料、根区激活复合功能填料。铁锰复合氧化物功能填料为球形或不规则椭球形，粒径0.6~2.5cm，孔隙率40%~55%，其具有较高的比表面积、优异的孔隙结构以及较多的表面活性官能团等特性，对环境中存在的许多无机污染物和有机污染物都具有吸附和降解功能。硫化型零价铁多孔活性填料为球形或不规则椭球形，粒径0.5~2.8cm，孔隙率40%~55%，其主要为自氧化深度脱氮功能填料。根区激活复合功能填料为球形或不规则椭球形，粒径0.4~2.8cm，孔隙率40%~55%。同时，搭配碎石、卵石、火山岩、砾石等其他常规填料。

各功能分区以碎石作为保护层，砾石导流渠放置铁锰复合氧化物功能填料，主要强化除磷效果；垂直潜流区、水平潜流区穿插复合塘及亲水戏水区分层放置铁锰复合氧化物功能填料与硫化型零价铁多孔活性填料，主要强化去除磷酸盐和硝态氮等；水下森林区主要放置根区激活复合功能填料，以促进水生植物的生长，并对氨氮和 COD 进行进一步去除。

主要水质提升区添加的硫化型零价铁多孔活性填料是一种自氧化深度脱氮功能填料。该填料基于 S-Fe 复合生产，其技术原理是单质硫在反硝化过程中产酸，促进二价铁矿中 Fe（II）溶出，形成同步脱氮除磷反应区，加快反应效率；自养微生物利用二价铁矿作为电子供体将硝酸盐还原为氮气，同步产生 Fe^{3+} 与磷酸盐结合实现除磷。具体技术原理如图 7.4-3 所示。

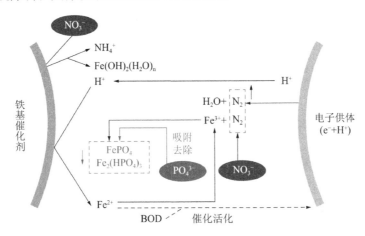

图 7.4-3　硫化型零价铁多孔活性填料技术原理图

硫化型零价铁多孔活性填料的添加提升了系统内自养和异养微生物的生长密度和质量，降低了碳源投加量，进而提升了系统内的反硝化效率，降低了 40%～80% 反硝化碳源的投加，同步 Fe^{3+} 与磷酸盐结合除磷提升 40%。通过该填料的使用，该垂直潜流湿地系统可以大幅提升湿地对总氮、总磷的去除能力，降低湿地出水中的氮、磷浓度。本工程多种新型填料的应用，可为同类型湿地基质的选择提供借鉴和技术支持。

7.4.5　植物的种类及选择

清水湿地植物搭配主要选择常用湿地植物，兼顾川南地区植物特色及景观需求。主要植物搭配有黄菖蒲、水生鸢尾、木贼、荷花、马蔺、水葱、旱伞草、芦苇、水生美人蕉、龙须眼子菜、香蒲、萍蓬草、斑茅、芦竹、南天竹、花叶芦竹、波斯菊、火棘等。同时，栽种蓝花楹、桂花、北美红枫、多头香樟、水杉、日本晚樱、垂柳、八棱海棠、落羽杉，打造优美的植物搭配，植物品种强调复层种植，林缘线起伏，近看远看都是风景线。

清水湿地 200m³ 采用生态胚胎的种植方式。生态胚胎可以利用包衣材料吸附水体中的污染物质，净化水体，并为植物提供营养物质，增强植物的生长力。

清水湿地的最后一个净化系统为水下森林系统（沉水植物），沉水植物为涵养水源净化水体的主要类型，沉水植物构成的"水下森林"，可以有效去除氨氮，吸收水中的营养盐，抑制藻类生长，避免水中富氧化。同时，为河蚌、贝类、田螺等软体动物提供栖息地，从而构建起一个生态平衡系统。因此，水下森林系统是整合生态元素，重构生态系统的重要组成部分。

本工程采用优选和培育的水生动植物，主要包括苦草、金鱼藻、伊乐藻、轮叶黑藻、萝卜螺、环棱螺、河蚌、千屈菜、菖蒲、水葱、芦苇、灯心草等，具体规格如表 7.4-2 所示。

序号	名称	规格
1	苦草	密度220株/m²，株高：15～20cm
2	金鱼藻	密度150株/m²，株高：20～40cm
3	伊乐藻	密度180株/m²，株高：20～40cm
4	轮叶黑藻	密度120株/m²，株高：20～40cm
5	萝卜螺	300只/kg
6	环棱螺	300只/kg
7	河蚌	80～120只/kg
8	千屈菜	密度40株/m²
9	菖蒲	密度40株/m²
10	水葱	密度40株/m²
11	芦苇	密度40株/m²
12	灯心草	密度40株/m²

7.4.6　工程应用及意义

寿溪河清水湿地在工程设计及工程实践中可提供以下借鉴和思路：

首先，寿溪河清水湿地作为寿溪河湿地公园的主要景观区，为了打造更好的景观效果，融入自然环境，区别于传统的功能性湿地单元，采用脉序状的湿地形式。但该形式水力条件相对较差，个别区域容易形成死水区，为解决这一问题，主要通过合理地设计布水、收水管道系统，在死水区增加导流引流装置等解决脉序状湿地水力条件差等问题。

其次，通过铁锰复合氧化物功能填料、硫化型零价铁多孔活性填料、根区激活复合功能填料三种新型填料的使用强化去除磷酸盐和硝态氮，促进水生植物的生长，并对氨氮和COD进行进一步去除，多种新型填料的应用可为同类型湿地的基质选择提供借鉴和技术支持。

本工程实践应用在完成目标污染物削减的同时，着力建设人水和谐为基础的生态工程，构建恢复自然、亲水近水的功能型尾水湿地系统。清水湿地划分为跌水迎宾区、清泉石涧区、水质提升区、科普教育区、生态保育区和绿地赏游区六个功能区域，水平潜流区穿插复合塘及亲水戏水区更好地打造景观效果，增设嬉戏、观赏、科普等功能，最大程度地提升了该工程的生态价值。功能型尾水湿地在我国的应用日益广泛，随着国家对生态环境的日益重视，将人工湿地设计为仿自然型，最大化地发挥人工湿地的景观、生态效果，是尾水型人工湿地设计和实践过程中需要重点考虑的问题。

城市水系是承载城市生态系统服务功能的重要载体。城市因水而生，因水而兴，因水而美，因水而亡。水不仅具有改善生态环境的功效，还能促进城市经济发展，提升居民生活质量；同时，大部分水系具有行洪排涝以及调蓄功能。但随着经济的快速发展，城市化和工业化进程的不断加快，城市河道水环境遭到了严重的污染和破坏，大量污染物质的排放造成水生态系统的损害，水体黑臭问题普遍存在。

国家《水污染防治行动计划》明确提出了黑臭水体治理的目标要求：到2020年，地级及以上城市建成区黑臭水体均控制在10%以内；到2030年，城市建成区黑臭水体总体得到消除。2015年，住房和城乡建设部与环境保护部联合发布了《城市黑臭水体整治工作指南》，2022年3月，生态环境部会同住房和城乡建设部制定了《"十四五"城市黑臭水体整治环境保护行动方案》，溶解氧（DO）、氨氮（NH_3-N）、水透明度和氧化还原电位（ORP）是黑臭水体分类评价的重要指标。

目前，黑臭水体治理遵循适用性、综合性、经济性、长效性和安全性的原则，采用源污染控制、垃圾清除、淤泥疏浚和生态修复等措施。人们将点源污染截留、非点源污染排放、多层净化、内源还原、内源调控、生态保护和多点监测相结合，对黑臭水体进行系统治理。在治理黑臭水体时，首先应考察污染源、特征污染物和水文条件等，评价水体透明度、溶解氧、氧化还原电位和氨氮等水质指标。此外，污染负荷应通过水环境容量核算和污染负荷核算进行分析。最后，对黑臭水体进行分类评价。通过一系列的调查和评价，人们可以确定各个黑臭水体的具体情况，优化治理方案。治理结束后，应进行水质评价并制订监测方案。城市黑臭水体治理应遵循"控制源污染、控制水污染、加强水流作用、用清水补充水源、水净化和生态修复"的基本技术路线。其中，控制源污染和控制水污染是选择黑臭水体治理技术的基础。

第 8 章

维护管理体系
与管控机制构建

8.1 面源污染管控体系

面源污染发生具有随机性，来源和传输过程具有间歇性和不确定性，使得面源污染的输出受到自然地理、农业管理方式差异的影响较为显著，空间变异性强，对其进行监测和治理相对比较困难。面源污染管控主要包括工程措施和非工程措施。

8.1.1 工程措施

1. 人工湿地

人工湿地技术是一种通过模拟天然湿地的结构（基质、植物、水体等）与功能（吸附、降解、沉淀等作用），具有高效、低投入、能耗低、运行和维护简单等优点，十分适于在农村地区推广的污废水处理系统，主要是通过物理、化学和生物的三重协同作用来实现对污水的净化。湿地作为陆生系统和水生系统之间的过渡带，主要通过土壤—植被—生物复合生态系统的吸附、吸收、生物降解等一系列作用，减少进入水体的氮、磷含量。其净化机理主要是依靠具有透水性的基质、好氧厌氧微生物、水生植物和其他部分等实行对农田径流废水、雨水等的净化处理。

2. 入渗沟

入渗沟作为一种重要的生态系统，被广大研究者所重视，它在非点源污染防治中具有举足轻重的作用。首先，沟渠与河流相似，具有持水、汇水、水流通道的作用；同时，入渗沟也具有人工湿地的特性，担负着净化水质和维持生物多样性的功能。因此，入渗沟同时具有河流和湿地的双重特征。所以，入渗沟应该是指以排水和灌溉为主要目的，同时具有人工湿地净化环境的人工水道，是一种人类活动影响下的半自然的人工湿地水文生态系统。入渗沟系统不另占土地，其净化机制与湿地相似，主要也是利用自身的物理、化学和生物三方面的协同作用，沟渠中的植被有拦截污染物、沉降泥砂和颗粒物的作用；沟底的淤泥和沟壁上附着的大量微生物，可以进行各种生化反应，对氮磷等元素的去除很有帮助。利用现有的一些农田沟渠和自然水渠建成具有生态拦截功能的生态沟渠系统，不仅可以带来巨大的经济和水文效益，同时还能维护生物多样性，改善区域生态环境。

3. 植被过滤带和草地、河岸缓冲带

植被过滤带也称植被缓冲带，根据缓冲带的植被类型、主要作用及分布位置不同，一般可将其分为缓冲湿地、缓冲林带、缓冲草地带三种类型，其中林带包括水体岸边缓冲林带和防风或遮护缓冲林带。因此，植被过滤带是缓冲带的一种。目前，植被过滤带还没有一个完全统一的定义，出现了一些含义相同或相似的术语，如缓冲带、河岸植被带、河湖缓冲带、植被缓冲带等，这些术语的共同含义是植被位于水陆交界的区域，通过树林、草、灌木甚至农作物等各种植被对污染物的拦截过滤、分解和吸收同化等作用，实现净化污水的功能，能够有效地滞缓径流、沉降泥砂、分解有机物、控制非点源污染。植被过滤与缓冲带通过植被的拦截，土壤及地表枯落物的沉积，微生物的降解、转化和固定，植物的吸收同化等多方面的协同作用，能明显降低各种污染物的浓度，提高水质，改善土壤等质量。

8.1.2 非工程措施

1. 健全法律法规

制修订与面源污染相关的有重大影响的法律法规。加强化肥农药的生产经营管理和使用指导，推动精准施肥、科学用药。加强畜禽散养密集区污染治理，明确规模以下畜禽养殖场户污染治理要求和责任，鼓励对畜禽粪污进行无害化处理，达到肥料化利用有关要求后，进行还田利用。规范突发环境事件应急管理工作，防止在处理事故过程中，将废水、废液、固体废弃物直接排入农田、鱼塘。

2. 水土保持预防监督监测网络

1）创新监管方式

充分运用水土保持信息化手段，采用遥感卫星"天眼"高科技，实行"天地一体化"区域监管，全面掌握辖区范围内土地扰动情况。委托第三方机构在重点项目的施工阶段利用无人机等手段对项目建设过程中的水土流失防治情况进行监督性监测，实时掌握项目建设动态。

2）加强执法检查

坚持问题导向，以未批先建、未批先弃、未验先投，不依法履行水土流失治理义务为重点，依法查处生产建设项目水土保持违法行为，形成最严格的水土保持监管态势。督促生产建设单位依法办理水土保持有关手续，自觉履行水土流失防治主体职责，全面落实水土保持三同时制度，切实防治人为水土流失。

3）严格程序把关

严格依法把关水土保持方案审查审批、规费征收、设施验收等环节，实现全过程监督管理。

3. 建立农业面源污染调查检测体系

（1）开展农业污染源调查监测。完善化肥农药使用量调查核算方法，在统计、农业农村、市场监督管理等部门工作基础上，逐步摸清化肥农药使用变化情况。利用实地调研、台账抽查、智能终端采集等方式，对化肥农药投入、畜禽和水产养殖等污染物排放情况进行抽查核实。加密布设农业面源污染监控点，重点在大中型灌区、有污水灌溉历史的典型灌区进行农田灌溉用水和出水水质长期监测，掌握农业面源污染物产生和排放情况。开展畜禽粪肥还田利用全链条监测，分析评估养分和有害物质转化规律。

（2）评估农业面源污染环境影响。制定农业面源污染环境监测技术规范，加强农业污染源、入水体污染物浓度与流量监测，受纳水体水质和流量监测，构建全国农业面源污染环境监测"一张网"。在重点区域，基于全国地表水环境质量监测网，结合农村环境质量监测，采用更新改造、共建共享和新建相结合的方式，增加环境监测布点，加强暴雨、汛期等重点时段水质监测。开展农业污染物入水体负荷核算评估，确定监管的重点行业、重点地区和重要时段。

（3）建设农业面源污染监管平台。系统整合农田氮磷流失监测、地表水生态环境质量监测、农村环境质量监测等数据，实现从污染源头到生态环境的监测数据互联互通。加强全国农业源普查、生态环境统计、畜禽粪污综合利用信息、全国排污许可管理平台等工作对接共享。借助互联网、物联网等技术，拓宽数据获取渠道，实现动态更新。发挥农业面源污染大数据在指导污染防治，控制温室气体排放，优化城乡规划、土地利用和推动农业绿色发展中的作用。

8.2 城市水体跟踪监测制度建设

8.2.1 河湖水系监测

1. 监测目的

河道在线监测可实时掌握河道水质水位信息，可作为日常运营的基础支撑数据，对河道水环境污染事件进行风险预警，同时可综合反映水环境状况和内河整治工程建设效果。

2. 监测内容

河道水质在线监测可用于日常运营、应急预警和考核评价，监测参数包含河道浊度、COD、溶解氧（DO）、氨氮、氧化还原电位（ORP）、pH值、温度等。在重要监测点，选取水质在线监测小型站，采用电极法与化学试剂法相结合测定全部水质参数；在一般监测点，采取人工采样的方式进行河道水质的监测。同时，在部分重要设施及景观建设区域设置视频监控。

8.2.2 管网监测

1. 监测目的

截流井水位以及出水流量，作为日常运营的基础支撑数据，对管网溢流、堵塞等事件进行风险预警；同时，可综合反映黑臭水体截污状况和内河整治工程建设效果。

2. 监测内容

黑臭截污管道在线监测可用于日常运营、应急预警和考核评价，监测参数包含管网液位、流量等。在截流堰处设置液位计，监测截流井水位，监测雨季的雨量与溢流堰的溢流情况，评价截流效果；在截流井处设置液位计，监测截流上游管网运行状况，起到应急预警的效果；在截污干管检查井布置流量计、液位计，监测截污干管的运行情况，起到应急预警的效果。

8.2.3 雨量监测

1. 监测目的

为黑臭水体整治径流分析以及提升截流合流制管网、雨水管网工程建设效果，提供基础雨量数据。为增强设施安防等级，同时观测水体感官变化，验证黑臭水体的治理效果。

2. 监测内容

结合已有的雨量计在示范区内的均匀分布位置（原则上每5km²）设置一个雨量监测站点。通过对雨量的长期监测，为建设区域径流量分析提供基础雨量数据。在设置在线水质监测小型站、泵站等重要设施的地方以及关键水体断面，设置视频监控。

8.2.4 人工水质指标监测

《城市黑臭水体整治工作指南》中指出，黑臭水体分级判定时，原则上可沿黑臭水体每200～600m间距设置监测点，每个水体的监测点不少于3个；在制定河道监测方案时，综合考虑监测必要性、初期成本与运营成本、维护便利性等多方面因素，每个河道设置一定的水质在线监测小型站/微型站，对水质参数进行在线监测；水质在线监测方案未能对所有河段全覆盖，因此有必要将人工定期采样检测作为在线监测的有效补充；同时，可利用人工采样检测对在线监测设备进行校准。

1. 水质采样

根据监测方案的设计，需要对河道关键断面进行定期的水质采样，以满足相关水环境定量化指标考核评估的数据需求。水样用清洁的采样瓶采取，采样完毕后应在采样容器上贴上标签并填写水质采样记录表，表中应包含采样位置、样品编号、采样时间、监测项目等内容。样品采集后立即送至化学分析实验室，按国家标准中有关水质分析法进行各种指标浓度的测定。

取样过程遵循以下原则：

（1）采集水样前，应用水样冲洗3次后再行采样，保证采样瓶内及瓶盖的清洁；

（2）采样时当水面有浮游动物时，采样的容器应冲洗；

（3）采样时应除去水面的杂物、垃圾等漂浮物。

根据监测方案的设计，需要定期对试点区域内的河道水质进行采样。制定采样方案如下。

1）采样设备

500mL或以上采样瓶（可用矿泉水瓶代替），秒表、圆珠笔及试验记录表，1L以上敞口容器一个。

2）采样方法

对河道水质，采集河道的关键断面水样，收集后的水样转移到采样瓶中。

3）采样位置

河道采样位置应采取固定与随机相结合的办法，选取部分固定采样点，同时每次随机选取部分采样点。

4）采样频率

河道水质采样频率雨季时每两周 1 次，其余月份每月 1 次；农村污水处理站出水应每两周 1 次；采样后获得的水样需送往实验室进行水质分析。

2. 水质化验

水质化验分析应按现行国家或行业标准执行，水质化验分析数据应满足数据采集子系统中相关化验数据填报功能要求并及时填报。

采样及各指标的监测方法参见《地表水和污水监测技术规范》HJ/T 91—2002、《地表水环境质量标准》GB 3838—2002、《水质采样方案设计技术规定》HJ 495—2009、《水质采样 样品的保存和管理技术规定》HJ 493—2016 等相关国家标准及规范。有国家标准监测（采样）方法的监测指标均采用国家标准监测（采样）方法，无国家标准监测（采样）方法的监测指标则采用国内较多采用的监测（采样）方法或者参考国外相关方法，以确保监测结果的可信度。

根据化验结果，编制水质化验报告，用于后期分析评估。

8.3 维护管理与保障制度

8.3.1 维护管理

1. 明确管理职责

全面落实网格化管理措施，对片区内沟渠、岸边及时清淤等工作，强化维护管养，建立打捞队伍、保洁队伍及时对河道河沟垃圾漂浮物进行打捞，对河塝垃圾、淤泥进行清理，建立设施维护队伍定期进行设施，开展设施维护工作。

2. 制订维护计划

1）制订维护要求

全面开展垃圾清理，针对河塘沟渠水上漂浮的水草、杂物进行定期打捞清洁、淤泥清除，同时加强周边绿化管理，优化水域整体状况，维护水面及周边环境干净、整洁。

2）开展长效管理机制

建立健全河边保洁及垃圾入河日常监管机制，充分发挥河道协管员助手作用，落实河道保洁分片负责制，明确河段保洁责任人，并加大保洁工作的奖惩力度，落实河道保洁奖惩机制，把保洁工作的好坏与经济利益挂钩，切实发挥保洁工作的积极性和主动性，保障河边保洁常态化管理到位。

8.3.2 保障制度

1. 政策落实

在黑臭水体治理过程中，除应该按照"控源截污、内源治理、生态修复、活水保质"的技术体系进行系统化设计建设外，还要落实已有和正在编制的上位规划，按照国家、省部委、市县相关制度方案等文件精神，综合考虑，最终满足各方面要求。

2. 机制建设

为响应国家政策，顺利落实黑臭水体整治，成立"黑臭水体整治工作小组"，在落实黑臭水体整治方案过程中，由市住房城乡建设局会同生态环境局、水务局、农业局等部门负责全市黑臭水体整治的指导和监督，不定期开展监督检查和抽查工作，建立整治城市黑臭水体监管平台，定期公布黑臭水体整治工作进展情况和抽查核查结果，接受社会监督。

3. 保障方案

为保障项目按照时间节点安排完成，并达到高标准、高品质的质量，应强化过程监管，建立项目建设督查通报工作机制。每周对各项目的建设进度进行汇总分析，每月进行考核评估。建立设计、施工问责机制，对设计院、施工单位严格要求工期、质量，提前完成的按质量情况予以补贴，影响进度的要定期通报、约谈，情节严重的纳入黑名单。

4. 其他保障

1）资金保障

（1）发挥政府资金杠杆作用

如今，国家将大量的资金投入到了黑臭水体治理和污水处理提质增效中，但是城市自身建设的资金需求也非常巨大，城市本身的经济发展状况是水环境治理工作的一个着力点。

（2）挖掘社会资本投入

为改善城市水环境，应探索水环境治理产业投资基金，以财政性资金为引导，吸引社会法人投入，建立稳定的规划、施工、管理发展的资金渠道。同时，鼓励民间资本发起设立用于施工、管理基础设施建设的产业投资基金，研究探索运用财政性资金通过认购基金份额等方式支持产业基金发展。

PPP 模式下的运营就是在挖掘社会资本的投入，城市水环境治理需要私人参与部分或全部投资，并通过一定的合作机制与公共部门分担风险、共享收益。根据水环境治理情况，政府部门可能会向特许经营公司收取一定的特许经营费或给予一定的补偿，这就需要政府部门协调好私人部门的利润和水环境治理的公益性两者之间的平衡关系。通过建立有效的监管机制，水环境治理能充分发挥双方各自的优势，节约整个建设过程的成本，同时还能提高公共服务的质量。这是水环境治理中挖掘社会资本不可或缺的途径。

2）人才保障

（1）加大人才培养力度

城市水环境治理需要大规模的行业人才，急需国家和社会加大人才培养力度，培养行业内高素质领军人才。要为人才脱颖而出提供有利条件，主要提供科研经费、科研设备、课题项目申请、办公环境、教学环境等科研条件，在借鉴国外先进的行业知识的同时，引进相关的行业人才。目前，伴随着城市水环境治理规模的迅速扩大，各地出现了相关技术力量薄弱问题，相对传统设计，城市水环境治理需要创新，但缺乏城市水环境治理创新型人才，很难保证后续的管理维护工作的效果。

（2）提高人才综合素质

城市水环境治理与发展需要我们提高人才的综合素质，即协调科学教育与人文教育、专业知识的传授与能力素质的培养之间的关系，培养具有过硬的科学文化本领的创新型人才。

（3）突出领军人才作用

行业领军人才具备较高科研造诣和威望，具有一定的组织协调能力、良好的团队意识，具备坚韧不拔的进取精神、严谨的科学道德和良好的科学心态。领军人才是城市水环境治理的领头力量，也是城市水环境治理各项标准、规范制定的决策力量，因此，更加强调城市水环境治理对于突出领军人才的重要性。

3）社会参与

社会公众参与城市水环境治理和维护起着至关重要的作用。可以说，社会公众既是城市水环境治理的受益者，又是城市水环境管理与维护的参与者，加强城市水环境治理相关的宣传力度就是提高社会公众参与的主要途径。

政府部门掌握着大量的公共资源，作为公众水环境治理资源管理的代理人，通过让公众表达对城市水环境治理的评价，政府及其部门有条件、有义务为公众参与提供各种途径，参与城市水环境治理。建立健全公众表达机制，有利于公众更广泛地参与城市水环境治理，监督政府行为，提出合理化建议，推动城市水环境治理工作的全面开展。

综合采取各种形式宣传城市水环境治理给社会公众带来的切身利益，提高社会公众对城市水环境治理的认识与了解，做到城市水环境治理的优质建设、有效管理与充分维护。

（1）组织开展城市水环境治理专题宣传

充分利用广播、电视、网络、报刊等多种媒体，组织开展内江市城市水环境治理专题宣传，营造全社会共同理解、关心、支持城市水环境治理的良好氛围。加强政府引导，鼓励社会各界积极参与城市水环境治理，组织开展专业知识培训工作，提升从业人员业务素质和能力，主动适应城市水环境治理的需要。

发挥舆论引导作用，深入宣传城市水环境治理的重大意义和政策措施，调动社会各方参与城市水环境治理的积极性、主动性。通过报纸、电台电视、网络等新闻媒体，多形式、多手段加强城市水环境治理宣传报道，鼓励社会积极参与、支持和配合城市水环境治理，开展好宣传培训工作，对施工、监理人员开展培训。

（2）建立城市水环境治理信息定期发布制度

及时向社会公开城市水环境治理进展情况，注重总结典型经验，拓展群众参与和监督渠道。对城市水环境治理过程中发现的问题，做好材料的收集、整理，并及时反馈。内江市每半个月报送一次城市水环境治理情况简报。

（3）建立综合性城市水环境治理决策咨询制度

城市水环境的治理需要广泛听取行业内专家学者意见并使之制度化，这对于改善城市水环境具有重要意义。需要技术人员以及专家学者深入城市水环境治理项目，了解城市水环境治理项目效果，广泛调研，潜心研究，不断拿出具有实际意义的成果，推进城市水环境治理。

8.4　应急事故体系建设

8.4.1　防洪排涝应急事故体系建设

1.建立健全指挥机构，加强组织领导

成立市防汛抢险工作领导小组，局长为组长，各分管副局长为副组长，各县区住建局主要负责人、局属单位主要负责人及局机关相关科室负责人为成员，下设办公室在局安全科和四个专项工作组，共同作为实施和推进防汛救灾工作的责任主体。

2.加强宣传教育工作，提高全民抗洪意识

进一步认真学习、宣传贯彻《中华人民共和国防洪法》《中华人民共和国水法》《中华人民共和国防汛条例》等法律法规和中央领导的一系列重要指示，增强法制观念，提高全民防洪意识。做好防大汛、抗大洪的思想、物资和经费的准备，积极承担防汛抢险义务。

3.建立健全防汛责任制

各级各单位均应建立健全防汛责任制：一是行政首长负责制和部门、单位领导责任制；二是岗位责任制；三是值班责任制。

4.建立防汛抢险队伍，落实应急抢险物资器材、设备

组建一支"召之即来、来之能战、专业与常备相结合"的防汛抢险队，落实各项抢险物资和设备，做好平时演练，出现险情时由市住房和城乡建设系统防汛抢险工作领导小组统一调度指挥。

8.4.2　水污染应急事故体系建设

1.应急预案

我国的突发性水污染事件应急预案体系构成应该分为四个层次，从高到低依次为国家总体应急预案、省部级政府整体应急预案、地方政府专项应急预案以及基层部门和企业应急措施预案。其中，国家总体

应急预案为我们应急管理体系构建了一个总的框架，为其他的应急预案的制定提供了总指导。从国务院于2006年1月8日颁布《国家突发公共事件总体应急预案》算起，到目前为止，国务院和各主管部门一共制定了80件国家级别的应急预案，构成了我国应急处置预案制定的主体。以此为依据，各省、直辖市和自治区也开展了各自的省级应急预案编制工作，到2010年这项工作已经基本完成。同时，许多地方政府也按部就班地制定了地方应急预案，根据国务院应急办的统计，截至2012年，我国至少92%以上的县级地方政府制定了自己的应急预案。

基于突发性水污染事件应急管理的重要性，到目前为止，许多地方政府都先后制定了自己的突发水污染事件应急管理预案。比如，上海就制定有《上海市处置水务行业突发事件应急预案》，无锡就制定了《太湖水突发性水污染事件应对条例》，这些预案和条例规定了每个相关部门在发生水质突发事件后所需要承担的职责，对突发的水质危机进行一系列的处置，尽最大的努力减少突发性水污染事件的发生以及其可能造成的一系列损失，维护社会的和谐稳定，保证社会持续稳定地发展和城市生活的正常。

2. 应急管理体制

应急管理体制也就是我们常说的危机管理领导或者组织机制，通常指的是应急管理机构的组织形式。它应该包括应急管理的日常监管机构和突发事件的应急处置机构等不同事件的机构。在我国以往的应急管理组织体系中，地方政府整个层面上就是一个事件发生以后的应急处置机构，是个临时性的机构，往往导致在处置突发事件的时候会出现手足无措、协调不畅等问题。正是由于这种情况，可能就导致了各种应急管理的保障资源在日常乏人管理：要不就是大量闲置，要不就是在需要时配给不足；也可能由于在突发事件发生的第一时间内没有统一的应急指挥机构，各个部门各自为战，导致突发事件的局势进一步恶化，危害进一步扩大。针对这样的情况，我们国家目前正在积极探索建立新的应急管理体制。这种体制的总要求就是"建立国家统一领导、综合协调、分类管理、分级负责、属地管理为主的应急管理体制。"

按照这个要求，全国各省级地方政府相继成立了自己的应急管理领导机构或者指定了相关办事机构，如在2008年为了应对奥运会期间可能发生的突发公共事件，在全国第一个成立了地方性的专门管理机构——北京市突发公共事件应急委员会，负责北京市内所有突发公共危机事件的应急处置。其他城市，诸如南宁、上海、广州、重庆等根据各自不同的实际情况，建立了各自不同的应急管理体制。

3. 应急管理机制

应急管理机制就是地方政府在突发事件应急管理的全过程（包括事先预防和预警、事中应急管理和事后恢复重建）中，所需要采取的一系列的法制化、程序化的措施，其目的就是对公共突发事件的应急管理过程进行有效管理。

因此，结合我们地方政府在面对突发性水污染事件时遇见的实际情况，按照《中华人民共和国突发事件应对法》的指导精神，可把地方政府在突发性水污染事件中所开展的应急管理机制，简单归纳为：预防与应急预案制定机制，水质监测与预警机制，应急指挥开展机制，水污染应急处置机制，各部门协调机制，信息沟通机制，社会参与机制，应急物资保障机制和善后恢复、调查评估和重建机制这几点。目前，我们地方政府在开展突发性水污染事件的应急管理中，或多或少地都会执行之中的若干个机制。

4. 应急管理法制

应急管理法制一般说来指应急管理所需的各项法律、法规和规章制度，即在突发性水污染事件发生以后如何正确行使国家权力、处理国家权力与公民权利之间的关系的法律规范和原则的总和。在西方发达国家，应急管理的法制一般是由宪法中的紧急管理条款和专门制定的用于突发事件管理的紧急状态法或者专项对应法组成的。

我国应急管理法制建设在早年间存在许多的漏洞，其中最主要的问题是缺少一部作为突发事件应急管理总框架的法律，而是各个部门分头制定自己部门的法律法规，只管自己的一摊活，致使早期的应急管理法制具有很浓厚的部门色彩。这种自扫门前雪的法制在应急管理中的漏洞在2003年那场空前的SARS危机的应急管理中集中地暴露了出来。为了避免类似问题的再次发生，在危机过去以后，国务院法制办就开始了《中华人民共和国突发事件应对法》（也叫作《紧急状态法》）的制定工作；2007年8月

30 日，《中华人民共和国突发事件应对法》在第十届全国人大常委会上的表决通过标志着我国应急管理法制框架构建的开始。从 2007 年 11 月 1 日该法案生效以来，我国目前已经制定涉及突发事件应对的法律 35 件、行政法规 37 件、部门规章 55 件、有关文件 111 件，一个以宪法为准绳，以突发事件应对法为核心，配以各个相关单项法律法规的应急管理法律机制建设已经基本完成，使地方政府对于突发水污染事件的应急管理能够做到法制化、规范化和制度化。

8.5 智能监管体系建设

8.5.1 建设思路

智能监管体系采用"全面感知、资源共享、业务协同、统一标准、服务一体"的建设思路，本着标准先行、统一规划、分步实施、日趋完善、日渐丰富的原则，遵循"七统一"（即统一部署、统一协调、统一规划、统一标准、统一开发、统一平台、统一数据）标准，建设从感知层、通信层到中心层的统一软硬件解决方案，通过合理规划，利用各类智能终端传感器与设备，建设全面覆盖水务应用领域的智能终端设施。采集各类数据，提供可靠的基础数据来源。借助先进的通信技术，全面感知，自动实时获取各类水务数据。前端感知层获取各类实时及监测数据，处理后进入智慧水务数据中心，中心提供基础支撑平台，主要完成对水务信息的汇集、处理、整合、存储与交换，形成综合水信息资源，通过提供各类信息应用服务，实现信息资源共享、改进工作模式、降低业务成本并提高工作效率。平台提供对水务管理部门、政府部门、社会公众的各类信息服务与数据分析应用功能，为城市水务一体化的监视、调度、决策、预警、信息发布等提供完整的信息化支撑。

8.5.2 智能监管目标

1. 管理协同化

在统一规划的基础上，建立城市供水、排水、防涝、水环境保护等业务一体化运营管理平台，实现各种水务业务管理和服务的协同化。

2. 资源利用高效化

借助物联网、大数据等信息技术，对城市水源、供水管网进行实时监控，对城市供水分布情况进行统计分析，合理调配水资源，并实时监测城市重点用水单位取排水信息。

3. 业务智慧化

实时、自动采集城市水务基础数据，挖掘并提取海量数据信息，实现智能化决策；同时，通过数据整合、业务应用系统关联，为政务管理、民生服务提供"一站式"操作手段。

4. 服务便捷化

基于信息化技术，搭建城市水务统一门户平台，公众可以随时随地查询水务公共信息，同时还可以通过无线终端预约相关服务，提高办事效率。

8.5.3 总体框架

在信息时代，智慧水务不仅是一种科学发展水资源的新模式，也是水务现代化建设的新目标。智慧水务依靠市民、水供应商以及水务管理部门的多方参与，通过新技术手段的应用，实现对水资源的全面感知、科学决策、主动服务、协调管理、自动调控等目标。

1. 信息采集传输层

信息采集传输层也是智慧水务系统的基础层，主要目的是实现对水务基础信息的实时自动采集和传输功能，自动感知水源地、自来水管网、排水管网等的状态信息，完成数据的实时动态采集和传递，保障数据的调用，确保运转通畅。

2. 数据层

数据层也是平台层，主要用于完成水务数据的综合分析及运用，通过资源整合和信息共享，为智慧应用、门户集成提供完整的、标准的数据来源。数据层由基础设施、数据库、综合服务数据平台组成。其中，基础设施包括云计算资源管理系统、存储系统、操作系统等各类软硬件设施，为数据融合提供基础运行环境。数据库包含水务数据库和城市其他行业如规划、建设、环保、气象、国土、交通等相关部门公共数据库，主要用于完成水务数据整合，为上层的业务应用提供支撑。综合服务基础平台将各种水务业务应用系统与各自数据库关联起来，进行数据的深度挖掘、分析和处理，为水务业务的精细化、科学化管理提供支撑。

3. 应用层

应用层主要用于实现水务业务的集成管理功能。通过对多种数据的综合应用，完成对各涉水业务的关联因素的分析和处理，不仅可以实现供水、排水、水资源保护、防汛减灾等业务的集成管理，也能实现应急指挥的统一平台、统一通信和统一调度。

4. 展现层

提供政务管理、民生服务的对外接口。该层包括行业门户、公共信息门户。相关管理者、业务操作人员通过行业门户，可以及时、准确地履行政务管理职责；公共信息门户具备水务信息公开、信息查询、政策咨询、行政审批等功能，公众可以利用互联网或移动终端查询和定制有关涉水业务，实现水务服务便捷化。

8.5.4 监管平台建设

智能监管体系的建设内容涵盖从水源头到水龙头乃至排污口的水务一体化建设。其包括对机房、网络资源、信息资源等软硬件环境的建设，监测、整合、补充、完善统一的水务数据资源环境和共享交换体系，建设支持各类应用系统和供水、排水部门信息共享与业务协同的公共支撑平台等。

1. 智慧给水

综合利用物探、数据库、测绘以及 GIS 技术，实现城市给水管网的数字化，构建城市给水管网基础 GIS 平台，提供城市给水基础信息和管网设施信息管理、管线设计更新、管线综合分析等功能。

2. 智慧水资源管理

基于 4G/5G、互联网等现代通信技术，合理规划，建立智慧水务信息传输的通信网络系统，实现高效、安全的信息传输体系，实现数据交换与共享。建立一体化的智慧水务数据中心和应用支撑平台，整合各类业务应用，服务城市水务管理和决策。

3. 智慧排水

实现城市排水管网的数字化，构建以 GIS 平台和排水管网基础设施、泵站等排水设备数据库为基础的城市排水基础管理系统。广泛运用物联网、传感网技术，实时获取排水设施设备的运行状态、相关水位水质及各种运行调度信息，结合模型计算和预测分析技术，对突发事故和城区排涝应急处理提供服务决策支持。

4. 智慧水务感知监测网络建设

搭建水资源管理基础平台，建设城市水务的智能传感和监测系统，运用先进的监测和传感设备，智能采集水量、水质、水位、管道等数据和图像信息，全面提升基础感知能力。

5. 智慧水环境治理保护

建设智慧水务的信息安全保障体系和标准化体系。借助物联网、无线通信、3S（遥感技术、地理信息系统和全球定位系统的统称）和自动控制等技术实现污水管理网、接驳口、排水口、水污染源的精确管理，实现污水处理厂、泵站、闸站的自动化运行及信息的指挥管理，建设城市污水智能处理系统；以截污、污水处理和水环境治理为主要目标，形象直观、全面动态地监控污水现状和污染源情况，为相关部门及有关人员提供包括水生态及水环境评价、水环境预测服务、污染事故定位及辅助处理等功能的水环境管理系统。

参考文献

[1] 许卓, 刘剑, 朱光灿. 国外典型水环境综合整治案例分析与启示[J]. 环境科技, 2008, 21(S2): 71-74.

[2] 席西民, 刘静静, 曾宪聚, 等. 国外流域管理的成功经验对雅砻江流域管理的启示[J]. 长江流域资源与环境, 2009, 18(7): 635-640.

[3] 中华人民共和国发展和改革委员会. 太湖流域水环境综合治理总体方案[Z], 2008.

[4] 孙继昌. 太湖流域水问题及对策探讨[J]. 湖泊科学, 2005, 17(4): 289-293.

[5] 胡芸芸, 王永东, 李廷轩, 等. 沱江流域农业面源污染排放特征解析[J]. 中国农业科学, 2015(18).

[6] 谭志雄. 重点流域水环境综合治理的实现路径与政策制度设计[J]. 环境生态学, 2020, 2(10): 2-9.

[7] 李志一. 流域水环境多模型耦合模拟系统的不确定性分析研究[D]. 北京: 清华大学, 2015.

[8] 葛铭坤. 我国面源污染治理理论和措施研究综述[J]. 水利规划与设计, 2020(3): 24-28.

[9] 张颖. 中国流域水污染规制研究[D]. 沈阳: 辽宁大学, 2013.

[10] 黄玉霞, 刘阳春, 刘芳, 等. 潮白河浮游植物现状及水质分析[J]. 北京水务, 2021(S1).

[11] 胡智华, 林妙丽, 李港, 等. 城市闸控河流浮游植物群落结构特征及影响因素[J]. 环境科学学报, 2021(9).

[12] 刘青, 毛转梅, 李松阳, 等. 山区河流生态修复理论与技术研究进展[J]. 江西农业学报, 2020(1).

[13] 孙雪梅, 何琦, 王萌萌. 污水厂尾水收纳水体水环境容量分析[J]. 山东水利, 2021(9).

[14] 马晓宇, 朱元励, 梅琨, 等. SWMM模型应用于城市住宅区非点源污染负荷模拟计算[J]. 环境科学研究, 2012, 25(1).

[15] 中华人民共和国住房和城乡建设部, 等.《城市黑臭水体整治工作指南》[Z]. 2015.

[16] 四川省住房和城乡建设厅. 四川省城镇污水处理提质增效三年行动实施方案(2019—2021年)[Z/OL]. 成都: 四川省住房和城乡建设厅, 2019. http://jst.sc.gov.cn/scjst/c101428/2019/10/22/a7d551c0f2d8478db9caf14eb17b3c3b.shtml.

[17] 梁昌梅, 张翔, 李宗礼, 等. 武汉市城市化进程中河湖水系的时空演变特征[J]. 华北水利水电大学学报(自然科学版), 2019(6).

[18] 邓佑锋, 吴民山, 张文强, 等. 暗渠段对城市河流水环境的影响[J]. 环境工程学报, 2020(1).

[19] 牟东阳, 陈俊君, 吴晓辉, 等. 深圳市覆盖河道现状与整治对策探究[J]. 环境工程, 2019(10).

[20] 韩龙飞, 许有鹏, 杨柳, 等. 近50年长三角地区水系时空变化及其驱动机制[J]. 地理学报, 2015(5).

[21] 周洪建, 史培军, 王静爱, 等. 近30年来深圳河网变化及其生态效应分析[J]. 地理学报, 2008(9).

[22] 吴伟龙, 蔡然, 瞿文风, 等. 源头暗涵化河道形成过程与系统治理思路[J]. 给水排水, 2021(12): 148-151.

[23] 代丹, 李小菠, 胡小贞, 等. 白马湖水污染特征及其成因分析[J]. 长江流域资源与环境, 2018, 27(6): 1287-1297.

[24] 张功良, 蔡然, 王征戍, 等. 生态湿地技术在非点源污染控制中的工程应用[J]. 三峡生态环境监测, 2021(2): 49.

[25] 马兴华, 等. 生态文明视角下的水资源多目标优化配置理论体系框架研究[M]. 郑州: 黄河水利出版社, 2021.

[26] 邓耀明. 污染河道治理技术的研究进展[J]. 环境科技, 2009, 22(S2): 90-93.

[27] 孙永利, 等. 城市黑臭水体整治工程实施技术指南[M]. 北京: 中国建筑工业出版社, 2021.

[28] 陈吟, 王延贵, 陈康. 水系连通的类型及连通模式[J]. 泥沙研究, 2020(3): 53-54.

[29] 雷彩虹, 孙颖. 生态城市建设中的水系统规划[J]. 水利科技与经济, 2006(3): 151.

[30] 中华人民共和国生态环境部. 河湖生态缓冲带保护修复技术指南[Z]. 2021.

[31] 蔡然, 王征戍, 张功良, 等. 生态湿地技术在内江太子湖项目尾水处理中的应用[J]. 给水排水, 2021(1): 55-57.

[32] 李家科, 李亚娇, 李怀恩. 城市地表径流污染负荷计算方法研究[J]. 水资源与水工程学报, 2010, 21(2): 5-13.

[33] 李飞, 董锁成. 西部地区畜禽养殖污染负荷与资源化路径研究[J]. 资源科学, 2011, 33(11): 2204-2211.

[34] 杨飞, 杨世琦, 诸云强, 等. 中国近 30 年畜禽养殖量及其耕地氮污染负荷分析[J]. 农业工程学报, 2013(5): 1-11.

[35] 张绪美, 董元华, 王辉, 等. 中国畜禽养殖结构及其粪便 N 污染负荷特征分析[J]. 环境科学, 2007, 28(6): 1311-1318.

[36] 张玉珍, 洪华生, 陈能汪, 等. 水产养殖氮磷污染负荷估算初探[J]. 厦门大学学报(自然科学版), 2003, 42(2): 223-227.

[37] 陈美丹. 河网底泥释放规律及其与模型耦合应用研究[D]. 南京: 河海大学, 2007.